机械工人职业技能培训教材

机 械 识 图

第 2 版

机械工业职业技能鉴定指导中心 编

机 械 工 业 出 版 社

本书主要内容包括：识图的基础知识，怎样识读常见形体三视图，怎样识读视图、剖视图和断面图，怎样识读零件图，怎样识读常用零件画法，怎样识读装配图等。

本书是参加职业技能鉴定的各专业工种初级工的培训教材，也可作为技工学校、职业学校的教学参考书。

图书在版编目（CIP）数据

机械识图/机械工业职业技能鉴定指导中心编. —2版. —北京：机械工业出版社，2014.8（2024.7重印）

机械工人职业技能培训教材

ISBN 978-7-111-52967-5

Ⅰ.①机… Ⅱ.①机… Ⅲ.①机械图-识别-职业培训-教材 Ⅳ.①TH126.1

中国版本图书馆CIP数据核字（2016）第028666号

机械工业出版社（北京市百万庄大街22号 邮政编码100037）

策划编辑：王晓洁 责任编辑：王晓洁 责任校对：薛 娜

封面设计：马精明 责任印制：常天培

北京机工印刷厂有限公司印刷

2024年7月第2版第9次印刷

184mm×260mm · 10印张 · 246千字

标准书号：ISBN 978-7-111-52967-5

定价：29.80元

电话服务

客服电话：010-88361066

010-88379833

010-68326294

网络服务

机 工 官 网：www.cmpbook.com

机 工 官 博：weibo.com/cmp1952

金 书 网：www.golden-book.com

机工教育服务网：www.cmpedu.com

前言

“机械工人职业技能培训教材”包括18个机械工业通用工种。各工种均按《职业技能鉴定规范》中初、中、高三级“知识要求”（主要是“专业知识”部分）和“技能要求”分三册编写，适合于不同等级工人职业培训、自学和参加鉴定考核使用；对多个工种有共同要求的“基础知识”如识图、制图知识等，另外编写了公共教材，以利于单科培训和工人自学提高。上述各类教材以其行业针对性、实用性强，职业工种覆盖面广，层次齐备和成龙配套等特点，基本满足了机械行业工人职业培训的需要，受到全国机械行业工人培训、考核部门和广大机械工人的欢迎。

本书第1版自1999年出版以来受到广大好评，重印30次，累计销量接近30万册，被中国书刊发行行业协会评为“全国优秀畅销书”。但随着技术的进步和技能鉴定培训的发展，书中涉及的一些制图技术规范、标准已经过时。为了适应相关职业的培训和应试要求，我们依据最新《国家职业技能标准》部分职业对机械识图基本知识的要求，按岗位培训需要的原则对本书进行了修订。

本次修订，充分继承了第1版的精华，更新了陈旧的技术规范、标准、工艺等，精简繁杂的理论，适当增加、更新相关图表和习题，做到知识新、工艺新、技术新、标准新。书中所举图例尽可能结合各工种实例，加强了识图能力的培养，并介绍了第三角投影的基本知识。为了便于读者复习、企业培训和考核鉴定，每章末均附有复习思考题。

在本书的修订过程中，得到了许多培训部门和企业专家的支持和帮助，在此表示衷心的感谢！

尽管我们不遗余力，但书中仍难免存在不足之处，敬请读者批评指正。我们真诚地希望与您携手，共同打造职业技能培训教材的精品。

机械工业职业技能鉴定指导中心

目录

第一章 识图的基础知识

培训要求 了解机械图样的一般规定，掌握正投影的基本性质和三视图的投影规律。

第一节 图 样

一、什么是机械图样

生产中，最常见的技术文件就是“图样”。工人根据零件图的要求来加工零件，根据装配图的要求将零件装配成部件或机器。这些零件图、装配图以及其他一些机械生产中常用的图样统称为机械图样。图 1-1b 所示即为锤子的零件图。

要加工出合格的零件，就必须看懂图样中所表达的零件形状、大小和各种加工要求。能识读各种机械图样，这正是本书的主要学习目的。

二、机械图样的种类

机械图样按表达对象来分，最常见的有零件图和装配图两种。

零件图是表达零件的结构、大小以及技术要求的图样。

装配图是表达产品及其组成部分的联接、装配关系的图样。产品的装配图亦称为总装配图。

三、图样中的一般规定

1. 图纸幅面和格式

(1) 图纸幅画代号及尺寸　按表 1-1 规定。

从表 1-1 中可知，图幅有 A0、A1、A2、A3、A4 号共五种。A0 号图幅的尺寸：长边为

表 1-1　图纸幅面代号及尺寸　　（单位：mm）

幅面代号	A0	A1	A2	A3	A4
$B \times L$	841×1189	594×841	420×594	297×420	210×297
e	20		10		
c	10			5	
a	25				

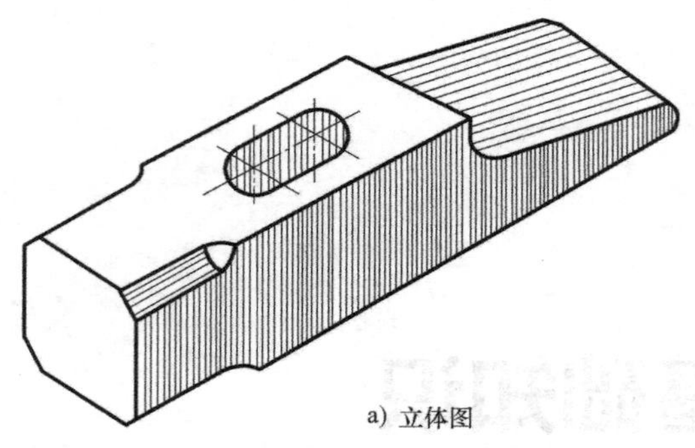

a) 立体图

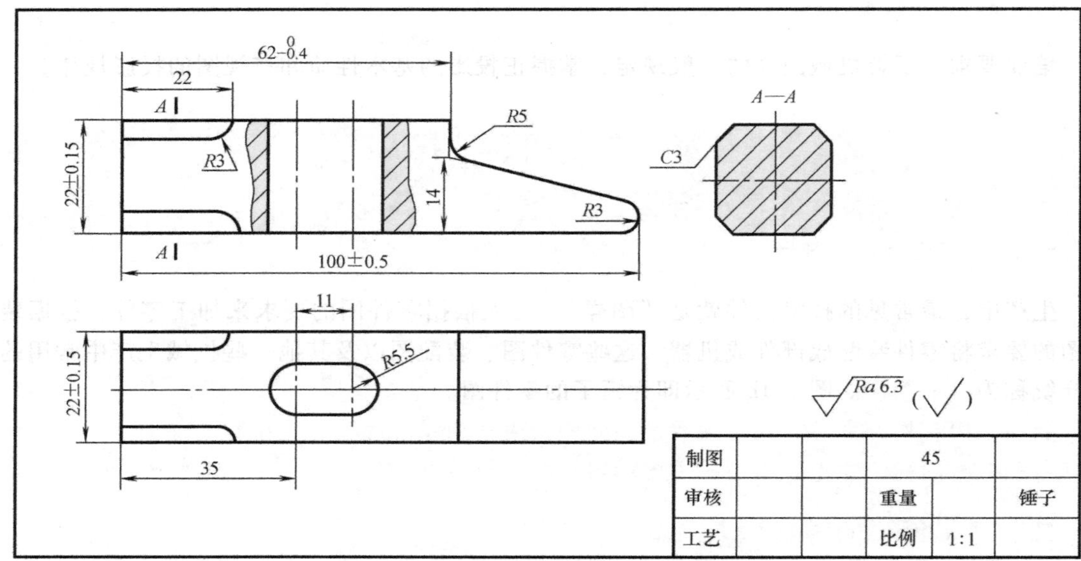

b) 零件图

图 1-1 锤子的零件图

1189mm，宽边为 841mm。对折一次得到 A1 号图幅……对折四次则可得到 A4 号图幅(图 1-2a)。

(2) 图框格式 在图纸上必须用粗实线画出图框。其格式有不留装订边和留有装订边两种，如图 1-2 所示。

图框的尺寸按表 1-1 中的规定。

每张图纸上都必须画出标题栏，标题栏的位置应位于图纸的右下角，看图的方向一般与看标题栏的方向一致。

2. 图线

(1) 图线型式及用途 在《机械制图》国家标准中规定了九种图线型式，常用图线的名称、型式、宽度及用途见表 1-2。

(2) 图线的宽度 图线的宽度只有粗、细两种，粗线的宽度为 d，细线的宽度约为$d/2$。宽度 d 应按图形的大小和复杂程度在 0.5～2mm 的宽度系列中选用。除粗实线和粗点画线外，其余均为细线。

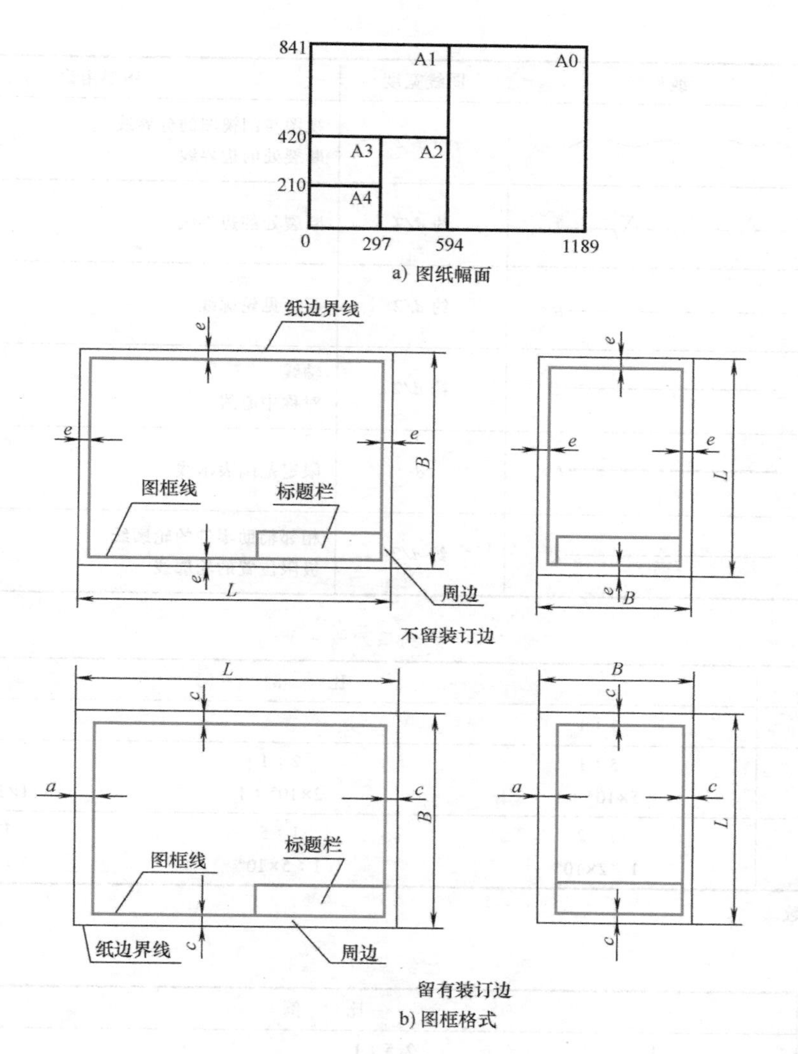

图 1-2 图纸幅面与图框格式

3. 比例

机械图样通常是按一定比例来绘制的。所谓比例，是指图形与其实物相应要素的线性尺寸之比。比值为 1 的比例为原值比例，即 1∶1。比值大于 1 的比例为放大比例，如 2∶1、5∶1等；比值小于 1 的比例为缩小比例，如 1∶2、1∶5 等。

绘制图样时，应在表 1-3 中规定的系列内选取适当的比例。也允许在表 1-4 中规定的系列内选取。

表 1-2 常用图线的名称、型式及用途

图线名称	图线型式	图线宽度	图线用途
粗实线	———— A	d （约 0.25~2mm）	可见轮廓线、相线 过渡线
细实线	———— B	约 $d/2$	尺寸线 尺寸界线 剖面线、指引线、螺纹的牙底线

（续）

图线名称	图线型式	图线宽度	图线用途
波浪线	C	约 $d/2$	视图与剖视图的分界线 断裂处的边界线
双折线	D	约 $d/2$	断裂处的边界线
细虚线	F	约 $d/2$	不可见轮廓线
细点画线	G	约 $d/2$	轴线 对称中心线
粗点画线	J	d	限定范围表示线
细双点画线	K	约 $d/2$	相邻辅助零件的轮廓线 极限位置的轮廓线

表 1-3 比例系列（一）

种　类	比　例		
原值比例	1∶1		
放大比例	5∶1 5×10^n∶1	2∶1 2×10^n∶1	1×10^n∶1
缩小比例	1∶2 1∶2×10^n	1∶5 1∶5×10^n	1∶10 1∶1×10^n

注：n 为正整数。

表 1-4 比例系列（二）

种　类	比　例				
放大比例	4∶1 4×10^n∶1	2.5∶1 2.5×10^n∶1			
缩小比例	1∶1.5 1∶1.5×10^n	1∶2.5 1∶2.5×10^n	1∶3 1∶3×10^n	1∶4 1∶4×10^n	1∶6 1∶6×10^n

注：n 为正整数。

在应用比例时必须注意以下两点：

1）同一机件的各个视图应采用相同的比例，并在标题栏中填写，如1∶1、1∶2等。当某个视图采用不同的比例时，必须在该视图名称的下方或右侧标注出比例。如：

$$\frac{A}{1:5};\qquad \frac{B—B}{2.5:1};\qquad \underline{平面图}1:100$$

2）不论图形按何种比例绘制，所注尺寸应按所表达机件的实际大小注出，且为机件的最后完工尺寸。

4. 尺寸注法

在图样中，零件的大小由尺寸来注明。标注的尺寸是否清晰、合理、正确，直接关系到加工者能否准确地识读及加工零件。

（1）尺寸的组成　每个尺寸都由尺寸界线、尺寸线和尺寸数字三个要素组成，如图 1-3 所示。

1）尺寸界线　用细实线从所标注尺寸的起点和终点引出，表示这个尺寸的范围。

2）尺寸线　尺寸线用细实线绘制。尺寸线的终端用箭头指向尺寸界线，也允许用 45° 细实线代替箭头，但同一张图样上只能用一种形式。

3）尺寸数字　一般注写在尺寸线的上方或中断处。

常见的各种尺寸标注方法如图 1-4 所示。小尺寸和角度的标注方法如图 1-5 所示。

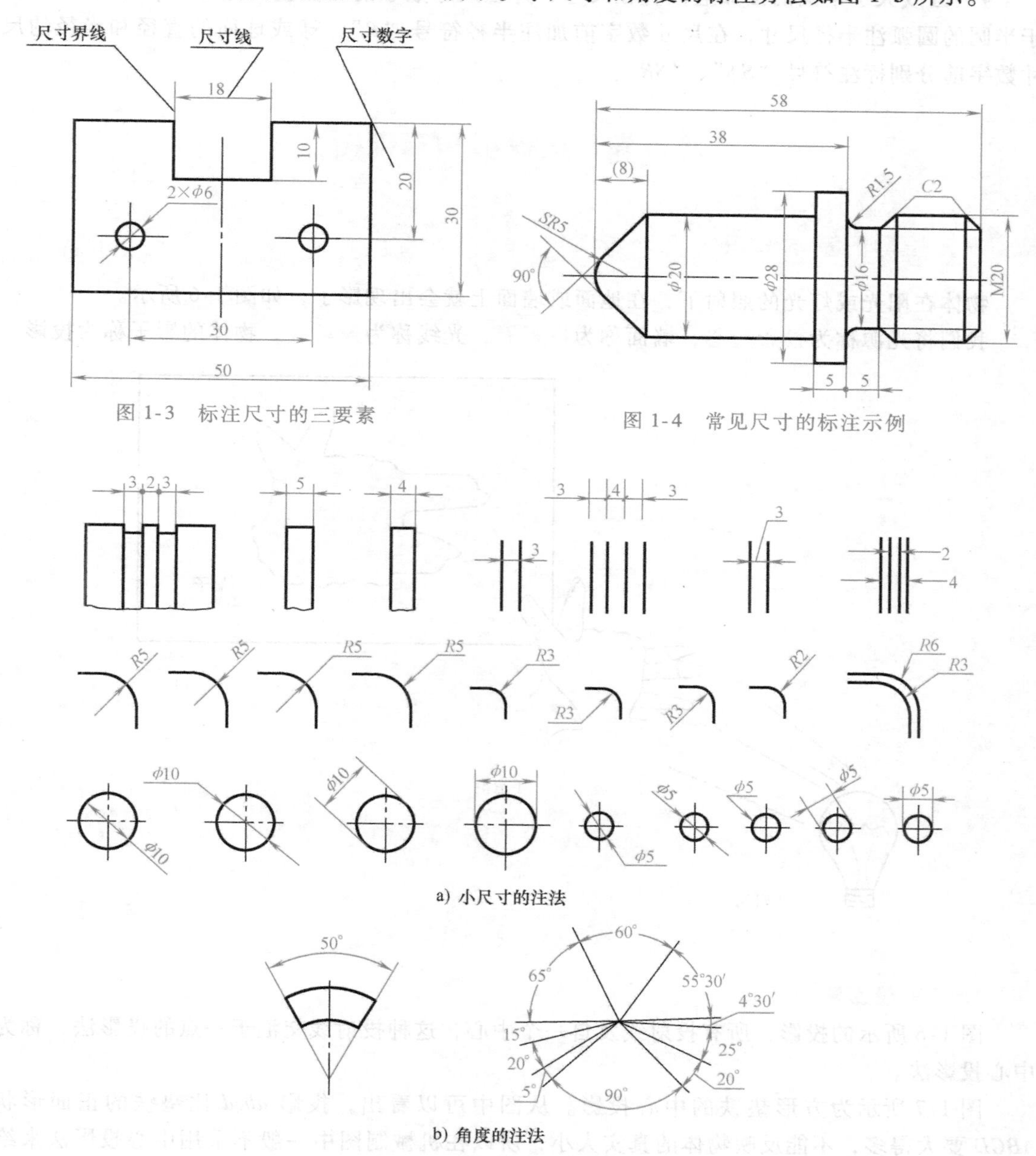

图 1-3　标注尺寸的三要素

图 1-4　常见尺寸的标注示例

图 1-5　小尺寸和角度的注法

（2）识读尺寸时要注意的问题

1）机件的真实大小以图样上所注尺寸的数值为依据，与图形的大小、比例及绘图的准确性无关。

2）机械图样中的尺寸，如果是以 mm 为单位的，在尺寸数字后面一律不必注出。如采用其他单位，就必须注出计量单位的代号，如 cm、m、30°等。

3）水平方向的尺寸数字注在尺寸线的上方，字头向上。垂直方向的尺寸数字注在尺寸线的左侧，字头朝左。角度的尺寸数字一律写成水平方向，一般注在尺寸线的中断处。

4）圆或大于半圆的圆弧应注直径尺寸，并在尺寸数字前加注直径符号“ϕ”；半圆或小于半圆的圆弧注半径尺寸，在尺寸数字前加注半径符号“R”；球或球面的直径和半径的尺寸数字前分别标注符号“$S\phi$”、“SR”。

第二节　正投影和三视图

一、投影的基本知识

物体在阳光或灯光的照射下，在地面或墙面上就会出现影子，如图 1-6 所示。

我们将光源称为投影中心，墙面称为投影面，光线称为投射线，物体的影子称为投影。

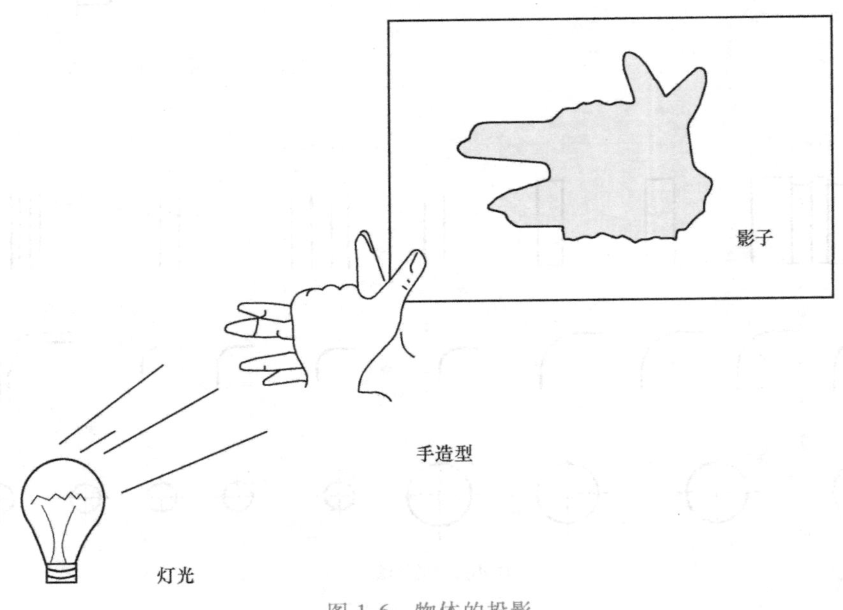

图 1-6　物体的投影

1. 中心投影法

图 1-6 所示的投影，所有投射线发自一个中心，这种投射线交汇于一点的投影法，称为中心投影法。

图 1-7 所示为方形垫铁的中心投影。从图中可以看出，投影 *abcd* 比垫铁的正面形状 *ABCD* 要大得多，不能反映物体的真实大小，所以在机械制图中一般不采用中心投影法来绘制图样。

2. 正投影法

太阳距地球很远，因而太阳光线可视为平行光线，当太阳光线垂直于投影面时，物体在该投影面上的投影就能反映物体某一面的真实形状和大小，如图 1-8 所示。这种投射线与投影面相垂直的投影法称为正投影法。

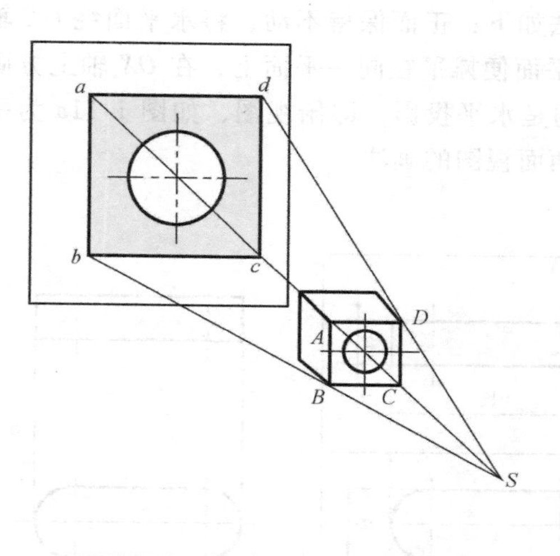

图 1-7　中心投影法

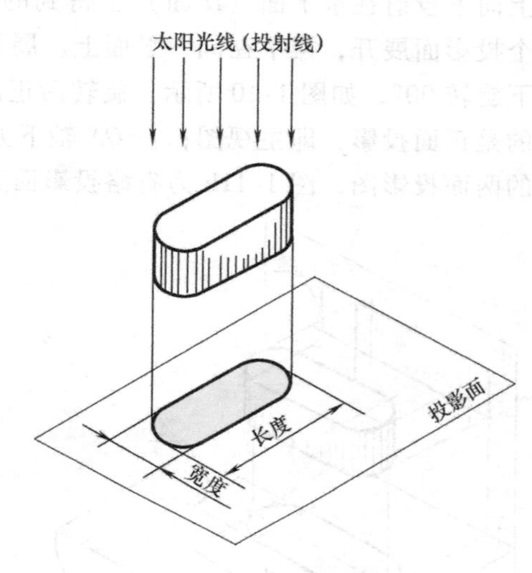

图 1-8　正投影法

用正投影法所绘制的图形称为正投影。正投影能反映物体的真实形状和大小，且作图简便，因此是绘制机械图样的基本方法。其缺点是立体感较差，一般不易看懂，必须通过本课程的学习才能掌握。

二、三视图

用正投影的方法所绘制的物体的图形称为视图。

1. 一面视图

物体在一个投影面上所得到的视图称为一面视图，图 1-8 即为平键的一面视图。由图中可知，平键的一面视图只反映了平键的长度和宽度，其高度在该视图中没有反映出来。又如图 1-9 为几个不同物体的一面视图，这几个不同物体的视图却都是相同的。可见，只有一个视图是不能全面、准确地反映出物体的形状和大小的。

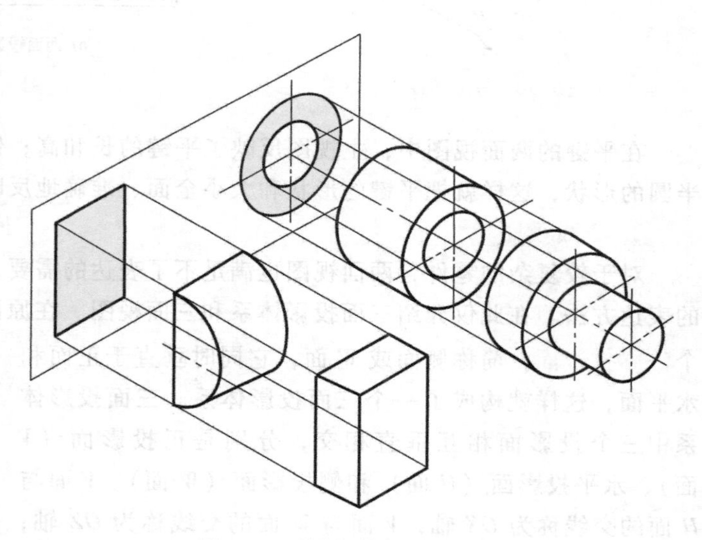
图 1-9　不同物体的一面视图

2. 两面视图

为了全面反映出键的形状和大小，必须画出两个视图。为此由两个相互垂直的投影面组成两面投影体系，正立放置的投影面叫作正投影面，简称正面或 V 面。水平放置的投影面叫作水平投影面，简称水平面或 H 面，两投影面的交线称为 OX 轴。将平键置于两面投影体系中，分别向 V 面和 H 面进行投射，如图 1-10 所示。

投影后得到平键的两个视图，从前向后投射在正面（V 面）上得到的视图称为主视图；从上向下投射在水平面（H 面）上得到的视图称为俯视图。为了便于绘图和识图，必须将两个投影面展开，摊平在同一平面上。展开的方法如下：正面保持不动，将水平面绕 OX 轴向下旋转 90°，如图 1-10 所示。旋转后正面和水平面便摊平在同一平面上，在 OX 轴上方画出的是正面投影，即主视图；在 OX 轴下方画出的是水平投影，即俯视图，如图 1-11a 为平键的两面投影图，图 1-11b 为省略投影面边框的两面视图的画法。

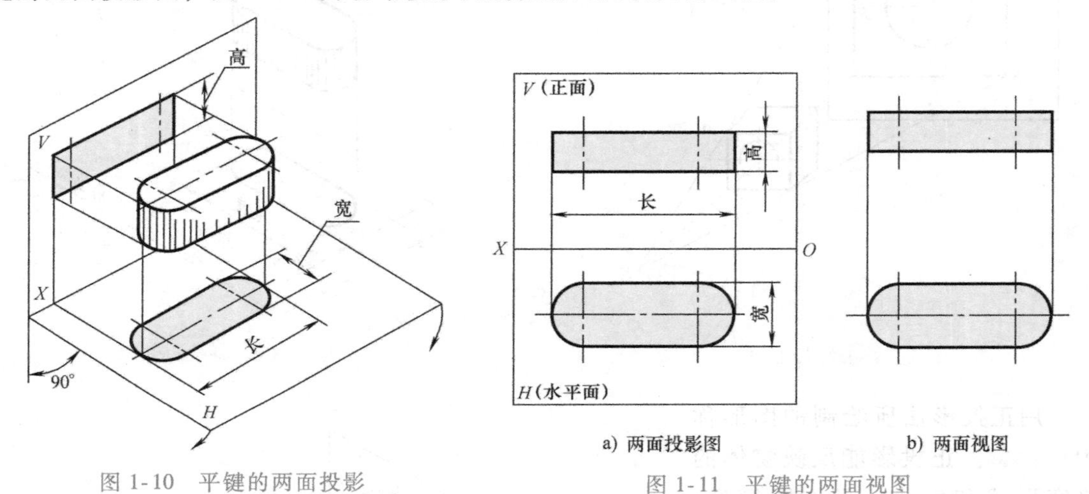

图 1-10 平键的两面投影

图 1-11 平键的两面视图

在平键的两面视图中，主视图反映了平键的长和高；俯视图反映了平键的长和宽及两端半圆的形状，这样就把平键的形状和大小全面、准确地反映出来了。

3. 三面视图

对于较复杂的零件，两面视图也满足不了表达的需要，就必须用更多的视图和各种不同的表达方法。在此仅介绍三面投影体系和三面视图。在原两面投影体系的基础上，再增加一个侧立投影面，简称侧面或 W 面，它同时垂直于正面和水平面，这样就构成了一个三面投影体系。三面投影体系中三个投影面相互垂直相交，分别是正投影面（V 面）、水平投影面（H 面）和侧投影面（W 面）。V 面与 H 面的交线称为 OX 轴；V 面与 W 面的交线称为 OZ 轴；H 面与 W 面的交线称为 OY 轴。三轴的交点 O 称为原点，如图 1-12 所示。

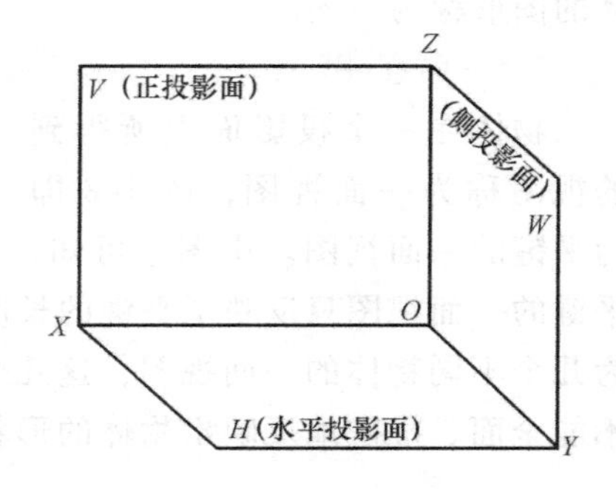

图 1-12 三面投影体系

将物体置于三面投影体系中，分别向三个投影面进行投射，如图 1-13 所示。投影后将物体从三面投影体系中移出，V 面保持不动，将 H 面向下旋转 90°，W 面向右旋转 90°，使 V 面、H 面和 W 面摊平在同一个平面上，如图 1-14a、b 所示。为了画图方便，将投影面的边框去掉，就得到物体的三面视图，简称三视图，如图 1-14c 所示。

4. 三视图的投影规律

物体左、右之间的距离叫做长；前、后之间的距离叫做宽；上、下之间的距离叫做高。从图 1-14c 中各视图之间的尺寸关系可以看出：主视图反映物体的长和高；俯视图反映物体的长和宽；左视图反映物体的高和宽。从而可以总结出三视图之间的投影规律为：

主、俯视图长对正；

主、左视图高平齐；

俯、左视图宽相等。

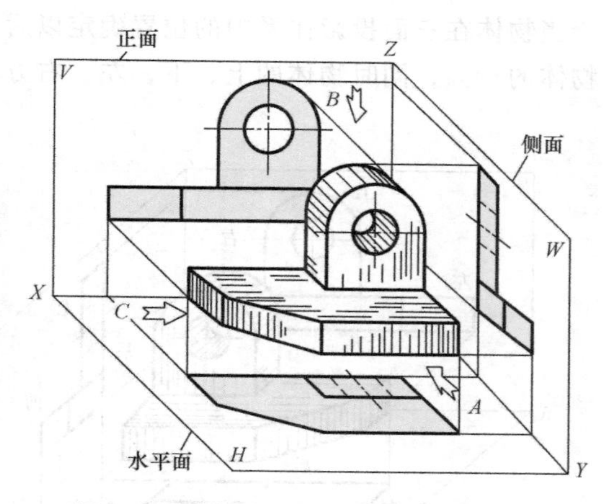

图 1-13 物体在三面投影体系中的投影

这个规律可以简称为“长对正、高平齐、宽相等”的三等规律。这是三视图之间最基本的投影规律，也是在绘图和识图时都必须遵循的投影规律。

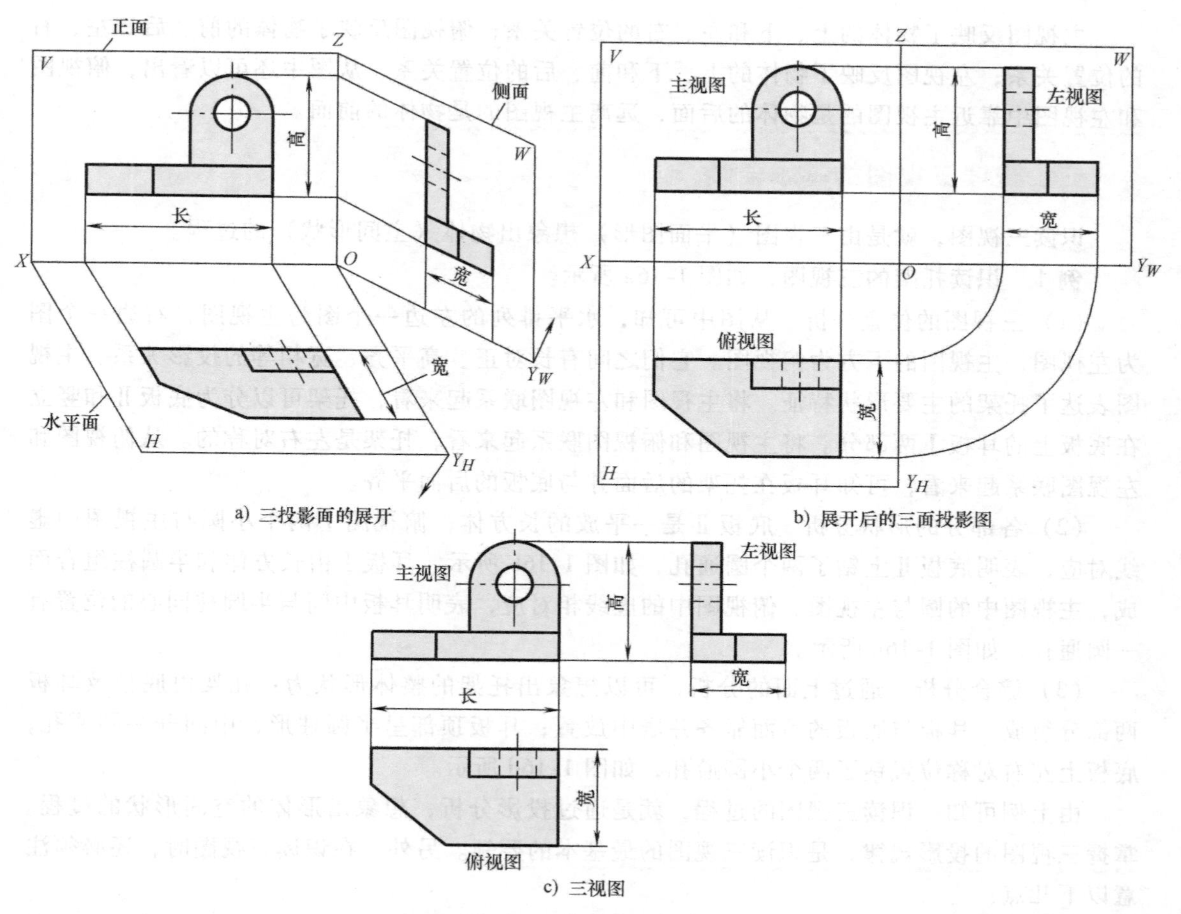

a) 三投影面的展开

b) 展开后的三面投影图

c) 三视图

图 1-14 物体的三视图

当物体在三面投影体系中的位置确定以后，距观察者近的是物体的前面，离观察者远的是物体的后面，同时物体的上、下，左、右方位也确定下来了，如图 1-15 所示。

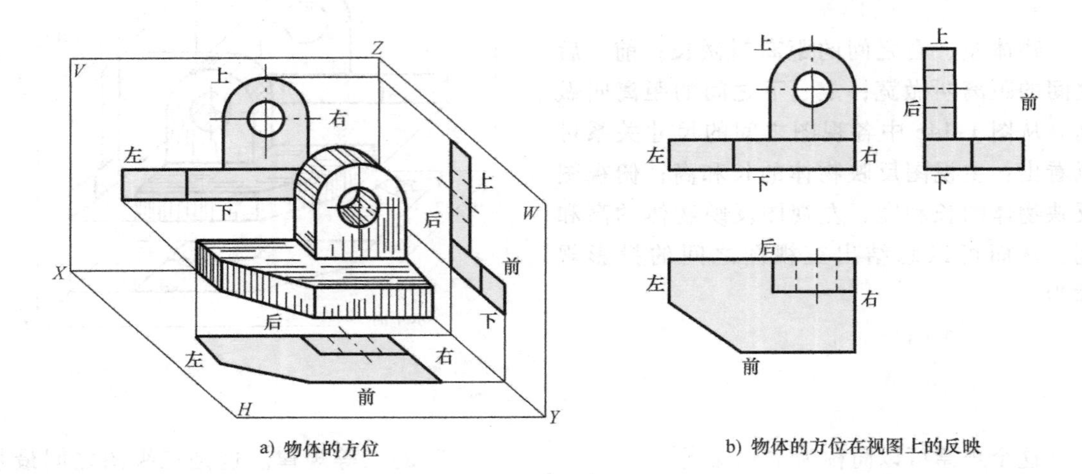

a) 物体的方位 b) 物体的方位在视图上的反映

图 1-15 物体的方位

主视图反映了物体的上、下和左、右的位置关系；俯视图反映了物体的前、后和左、右的位置关系；左视图反映了物体的上、下和前、后的位置关系。从图中还可以看出，俯视图和左视图中靠近主视图的是物体的后面，远离主视图的是物体的前面。

三、识读三视图的基本要领

识读三视图，就是由三视图（平面图形）想象出物体（空间形状）的过程。

例 1 识读托架的三视图，如图 1-16a 所示。

（1）三视图的位置分析 从图中可知，水平排列的左边一个图为主视图，右边一个图为左视图，主视图的下方为俯视图。它们之间有长对正、高平齐、宽相等的投影关系。主视图表达了托架的主要形状特征。将主视图和左视图联系起来看，托架可以分为底板Ⅱ和竖立在底板上的耳板Ⅰ两部分。将主视图和俯视图联系起来看，托架是左右对称的。从俯视图和左视图联系起来看，可知耳板在托架的后面并与底板的后面平齐。

（2）各部分的形状分析 底板Ⅱ是一平放的长方体，俯视图中两个小圆与主视图中虚线对应，表明底板Ⅱ上钻了两个圆通孔，如图 1-16b 所示。耳板Ⅰ由长方体和半圆柱组合而成，主视图中的圆与左视图、俯视图中的虚线相对应，表明耳板中间与半圆柱同心的位置有一圆通孔，如图 1-16c 所示。

（3）综合分析 通过上面的分析，可以想象出托架的整体形状为：托架由底板及耳板两部分组成，耳板与底板的后面靠齐并居中放置；耳板顶部呈半圆柱形，中间开一圆通孔；底板上左右对称位置钻了两个小圆通孔，如图 1-16d 所示。

由上例可知，识读三视图的过程，就是通过投影分析，想象出形体的空间形状的过程。掌握三视图的投影规律，是识读三视图的最基本的要领。另外，在识读三视图时，还必须注意以下几点：

1）在识读三视图时，必须将三个视图联系起来看。如把主视图和左视图联系起来看高

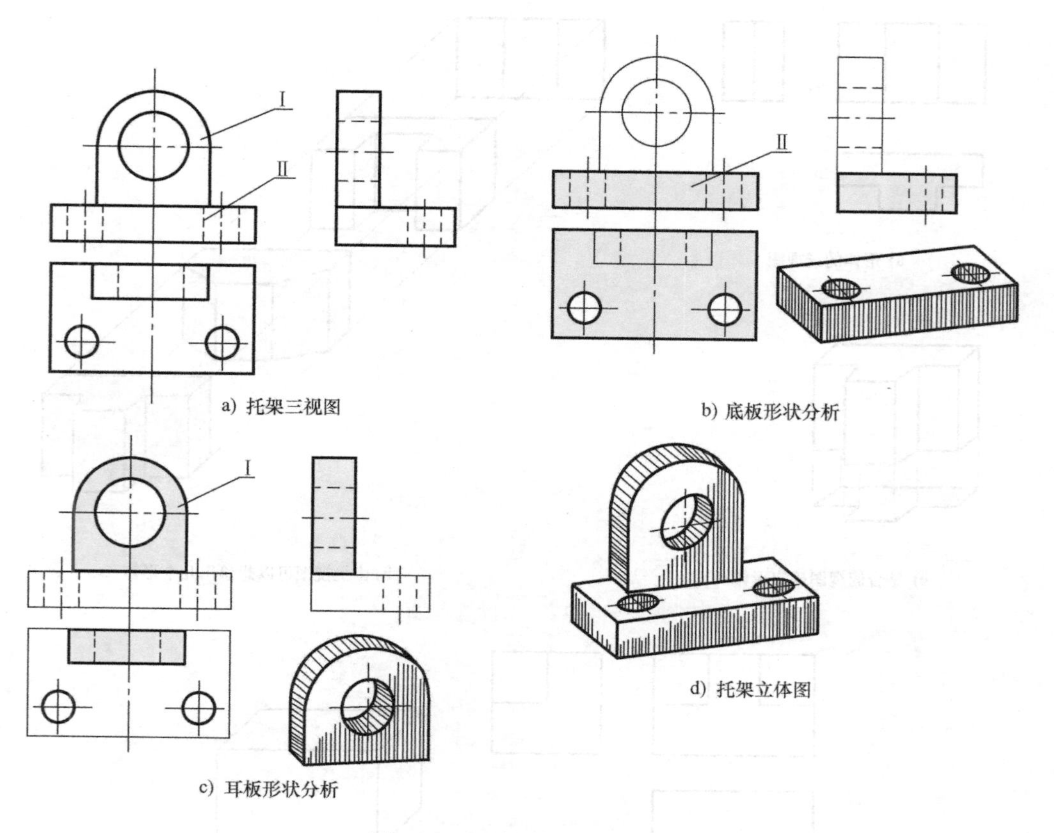

图 1-16　识读托架的三视图

度；把主视图和俯视图联系起来看长度；把俯视图和左视图联系起来看宽度。再综合起来想象出物体的空间形状。

同时还必须注意到图形上的方位与形体上的方位的对应关系，如俯视图与左视图上远离主视图的部位是物体的前方，靠近主视图的部位是物体的后方。

2）在识读三视图时，必须运用双向思维的方法，反复分析和验证，才能最后确定空间物体的形状。如图 1-17a 所示的三视图，单由主视图可以想象出几个不同的形体，由主、左视图也不能确定唯一的形体，如图 1-17b 所示。如再结合俯视图的形状特征就可以确定该物体的形状，如图 1-17c 所示。然后再由三视图来验证想象出来的形体是否完全符合，若仍有部分不符合，需再反复地分析投影，最后想象出准确的形体和结构。

例 2　看懂三视图，做出物体模型或用软件绘制三维立体图，如图 1-18 所示。

1）主视图、俯视图和左视图的外框都是矩形，可以想象出该物体的基本形状为长方体。这时可用橡皮泥或萝卜等材料，切出一个长方体模型，如图 1-18b 所示。

2）根据三个视图中图线的位置，在长方体模型上画出相应的线条，如图 1-18c 所示。

3）用小刀将长方体模型前面左上角和右上角的两块切去，即得到符合三视图的物体模型。

用做模型的方法来帮助识图，验证想象出来的物体形状是否正确，对初学者来说，是一种很好的方法。有条件的也可用三维软件绘制三维立体模型，这样更简单、便捷。

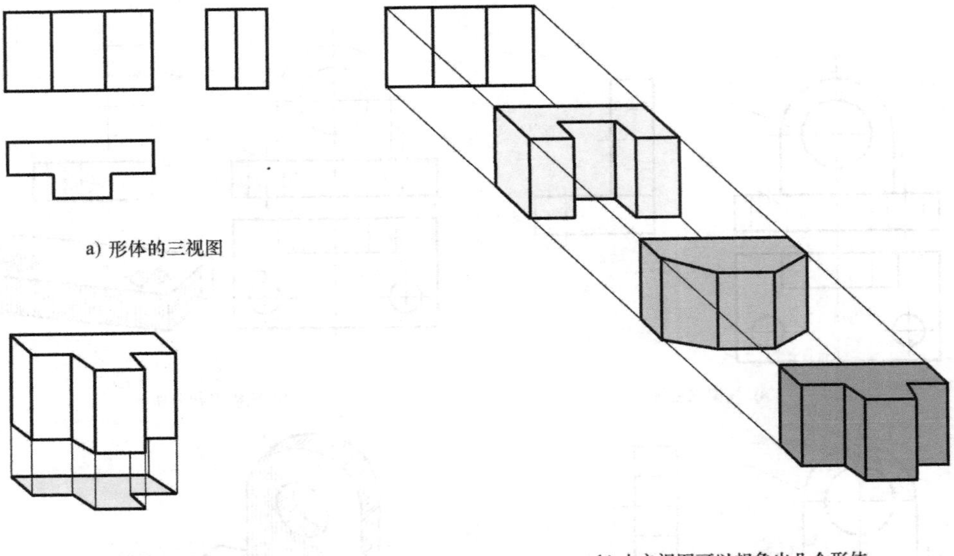

a) 形体的三视图

c) 结合俯视图确定形体

b) 由主视图可以想象出几个形体

图 1-17 识读三视图

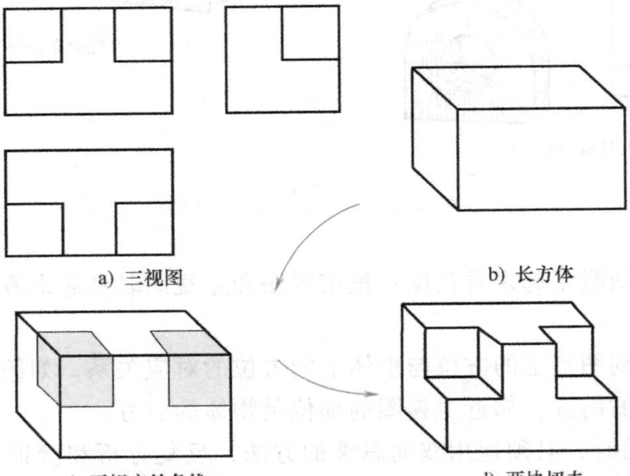

a) 三视图

b) 长方体

c) 画相应的条线

d) 两块切去

图 1-18 看懂三视图做模型

第三节 直线和平面的投影特性

每个几何体都可以看成是由点、线、面等几何元素组成。在学习几何体的投影之前，必须先熟悉点、线、面等几何元素的投影特性。由于点的投影仍然是点，下面主要介绍直线和平面的投影特性。

一、直线的投影

1. 直线对投影面的相对位置

一条直线对投影面的相对位置有垂直、平行和倾斜三种情况，如图 1-19 所示。

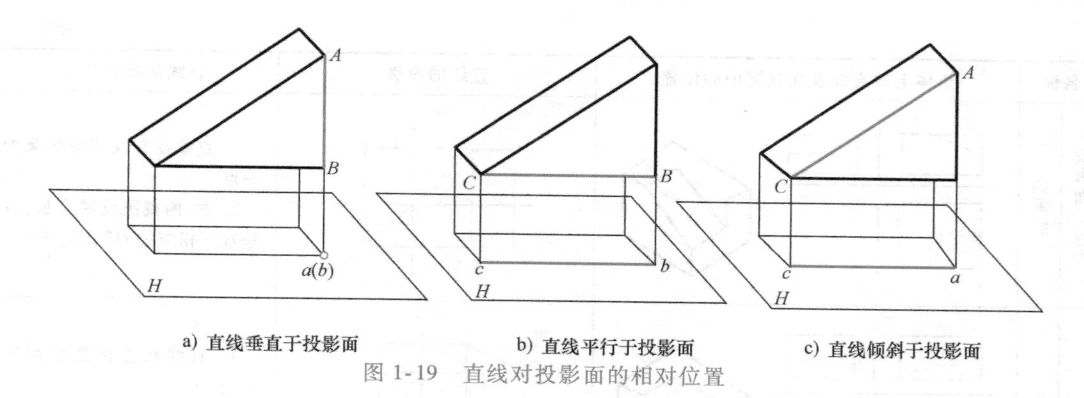

a) 直线垂直于投影面　　b) 直线平行于投影面　　c) 直线倾斜于投影面

图 1-19　直线对投影面的相对位置

三角块的棱边 *AB* 垂直于水平面，棱边 *BC* 平行于水平面，棱边 *AC* 倾斜于水平面。它们的投影特性是：

1）直线垂直于投影面，直线的投影积聚为一点，这种性质称为积聚性，如图 1-19a 所示。当下面的点被上面的点遮挡时，下面的点为不可见，其投影用加括号来表示。如 *AB* 直线上的 *B* 点在 *A* 点的下方为不可见，其投影用（*b*）来表示。

2）直线平行于投影面，它的投影反映直线的实长，这种性质称为真实性，如图 1-19b 所示。

3）直线倾斜于投影面，它的投影小于实长，这种性质称为收缩性，如图 1-19c 所示。

2. 直线在三面投影体系中的投影

根据直线与三个投影面的相对位置不同，可分为投影面垂直线、投影面平行线和一般位置直线三种。

（1）投影面垂直线　垂直于某一投影面的直线称为投影面垂直线。因三个投影面两两相交、相互垂直，所以投影面垂直线必定平行于另外两个投影面。在其垂直的投影面上的投影积聚为一点，在另外两个投影面上的投影反映直线的实长。

（2）投影面平行线　平行于某一投影面而与另两个投影面倾斜的直线称为投影面平行线。其在平行的投影面上的投影反映直线的实长，另外两个投影为缩短的直线段。

（3）一般位置直线　与三个投影面都倾斜的直线称为一般位置直线或倾斜线。其在三个投影面上的投影均为缩短的直线段。

各种位置直线的投影特性见表 1-5。

表 1-5　各种直线的投影特性

名称		形体上的直线及在视图中的位置	直线的投影	直线的投影特性
投影面垂直线	正垂线			1. 直线在主视图中积聚为一点 2. 俯、左视图反映实长，且垂直于相应的 *OX*、*OZ* 轴
	铅垂线			1. 直线在俯视图中积聚为一点 2. 主、左视图反映实长，且垂直于相应的 OX、OY_W 轴

（续）

名称		形体上的直线及在视图中的位置	直线的投影	直线的投影特性
投影面垂直线	侧垂线			1. 直线在左视图中积聚为一点 2. 主、俯视图反映实长，且垂直于相应的 OZ、OY_H 轴
投影面平行线	正平线			1. 直线在主视图中反映实长 2. 俯、左视图小于实长，且平行于相应的 OX、OZ 轴
	水平线			1. 直线在俯视图中反映实长 2. 主、左视图小于实长，且平行于相应的 OX、OY_W 轴
	侧平线			1. 直线在左视图中反映实长 2. 主、俯视图小于实长，且平行于相应的 OZ、OY_H 轴
一般位置直线（倾斜线）				直线在三个视图中均不反映实长，且小于实长

二、平面的投影

通常用平面图形来表示平面，如三角形、矩形、圆形等。

1. 平面的投影特性

下面以正六棱柱为例，来分析平面的投影，如图 1-20 所示。

图 1-20a 是正六棱柱在三面投影体系中的投影。*ABCD* 平面平行于正面，则必然与水平面和侧面垂直，其投影如图 1-20b 所示，正面投影 $a'b'c'd'$反映平面 *ABCD* 的实形，水平投影和侧面投影积聚为一条直线段。六棱柱的左前侧面 *ABEF* 垂直于水平面，与正面和侧面都倾斜，其投影如图 1-20c 所示，*ABEF* 的水平投影积聚为一直线段，正面和侧面投影均为缩小的四边形，也叫类似形。

还有一类平面，它与三个投影面都倾斜，称为一般位置平面或倾斜面，它的三个投影均

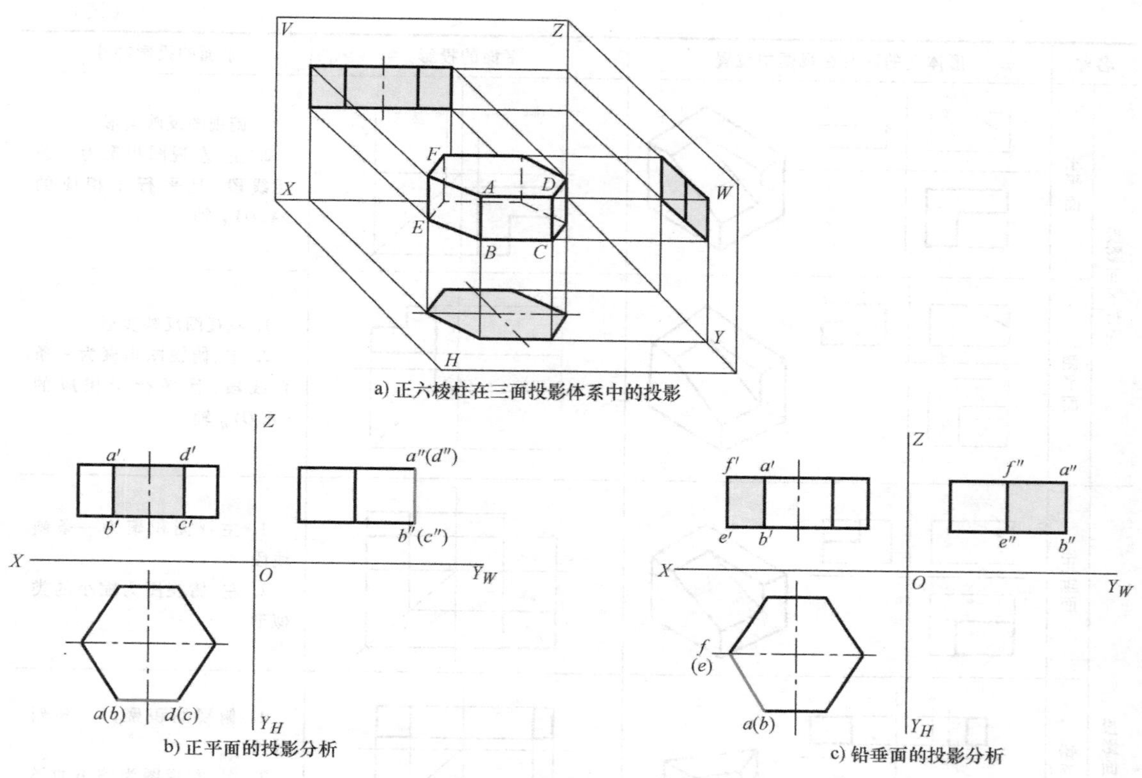

a) 正六棱柱在三面投影体系中的投影

b) 正平面的投影分析

c) 铅垂面的投影分析

图 1-20　正六棱柱表面的投影分析

不反映实形，为一个缩小的类似形。

从以上分析可以看出，平面对一个投影面的相对位置有平行、垂直和倾斜三种情况，它们的投影特性是：

1）平面平行于投影面，则在该投影面上的投影反映实形，称为真实性。

2）平面垂直于投影面，则在该投影面上的投影积聚为一条直线，称为积聚性。

3）平面倾斜于投影面，则在该投影面上的投影为小于原形的类似形，称为收缩性。

2. 平面在三面投影体系中的投影

将平面置于三面投影体系中，根据其对投影面的相对位置，可分为投影面垂直面、投影面平行面和一般位置平面。各类平面的投影特性见表 1-6。

表 1-6　各种平面的投影特性

名称		形体上的面及在视图中位置	平面的投影	平面的投影特性
投影面平行面	正平面			1. 主视图反映实形 2. 俯、左视图积聚为一条直线段，且平行于相应的 OX、OZ 轴

（续）

名称		形体上的面及在视图中位置	平面的投影	平面的投影特性
投影面平行面	水平面	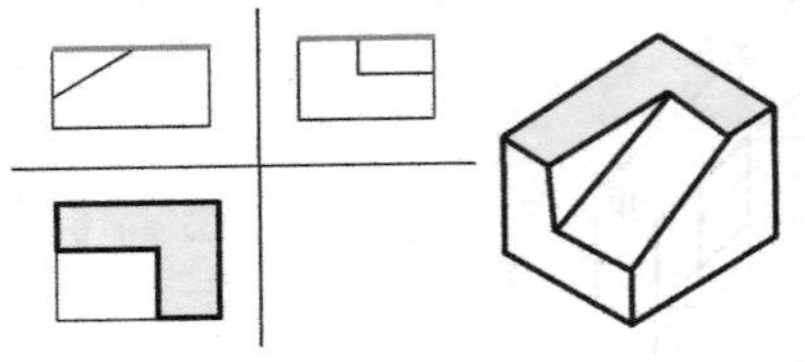	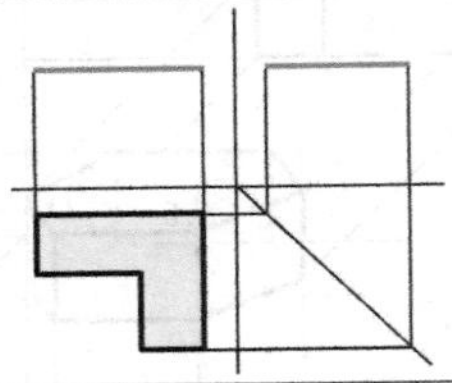	1. 俯视图反映实形 2. 主、左视图积聚为一条直线段，且平行于相应的 OX、OY_W 轴
	侧平面	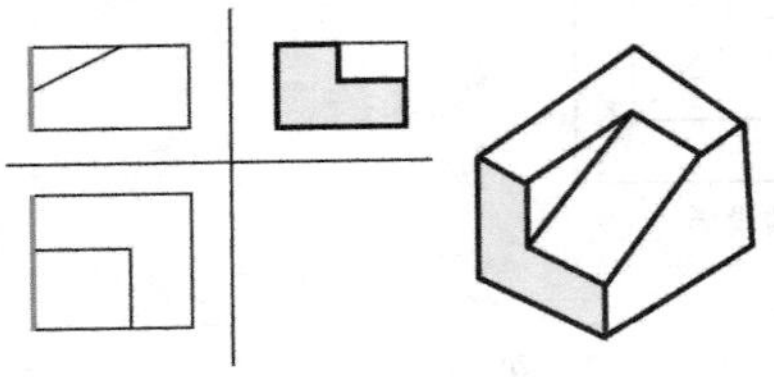	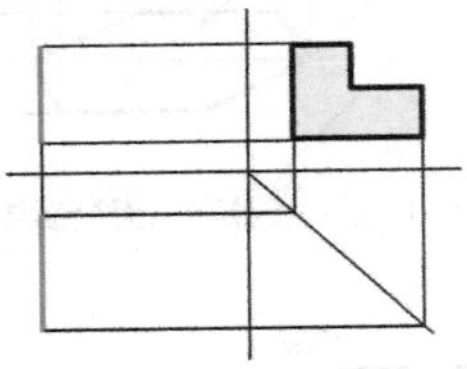	1. 左视图反映实形 2. 主、俯视图积聚为一条直线段，且平行于相应的 OZ、OY_H 轴
投影面垂直面	正垂面	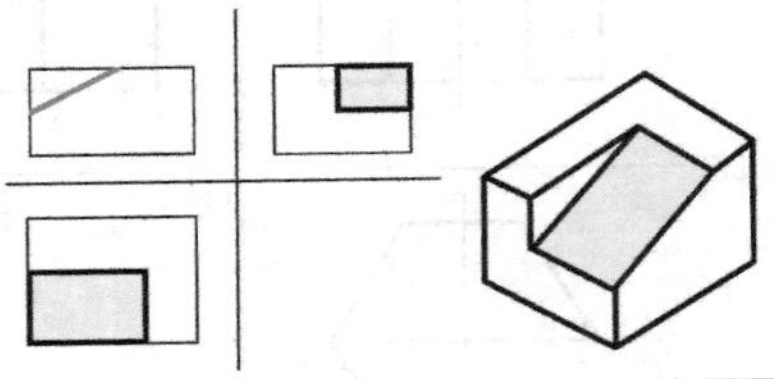	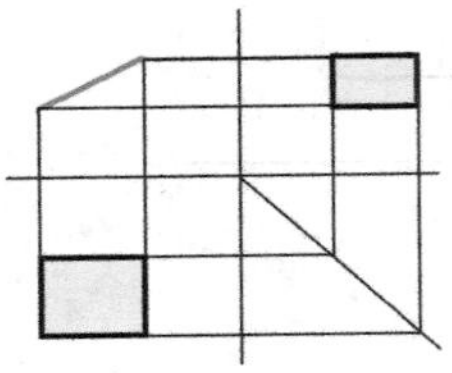	1. 主视图积聚为一条斜线段 2. 左、俯视图为缩小的类似形
	铅垂面	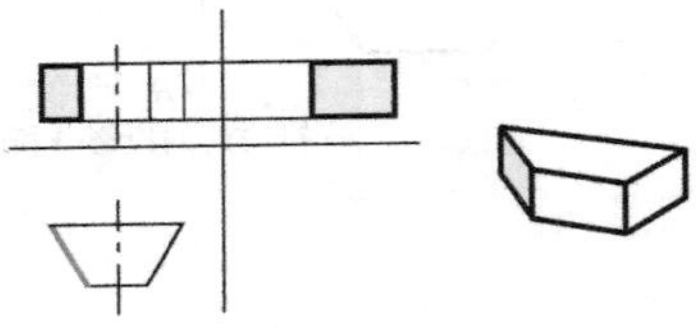	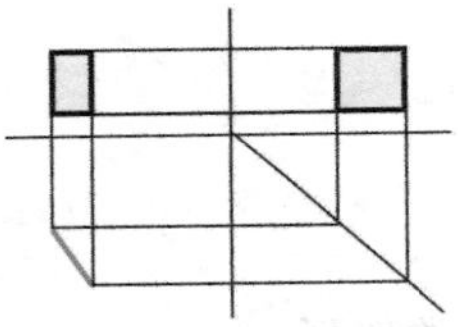	1. 俯视图积聚为一条斜线段 2. 主、左视图为缩小的类似形
	侧垂面	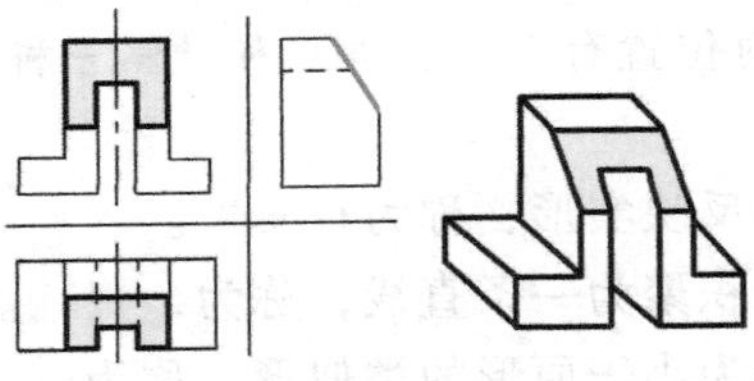	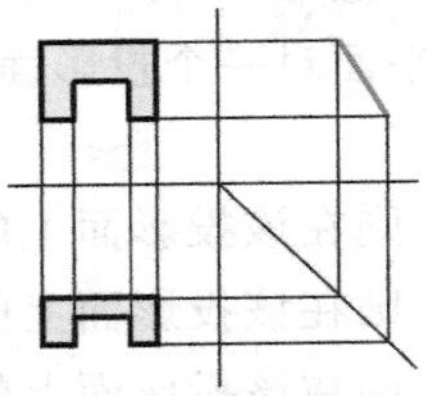	1. 左视图积聚为一条斜线段 2. 主、俯视图为缩小的类似形
一般位置平面	（倾斜面）	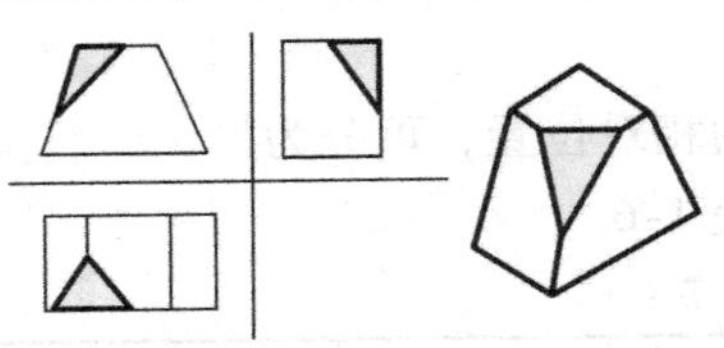	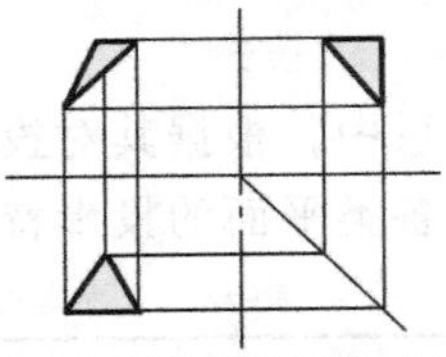	三个视图均为缩小的类似形

三、物体上线和面的投影分析

线、面是组成几何体的基本元素，只有对形体上线、面的投影分析清楚后，才能真正看懂三视图。

例 1 根据图 1-21a 所示的立体图，在物体的三视图上标出 AB、CD、BC、DE 直线段的投影，并说明它们是什么位置的直线。

解 主视图投影方向如立体图中箭头所示。在三视图上准确找到立体图上每一条线段的位置，并用相应的小写字母标出其三面投影，如图 1-21b 所示。

AB 线段：其水平投影 $a(b)$ 积聚为一点，正面投影 $a'b'$ 和侧面投影 $a''b''$ 分别垂直于相应的投影轴，且反映实长，从而可知 *AB* 为铅垂线。

AD 线段：其三个投影均为小于实长的倾斜线段，故 *AD* 为一般位置直线，也叫倾斜线。

BC 线段：其正面投影 $b'c'$ 和侧面投影 $b''c''$ 分别平行于相应的投影轴，水平投影反映实长，从而可知 *BC* 为水平线。

DE 线段：侧面投影 $e''(d'')$ 积聚为一点，正面投影 $d'e'$ 和水平投影 *de* 分别垂直于相应的投影轴，说明 *DE* 为侧垂线。

图 1-21 直线的投影分析

例 2 在物体的三视图中（见图 1-22a），根据已给出的平面投影 p'、q，找出平面 *P*、*Q* 的另外两个投影，在立体图上标出其位置，并说明它们是什么位置平面。

解 1）根据给出的 p'、q 投影，参照立体图，确定其在立体图上的位置（见图 1-22b）。

2）根据在立体图上平面 *P*、*Q* 的位置和已知投影 p'、q，利用投影规律，求出 *P*、*Q* 平面的另外两个投影。

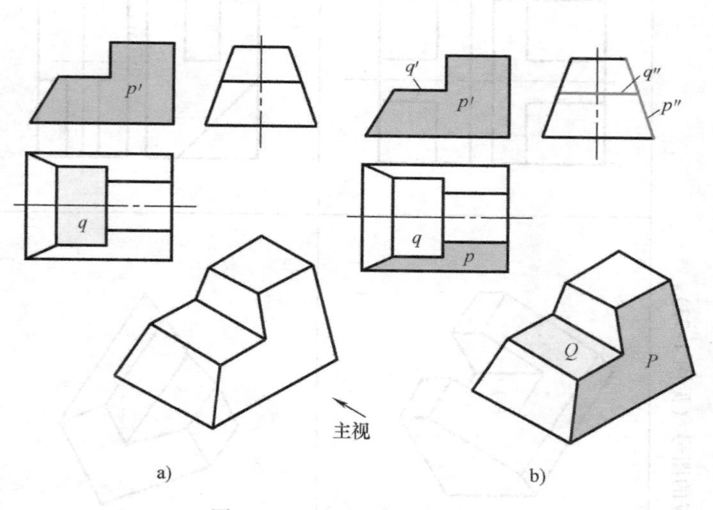

图 1-22 平面的投影分析

3）平面 *P* 的侧面投影 p'' 积聚为一条直线段，另外两个投影均为缩小的类似形，故平面 *P* 为侧垂面。

平面 *Q* 的正面投影和侧面投影都积聚为一条直线段，且平行于相应的投影轴，水平投影反映平面的实形，故 *Q* 为水平面。

复习思考题

1. 什么是机械图样？常见的机械图样有哪些？什么是零件图？
2. 图纸的幅面代号有哪五种？A1 号图纸对折几次可以得到 A3 号图纸？
3. 简述八种图线的名称和用途。图线的宽度有几种？
4. 什么是比例？在使用比例时应注意什么问题？
5. 半径尺寸、直径尺寸和球面尺寸在图中如何表示？
6. 零件图中尺寸一般为机件的什么尺寸？它与什么无关？以什么为单位时在尺寸数字后不用注明单位？
7. 什么是正投影？什么是视图？三视图的投影规律是什么？

8. 由立体图找出对应的三视图，并注出相应的图号（见图 1-23）。

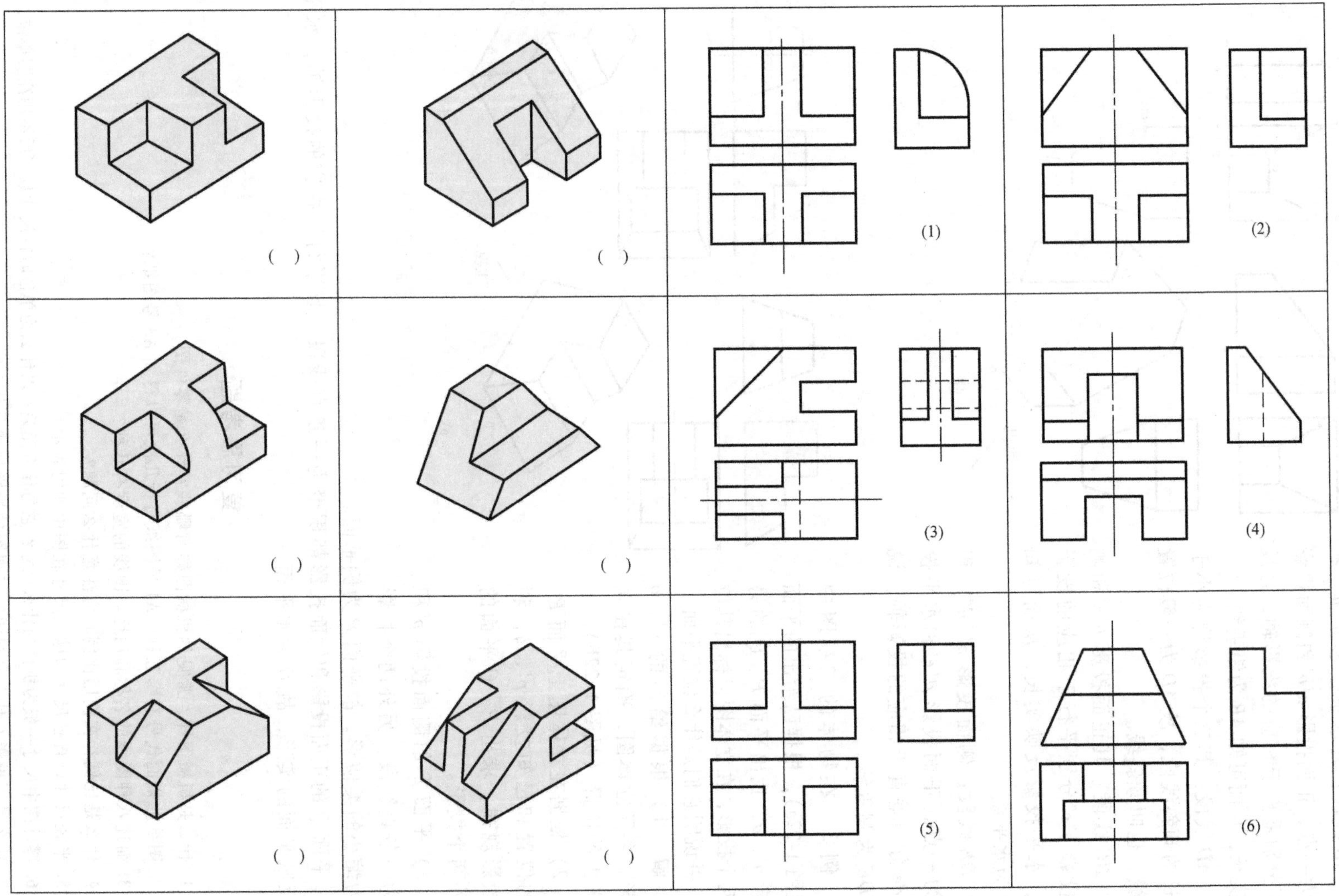

( )	( )	(1)	(2)
( )	( )	(3)	(4)
( )	( )	(5)	(6)

图 1-23

9. 在三视图中，根据直线的一个投影，找出其另外两个投影，并填空（见图 1-24）。

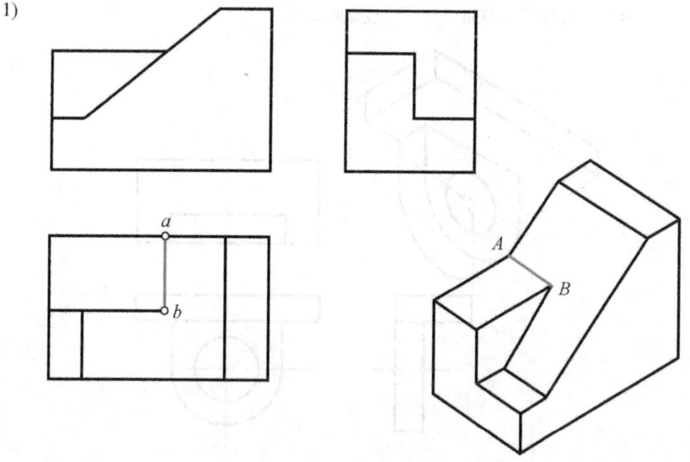

1)

AB 垂直____面，平行____面与____面

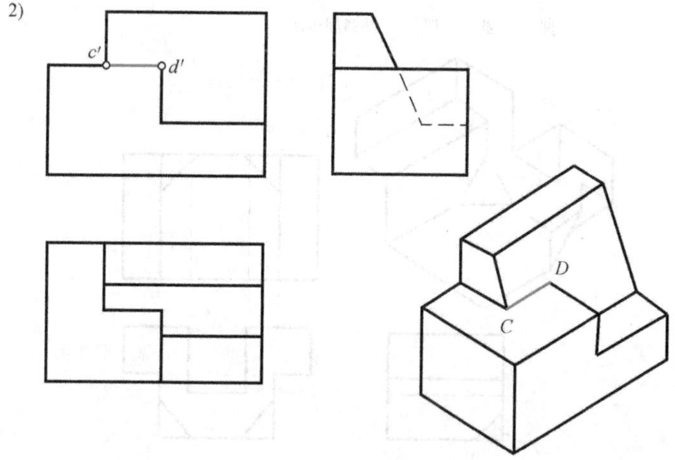

2)

CD 垂直____面，平行____面与____面

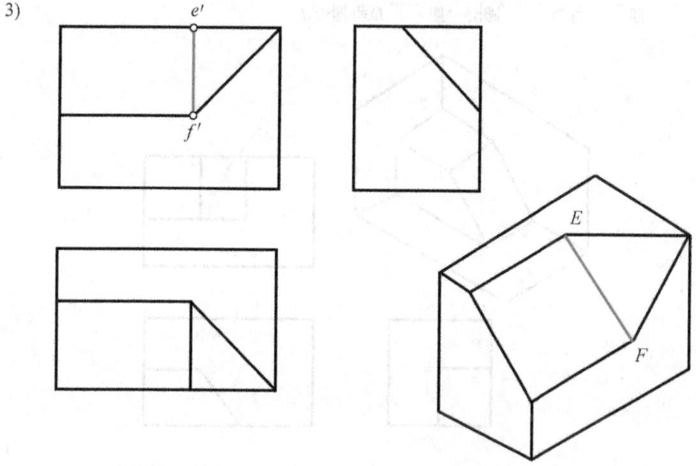

3)

EF 平行____面，倾斜____面与____面

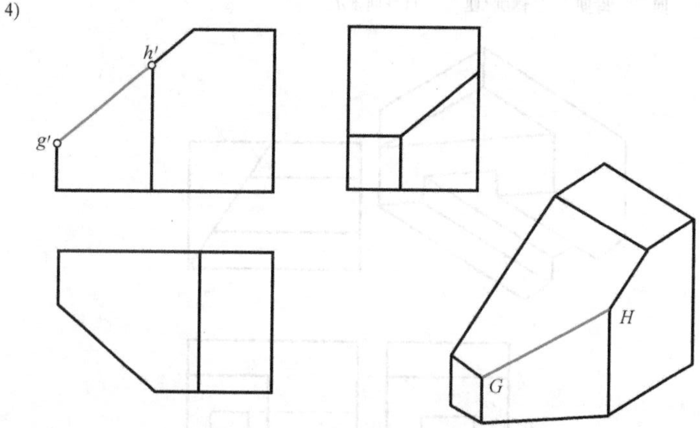

4)

GH 倾斜____面____面____面

图 1-24

10. 对照立体图，根据平面的一个投影，找出另外两个投影，并填空（见图 1-25）。

1)

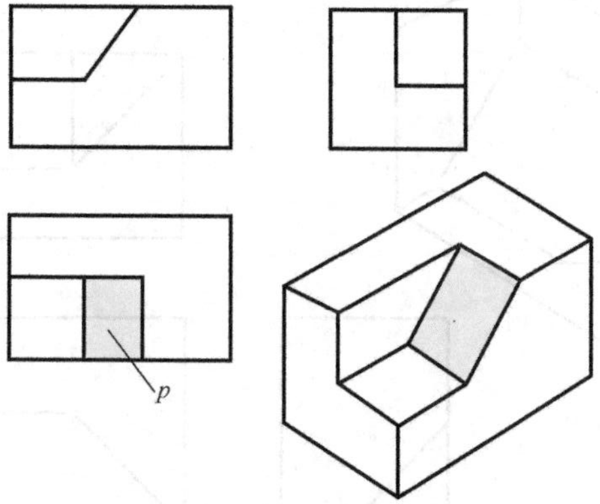

*P*平面垂直____面，倾斜____面与____面

2)

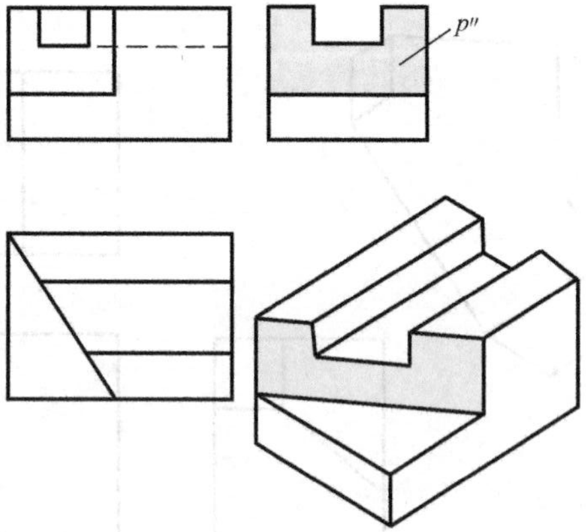

*P*平面垂直____面，倾斜____面与____面

3)

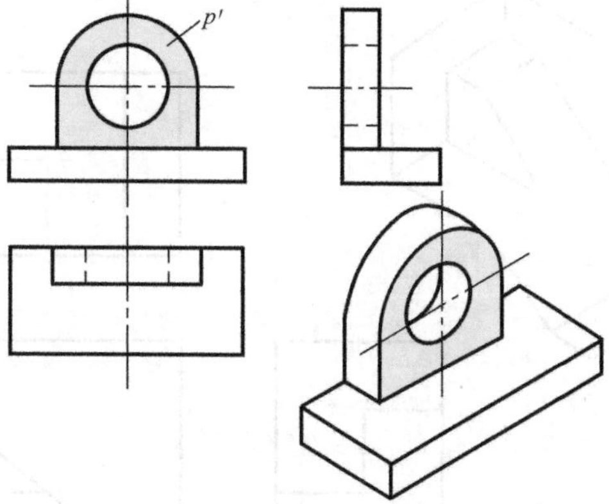

*P*平面平行____面，垂直____面与____面

4)

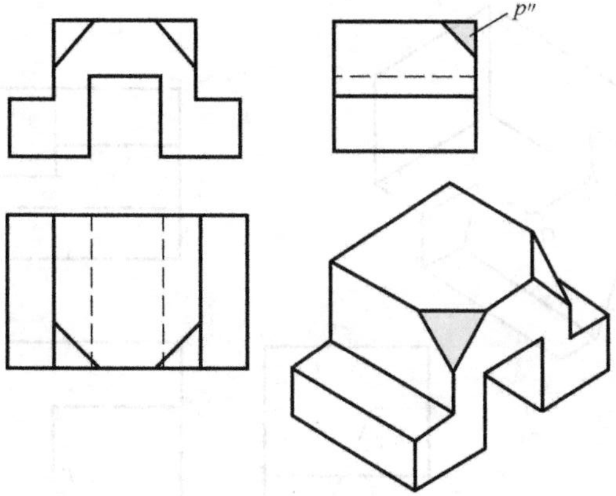

*P*平面倾斜____面____面____面

图 1-25

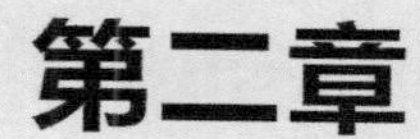

第二章 怎样识读常见形体三视图

培训要求 熟悉各类基本几何体、截割体和组合体三视图的投影特征，并能根据视图的形状特征，看懂常见形体的三视图。

第一节 基本几何体三视图

基本几何体的种类有棱柱、棱锥、圆柱、圆锥、圆球和圆环等。任何机器零件，不论它们的形状结构是简单的还是复杂的，都可以看成是由基本几何体组合而成，如图 2-1 所示。

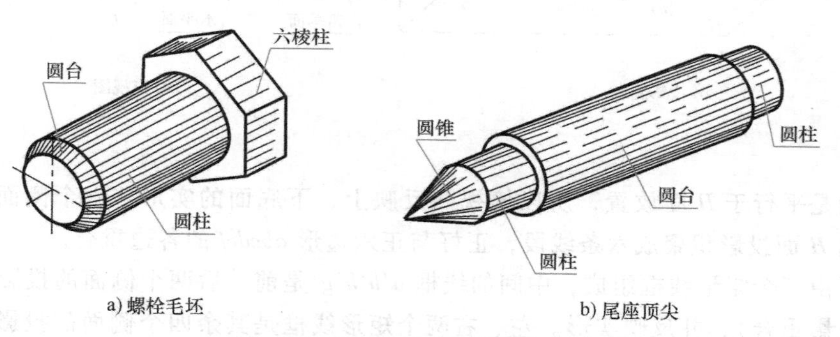

图 2-1 机器零件的组成

基本几何体的表面全部由平面围成的叫作平面立体；全部由曲面或曲面与平面围成的叫作曲面立体。本节主要介绍常见基本几何体的三视图和它的投影分析。

一、棱柱

有两个面互相平行，其余每相邻两个面的交线都互相平行的平面立体称为棱柱。

1. 形体分析

图 2-2a 为正六棱柱的立体图，从图中可知，正六棱柱的上、下底面是两个互相平行而又相等的正六边形，侧面为六个相同的矩形，并且垂直于上、下底面。在图 2-2b 中，六棱柱的上、下底面是平行于 *H* 面放置，前、后两个侧面是平行于 *V* 面放置，然后进行三面投射。

2. 投影分析

图 2-2c 为正六棱柱的三视图。正六棱柱的俯视图是一个正六边形 *abcdef*。因为六棱柱的

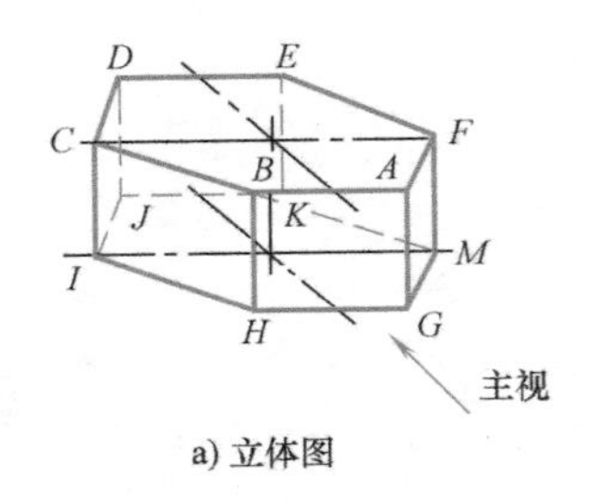

a) 立体图

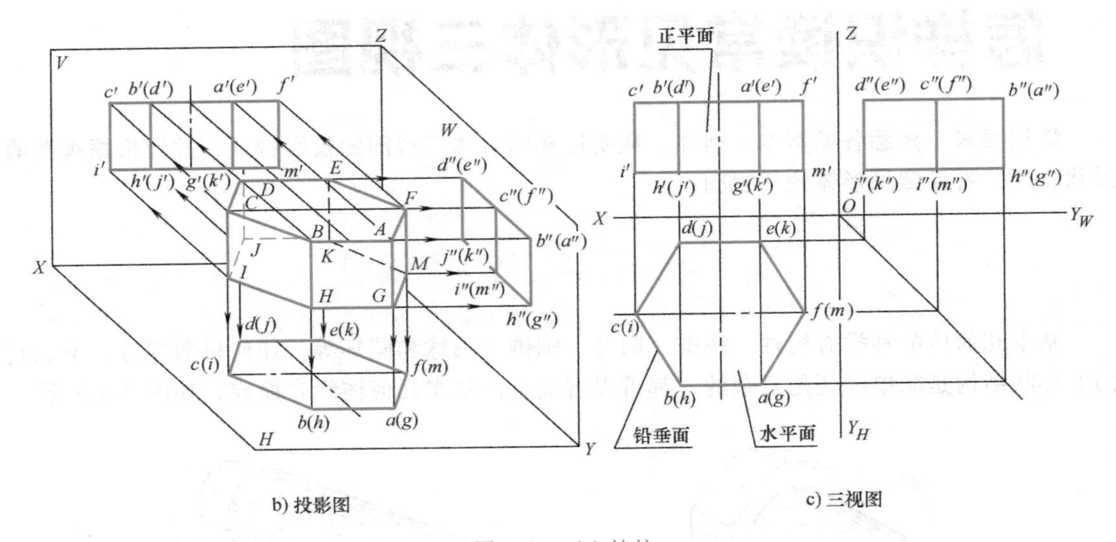

b) 投影图　　c) 三视图

图 2-2　正六棱柱

上、下底面是平行于 *H* 面放置，所以俯视图反映上、下底面的实形。六个侧面都垂直于 *H* 面，它们的 *H* 面投影积聚成六条线段，正好与正六边形 *abcdef* 的各边重合。

主视图由三个矩形线框组成，中间的线框 $a'b'h'g'$ 是前、后两个侧面的投影（前、后两个侧面的投影重合），并反映实形。左、右两个矩形线框是其余四个侧面的投影，不反映实形。上、下底面在主视图中的投影积聚为上、下两条水平实线。

左视图由两个矩形线框组成，前、后两个侧面在左视图中积聚为左、右两条垂直的实线，其余四个侧面分别投影为两个矩形线框，并不反映实形。上、下底面在左视图中积聚为上、下两条水平实线。

二、棱锥

有一个面是多边形，其余各面是有一个公共顶点的三角形的平面立体称为棱锥。

1. 形体分析

图 2-3a 为正四棱锥的立体图。从图中可知，正四棱锥的底面为一正方形 *ABCD*，四条等长的侧棱相交于顶点 *S*，并分别两两围成四个相等的等腰三角形的侧面。在图 2-3b 中，四棱锥的底面 *ABCD* 平行于 *H* 面放置，左、右两个侧面垂直于 *V* 面放置，然后进行三面投射。

2. 投影分析

正四棱锥的三视图如图 2-3c 所示。正四棱锥的底面 *ABCD* 平行于 *H* 面放置，所以俯视

图中的正方形 *abcd* 反映底面的实形。正四棱锥的四个三角形侧面在俯视图中的投影，收缩为正方形 *abcd* 中的四个小三角形，如侧面△*SAB* 就投影为△*sab*。

正四棱锥主视图的形状为一等腰三角形 $s'a'b'$，该三角形是前、后两个侧面的重合投影。因为前、后两个侧面与 *V* 面倾斜，所以在主视图上不反映实形，为类似形。左、右两侧面与 *V* 面垂直，投影积聚为两直线段并与三角形的两腰 $s'a'$ 和 $s'b'$ 重合。正四棱锥底面的投影积聚为一直线段，与三角形的底边 $a'b'$ 重合。

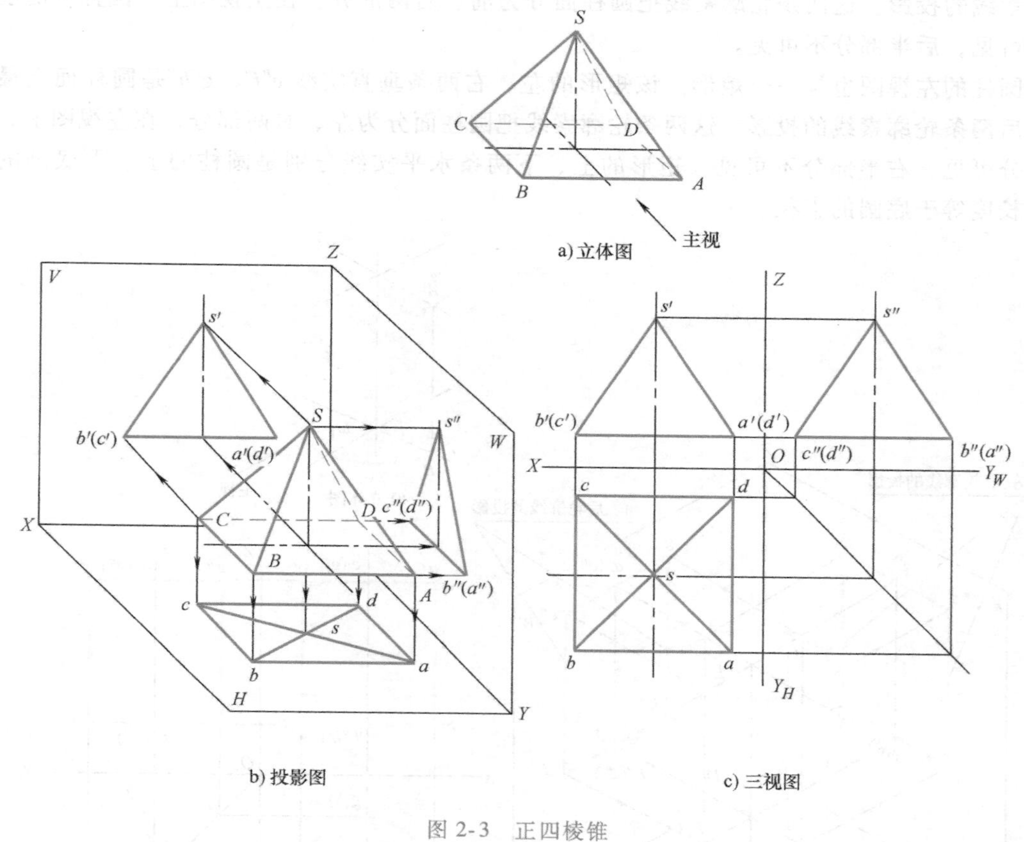

图 2-3 正四棱锥

左视图的形状与主视图相同，等腰三角形 $s''b''c''$ 是左、右两侧面的投影，不反映实形。前、后两侧面的投影与三角形的两腰重合。正四棱锥底面的投影与三角形的底边重合。

三、圆柱

一个矩形（图 2-4a 中的 AOO_1B）绕它的一条边 OO_1 旋转一周所形成的立体称为圆柱。其中 OO_1 叫做圆柱的轴，*OA* 和 O_1B 旋转一周所形成的圆称为圆柱的底面，*AB* 旋转一周所形成的曲面称为圆柱面。*AB* 也叫作母线，在圆柱面上任一位置的母线就称为素线。

1. 形体分析

图 2-4a 为圆柱的立体图。从图中可知，圆柱是由上、下两个互相平行并且直径相等的圆形底面和中间的圆柱面围成的，圆柱面与上、下底面垂直。在图 2-4b 中，圆柱的上、下底面与 *H* 面平行放置，这时圆柱面必定垂直于 *H* 面，然后作出圆柱的三面投影。

2. 投影分析

圆柱的三视图如图 2-4c 所示。圆柱的俯视图为一个圆，因为圆柱的上、下底面平行于 *H* 面放置，所以该圆反映上、下底面的实形。而圆柱面垂直于 *H* 面，它在俯视图上的投影积聚为一圆周，恰好与上、下底圆的投影重合。

圆柱的主视图是一个矩形，矩形的上、下两条水平线分别是圆柱上、下底圆的投影，长度等于底圆的直径。矩形的左、右两条垂直线 $a'b'$、$c'd'$，分别是圆柱面上最左和最右两条轮廓素线的投影。这两条轮廓素线把圆柱面分为前、后两部分。在主视图上，圆柱面的前半部分可见，后半部分不可见。

圆柱的左视图也是一个矩形。该矩形的左、右两条垂直实线 $e''f''$、$g''h''$是圆柱面上最前和最后两条轮廓素线的投影。这两条轮廓素线把圆柱面分为左、右两部分，在左视图上，左半部分可见，右半部分不可见。矩形的上、下两条水平实线分别是圆柱的上、下底圆的投影，长度等于底圆的直径。

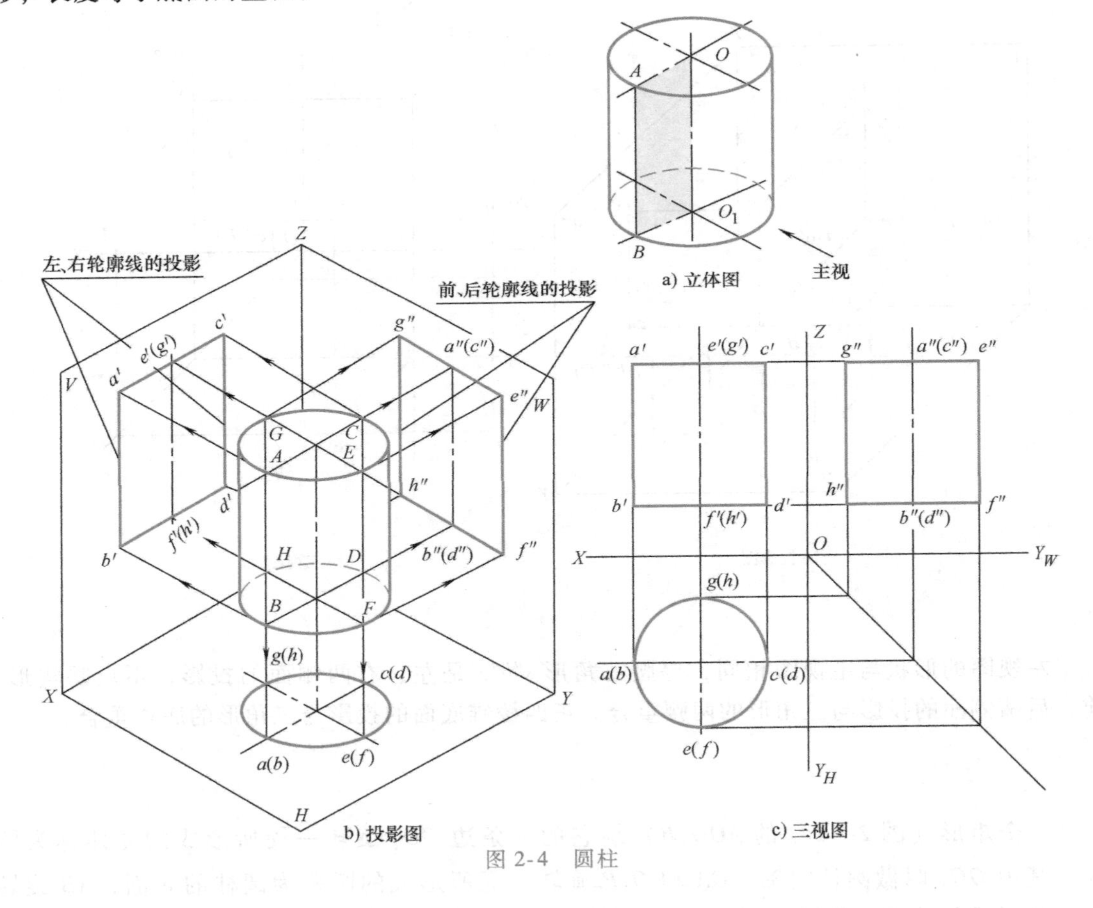

图 2-4 圆柱

四、圆锥

一个直角三角形（图 2-5a 中的△*SOA*）绕它的一条直角边 *SO* 旋转一周所形成的立体称为圆锥。其中 *SO* 叫作圆锥的轴，*OA* 旋转一周所形成的圆叫作圆锥的底面，*SA* 旋转一周所形成的曲面叫作圆锥面。*SA* 称为母线，在圆锥面上任一位置的母线称为素线。

1. 形体分析

图 2-5a 为圆锥的立体图。从图中可知，圆锥是由圆锥面和圆形底平面围成的。圆锥的顶点 S 和底圆圆周上任何一点的连线都是长度相等的直线，即圆锥素线。在图 2-5b 中，圆锥的底面平行于 H 面放置，然后作出其三面投影。

2. 投影分析

圆锥的三视图如图 2-5c 所示。圆锥的俯视图为一个圆，它既是圆锥面的投影，也是底面的投影。因为底面平行于 H 面放置，所以俯视图反映底面圆的实形。

圆锥的主视图是一个等腰三角形 $s'a'b'$，底边 $a'b'$为圆锥底面的投影，长度等于底圆的直径。等腰三角形的两腰 $s'a'$和 $s'b'$，分别为圆锥面上最左和最右两条轮廓素线的投影。这两条轮廓素线将圆锥面分为前、后两部分，从主视图上看，圆锥面的前半部分可见，后半部分不可见。

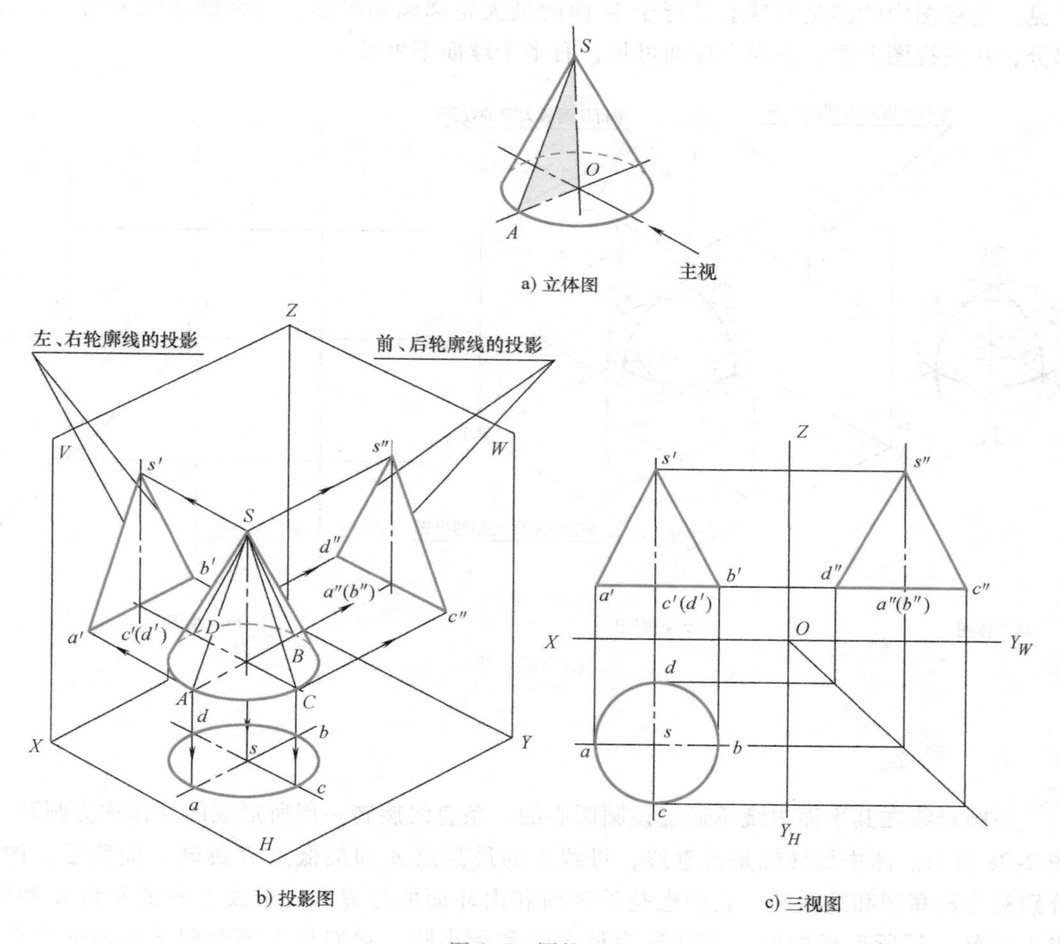

图 2-5 圆锥

左视图也是一个等腰三角形 $s''c''d''$。左视图上三角形的两腰 $s''c''$和 $s''d''$是圆锥面上最前和最后两条轮廓素线的投影，它将圆锥面分为左、右两部分。从左视图上看，圆锥面的左半部分可见，右半部分不可见。三角形的底边 $c''d''$为圆锥底面的投影，其长度等于底面圆的直径。

五、圆球

一个圆母线绕着它的直径旋转所形成的立体称为球体，如图 2-6a 所示。在球面上任意位置的母线则称为素线。

图 2-6b、c 为圆球的投影图和三视图。因为圆球从任何一个方向看都是一个圆，所以圆球的三视图是三个直径都等于圆球直径的圆，如图 2-6b 所示。

圆球的三视图虽然是三个相同的圆，但每个圆所反映圆球的方位是不同的。主视图中的圆是圆球上平行于 V 面的最大轮廓圆的投影，它将圆球面分为前、后两部分。从主视图上看，前半个球面可见，后半个球面不可见。俯视图中的圆是圆球上平行于 H 面的最大轮廓圆的投影，它将圆球面分为上、下两部分，从俯视图上看，上半个球面可见，下半个球面不可见。左视图中的圆是圆球上平行于 W 面的最大轮廓圆的投影，它将圆球面分为左、右两部分，从左视图上看，左半个球面可见，右半个球面不可见。

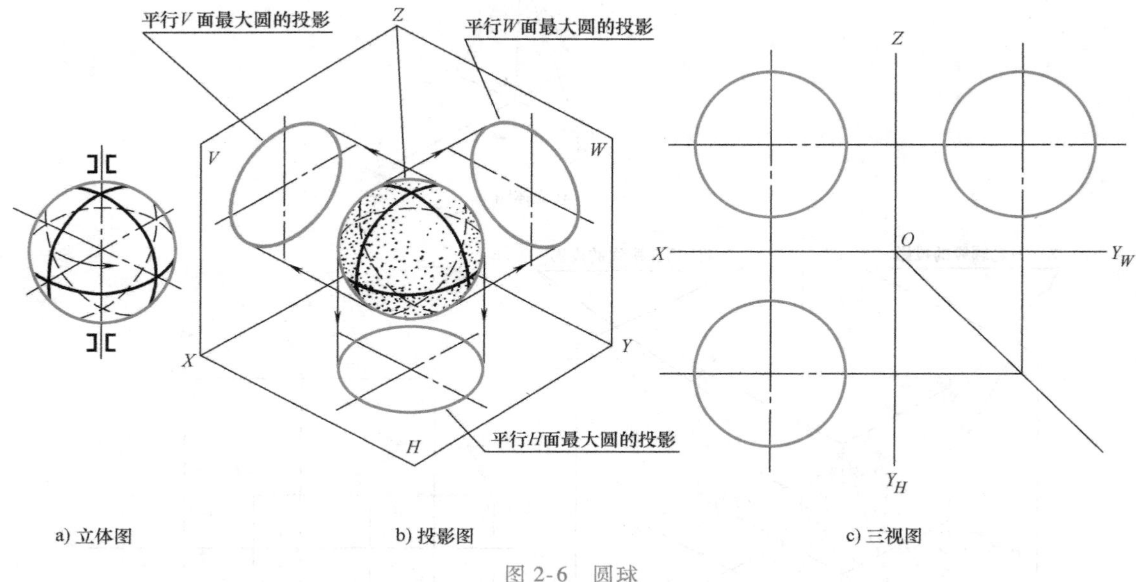

a) 立体图　　b) 投影图　　c) 三视图

图 2-6　圆球

六、圆环

一圆母线在其平面内绕不通过该圆圆心的一条直线旋转一周所形成的立体称为圆环，如图 2-7a 所示。图中旋转轴是铅垂线，母线上的最高点 A 和最低点 B 旋转一周所形成的圆，分别称为最高圆和最低圆，它们也是外环面和内环面的分界线；母线上的最左点 C 和最右点 D 旋转一周所形成的圆，分别称为最大圆和最小圆，它们是上环面和下环面的分界线。在圆环面上任一位置的圆母线称为圆素线。

在图 2-7b 中，圆环按水平放置进行三面投影。图 2-7c 为圆环的三视图。从图中分析可知，俯视图为两个实线圆，分别是最大圆和最小圆的投影，它们是上环面和下环面的分界线。在. 俯视图上，上环面可见，下环面不可见。中间的细点画线圆是圆母线圆心轨迹的投影。

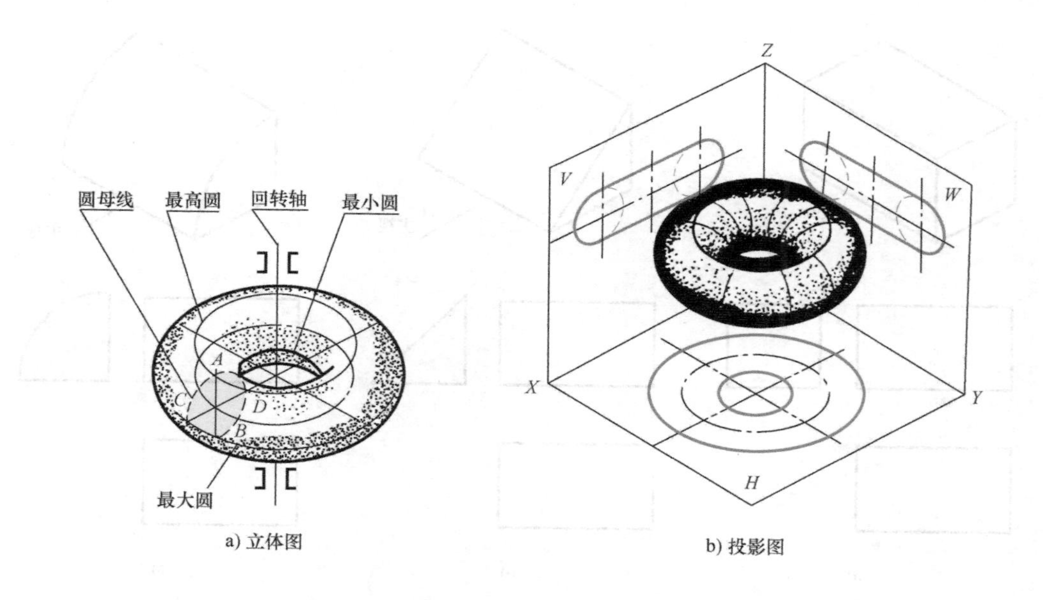

a) 立体图　　b) 投影图

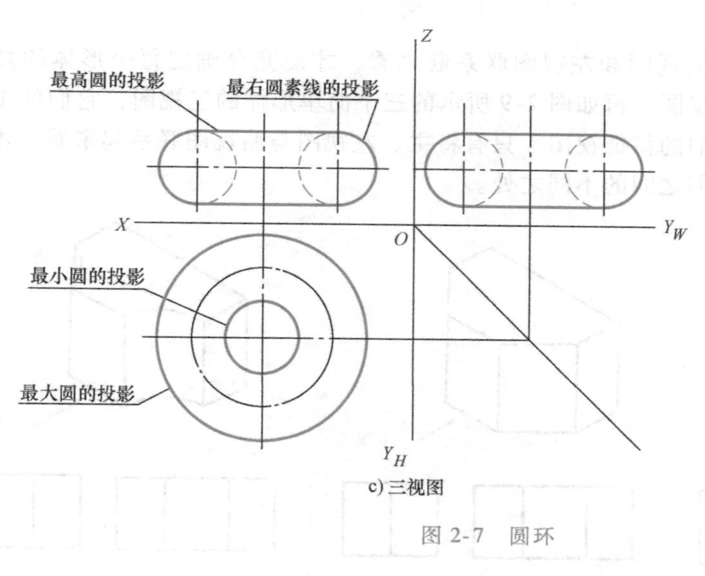

c) 三视图

图 2-7　圆环

圆环的主视图和左视图形状相同。主视图上的两个小圆是平行于 V 面的两条圆环轮廓素线圆的投影（位于内环面上的半圆不可见，画成虚线），它们将圆环的内、外环面分成前、后两部分。在主视图上，外环面的前半部分为可见，内环面和外环面的后半部分均不可见。左视图上的两个小圆是平行于 W 面的两条圆轮廓素线的投影，它们将圆环的内、外环面分成左、右两部分。在左视图上，外环面的左半部可见，内环面和外环面的右半部均为不可见。主视图和左视图中两个小圆的上、下公切线，分别是圆环的最高圆和最低圆的投影。

上面对常见的基本几何体的三视图进行了投影分析。了解并熟悉各种基本几何体三视图的形状特征，是识图的基础。识读不同形体的三视图时，不能只看某一个视图，而必须把几个视图联系起来分析，特别要抓住特征视图，才能确定物体的形状。如图 2-8 所示的三个简单形体的三视图，它们的主视图和俯视图都相同。显然，只看主、俯两个视图还不能确定各

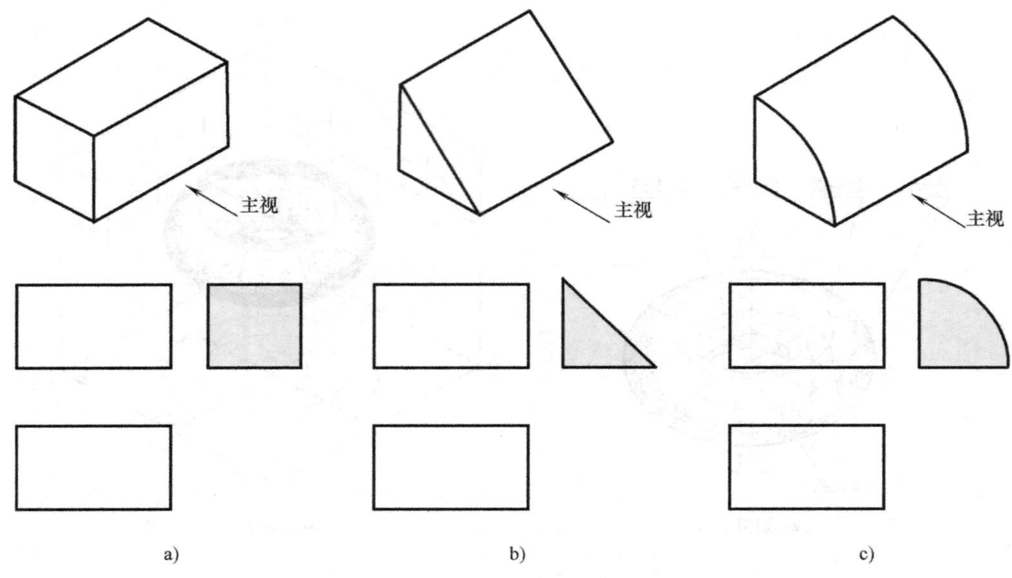

图 2-8 识读简单形体三视图（一）

几何体的形状。只有把主、俯视图和左视图联系起来看，才能充分确定每个形体的真实形状，这里的左视图就是特征视图。再如图 2-9 所示的三个简单形体的三视图，它们的主、左视图都相同，俯视图即为它们的特征视图，只有将主、左视图与俯视图联系起来看，才能确定每个形体的形状和判别它们之间的不同之处。

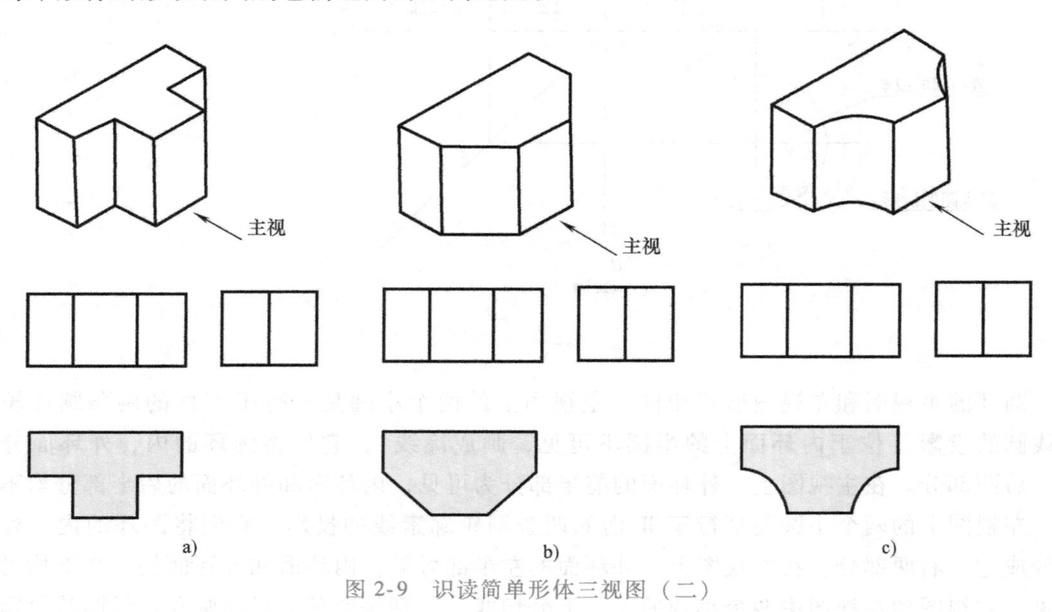

图 2-9 识读简单形体三视图（二）

第二节 截割体三视图

基本几何体在组成机器零件时，因结构的需要往往要截切掉一部分，这种被平面截切后的基本几何体称为截割体。几何体被平面截切后产生的表面交线叫作截交线。识读截割体三视图的关键在于分析截交线在三视图中的投影。

一、棱柱的截切

图 2-10 为正六棱柱被一个平面截切后的几种情况。正六棱柱被平面截切后的截交线形状，随截平面截切六棱柱的位置不同而得到不同的多边形。多边形的边数由截平面截切正六棱柱表面的数量来决定，多边形的顶点就是截平面与各条棱线的交点。如图 2-10 中，正六棱柱截切后的截交线形状分别是四边形 *ABCD*（见图 2-10a）、五边形 *EFGHI*（见图 2-10b）和六边形 *JKMNOP*（见图 2-10c）。要看懂它们在三视图中的投影，首先应找出截切位置最明显的特征视图。从图中可看到，主视图是反映截切位置最清楚的特征视图，然后根据投影规律，在俯视图和左视图中找出对应的截交线的投影。在图 2-10 的三视图中，截交线的投影已用字母表示清楚，读者可自行分析。

图 2-11 为正六棱柱切口的几种形式，从图中分析可知，这些切口都可看成是由两个或两个以上的截平面截切而成的。所以，正六棱柱切口在三视图中的投影，仍可运用分析正六棱柱截交线的方法进行。图 2-11a 中的六棱柱切口，可以认为是由一侧平面位置的截平面和一水平位置的截平面截切而成的。它们的截交线分别为矩形 *ABDE* 和三角形 *BCD*。对照立体图分析三视图中切口的投影，就能看懂该六棱柱切口的三视图。

二、棱锥的截切

图 2-12 为正四棱锥被一个平面截切后的几种情况。从图 2-12a 中可知，正四棱锥被平行于底面的平面截切后，得到的截交线为正方形 *ABCD*，正方形的大小随截平面与底面的距离而变化，距离近正方形就大，反之则小。正四棱锥被平行于底面的平面截切后得到的截割体，也叫作正四棱台。正四棱锥被倾斜于底面的平面截切后，得到的截交线可以是梯形 *EF-GH*，如图 2-12b 所示。也可以是通过顶点 *I* 的三角形 *IJK*，如图 2-12c 所示。识读正四棱锥截割体的三视图时，首先应找出反映截切位置最为清楚的特征视图，从图中分析可知，主视图是反映截切位置最清楚的视图，然后再根据投影规律在俯、左视图中找到对应的截交线的投影。如图 2-12a 中，根据截交线 *ABCD* 的正面投影 $a'b'(c')(d')$，就可按投影关系找出水平投影 *abcd* 和侧面投影 a''（b''）c''（d''）。用同样的方法，在图 2-12b、c 中，根据截交线 *EFGH* 和 *IJK* 的正面投影，也可找出其他两面投影。

图 2-13 为正四棱锥切口的几种形式。图 2-13a 所示的正四棱锥切口可以看成是由三个平面截切而成，其中两个平面平行于底面截切正四棱锥，截交线为 *ABGH* 和 *CDEF* 两个矩形；另一个截平面为侧平面截切正四棱锥，截交线的形状为等腰梯形 *BCFG*。从图中可知，主视图为表达截切位置最明显的特征视图。在识读三视图时，从主视图着手来分析正四棱锥切口的三面投影就比较容易。图 2-13b、c 中两个正四棱锥切口的投影，读者可自行分析，但要注意切口投影中的实线和虚线的变化。

三、圆柱的截切

1. 平面截切圆柱

圆柱被平面截切时，按平面截切圆柱的位置不同，可分为三种形式，如图 2-14 所示。

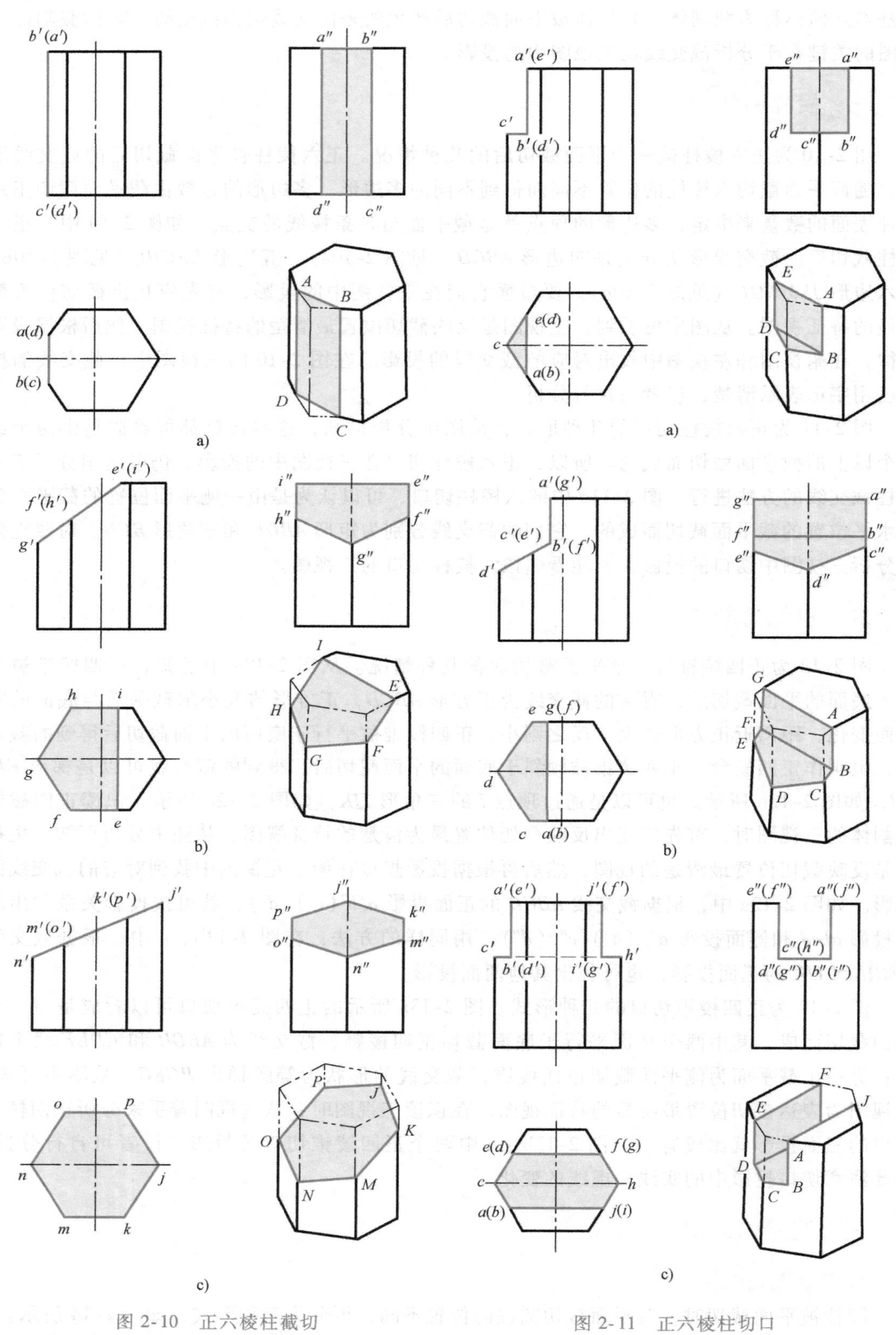

图 2-10 正六棱柱截切　　　图 2-11 正六棱柱切口

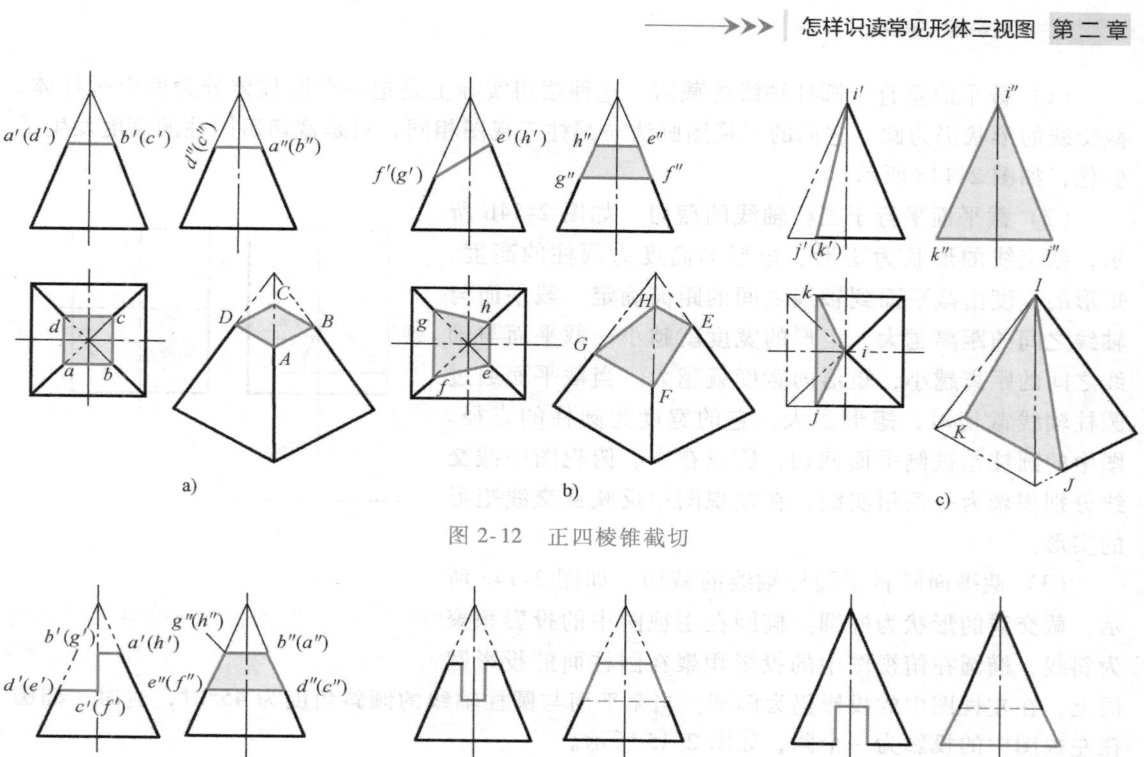

图 2-12 正四棱锥截切

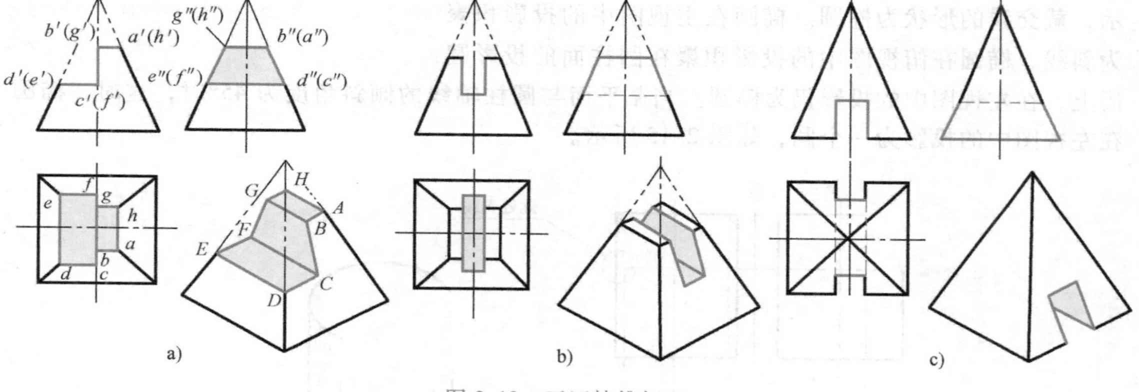

图 2-13 正四棱锥切口

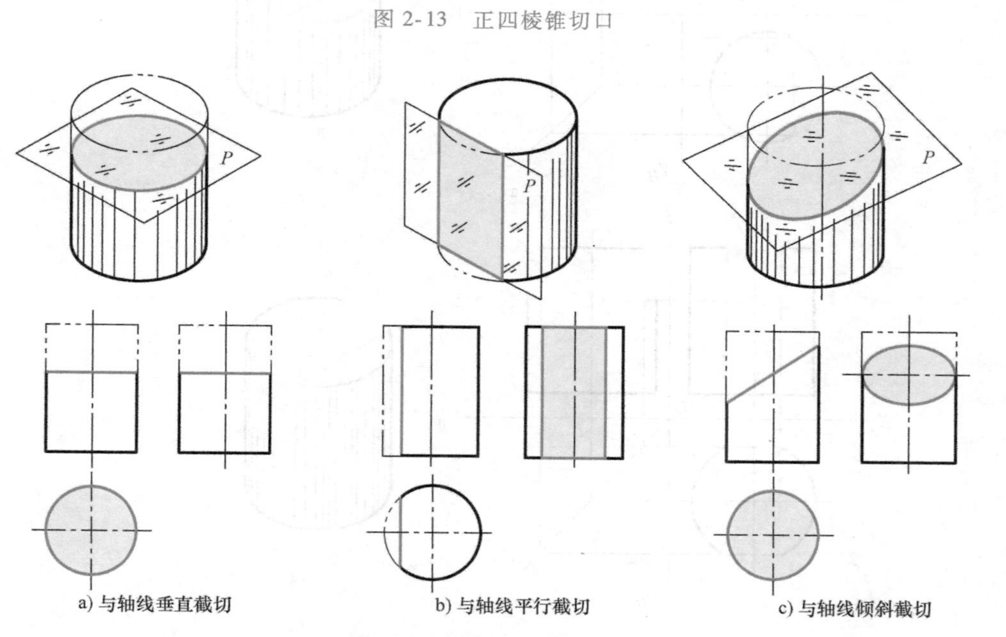

图 2-14 圆柱截切的三种形式

（1）截平面垂直于圆柱轴线的截切　这种截切实际上是把一个圆柱体分为两个圆柱体，截交线的形状仍为圆。它们的三视图画法与圆柱三视图相同，只是截切后圆柱的高度发生了变化，如图 2-14a 所示。

（2）截平面平行于圆柱轴线的截切　如图 2-14b 所示，截交线的形状为矩形。矩形的高度为圆柱的高度，矩形的宽度由截平面到轴线之间的距离确定。截平面与轴线之间的距离越大，矩形的宽度就越小；截平面与轴线之间的距离越小，矩形的宽度就越大。当截平面通过圆柱轴线截切时，矩形最大，它的宽度为圆柱的直径。图中的圆柱是被侧平面截切，所以在主、俯视图中截交线分别积聚为一条粗实线，在左视图中反映截交线矩形的实形。

（3）截平面倾斜于圆柱轴线的截切　如图 2-14c 所示，截交线的形状为椭圆。椭圆在主视图中的投影积聚为斜线，椭圆在俯视图中的投影积聚在圆柱面的投影圆周上，在左视图中的投影仍为椭圆。当截平面与圆柱轴线的倾斜角度为 45°时，这时，椭圆在左视图中的投影为一个圆，如图 2-15 所示。

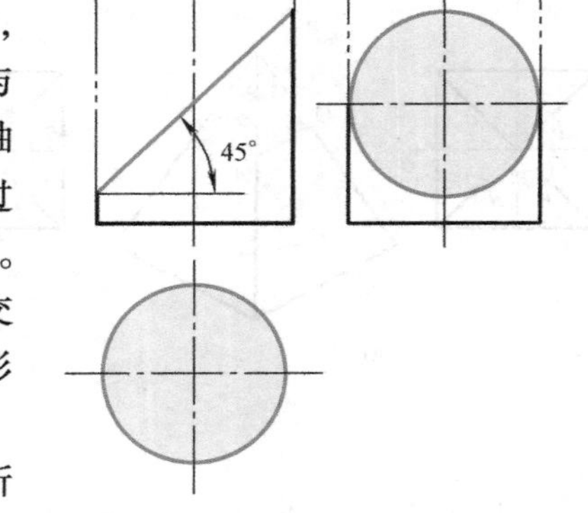

图 2-15　截平面与圆柱轴线成 45°截切

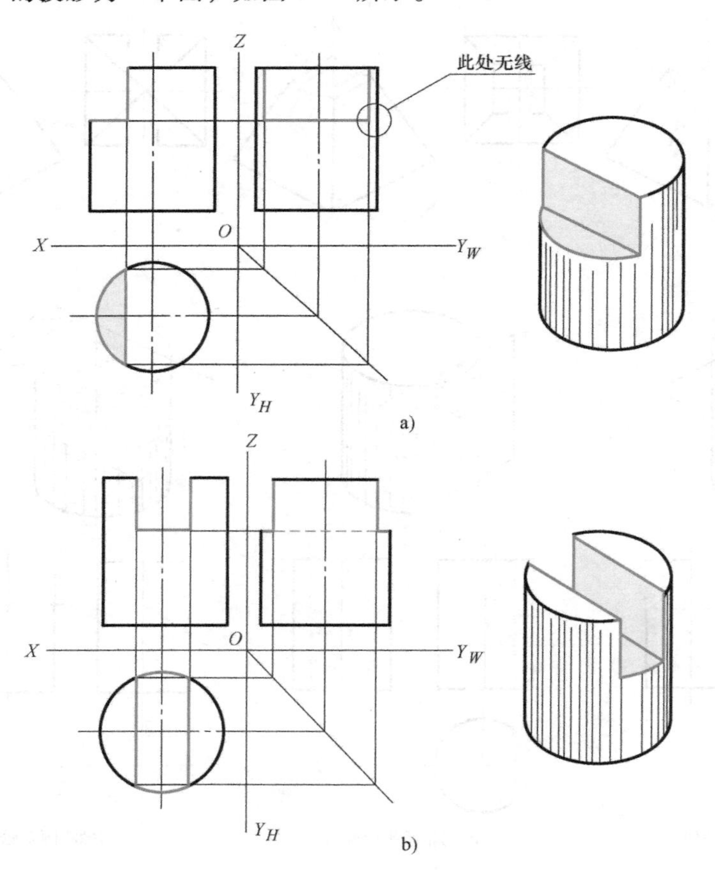

图 2-16　圆柱切口

2. 圆柱的切口

圆柱切口的形式很多，常见的有图 2-16 所示的两种。圆柱的切口可看成是由两个或两个以上的截平面截切而成，所以，圆柱切口的表面交线可以看成是由圆柱的截交线组成。如图 2-16a 中的圆柱切口，可看成是由一个平行于圆柱底面的截平面和一个平行于圆柱轴线的截平面，将圆柱的左上角切去了一块。显然，切口的表面形状由圆柱的截交线圆和矩形的一部分组成。切口在三视图中的投影关系，读者可参照立体图进行分析。

图 2-16b 中的圆柱切口，可看成是由两个侧平面和一个水平面截切而成的，其切口的投影同样可按照分析截交线的方法求得。

3. 圆筒的截切

一个圆柱体沿着其轴线钻一通孔后，就成了一个有内圆柱表面的圆筒。对圆筒进行截切时，在内、外圆柱面上都将产生截交线。图 2-17 为几种圆筒截切形式的三视图的画法。图 2-17a 中的圆筒是被平行于轴线的截平面所截，从三视图中分析可知，俯视图是反映圆筒被截切位置最清楚的特征视图。按切口的投影关系，在左视图中间有四条对应的垂直线，中间两条 *AB*、*CD* 是截平面与内圆柱面的截交线，另外两条 *EF*、*GH* 是截平面与外圆柱面的截交线。可见，圆筒截切的投影分析与圆柱截切相同。图 2-17b、c 中的圆筒切口也可照此方法进行分析。

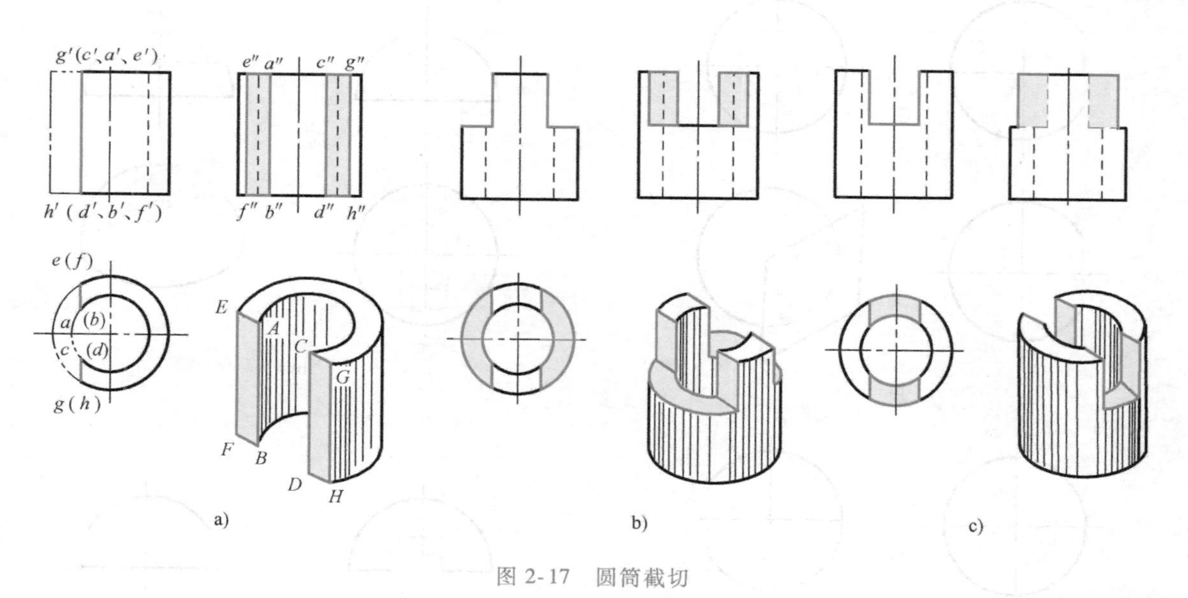

图 2-17 圆筒截切

四、圆球的截切

圆球被截平面截切时，截交线的形状都是圆。当截平面平行于基本投影面截切圆球时，截交线在三视图中的投影，分别为圆和直线，如图 2-18 所示。截交线圆的直径与截平面的位置有关，截平面距离球心越近，直径就越大，反之则越小。图 2-18 中介绍了圆球三种位置截切的三视图画法。

当圆球被两个或两个以上截平面截切成不同形状的切口时，它们的三视图的画法如图

2-19 所示。从图中可知，圆球的切口形状虽然各不相同，但这些切口的表面，都是由不同位置的截平面截切圆球所产生的。如图 2-19a 中的圆球切口，是由平行于水平面和侧平面的截平面截切而成的。显然，三视图中画出的截交线圆是不完整的，它画出的范围大小由切口的形状和位置来决定，图中已用投射线来说明它们之间的投影关系。图 2-19b、c 中的圆球切口，同样可按上述方法并参照立体图对三视图进行分析。

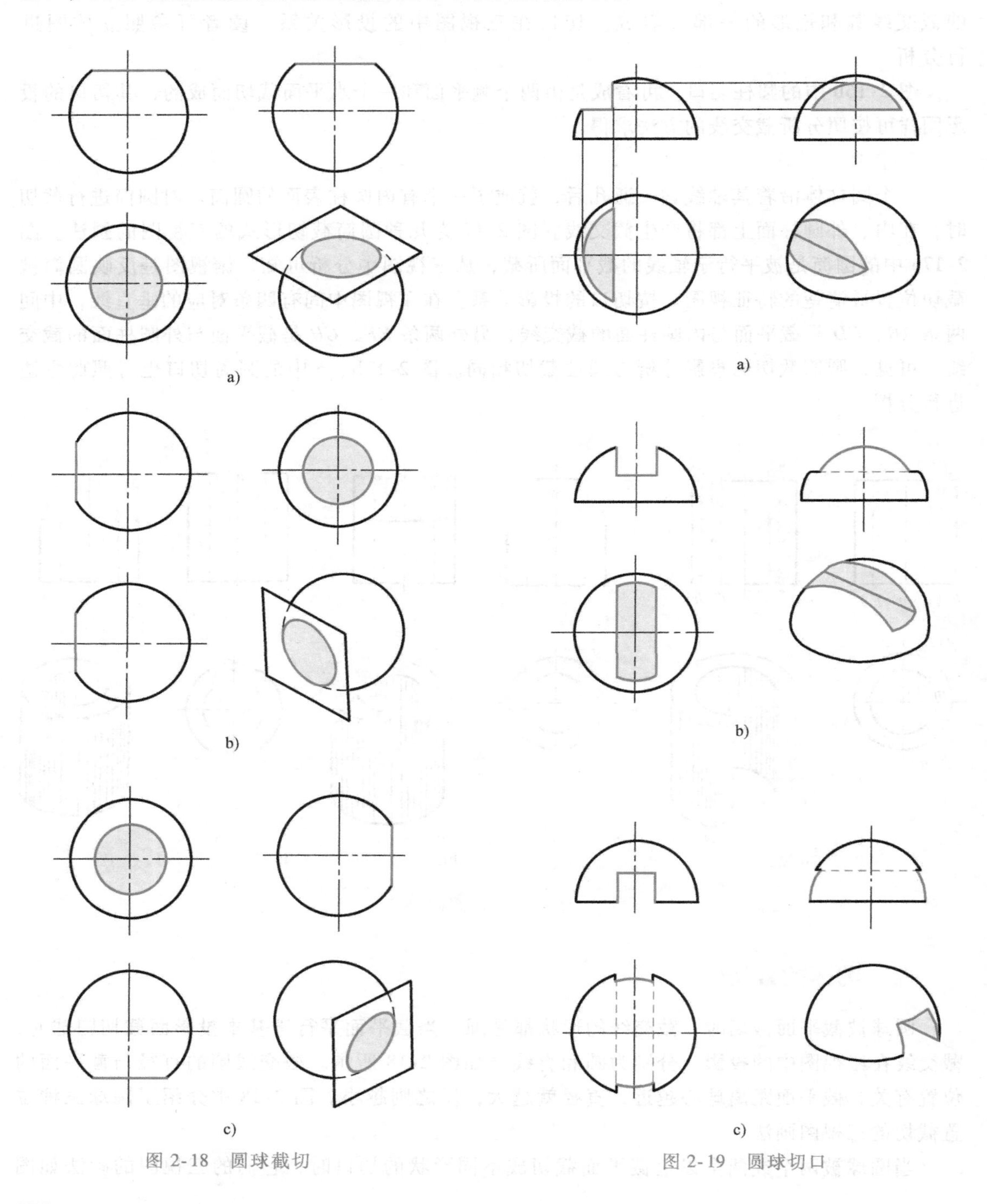

图 2-18 圆球截切

图 2-19 圆球切口

第三节 常见相贯体的投影分析

两个基本几何体互相贯穿时称为相贯体，它们的表面交线叫作相贯线。相贯线是两个几何体表面的共有线，这是相贯线的一个重要性质。下面对常见的圆柱与圆柱、圆柱与圆锥、圆柱与圆球相贯进行投影分析。

一、两圆柱垂直相交的相贯线投影分析

1. 两直径不等的圆柱相贯线的投影分析

图 2-20 为两直径不等的圆柱垂直相贯的立体图和三视图的画法。从立体图中可知，相贯线既在大圆柱表面上，又在小圆柱表面上，是两个圆柱表面的共有线。所以，相贯线在俯视图中的投影，就积聚在小圆柱面的投影小圆周上；相贯线在左视图中的投影，是积聚在大圆柱面的投影大圆周上并界于小圆柱两轮廓线之间的一段圆弧。而相贯线在主视图上的投影，是一条非圆曲线，在三视图中已用细实线表示出相贯线的投影关系。

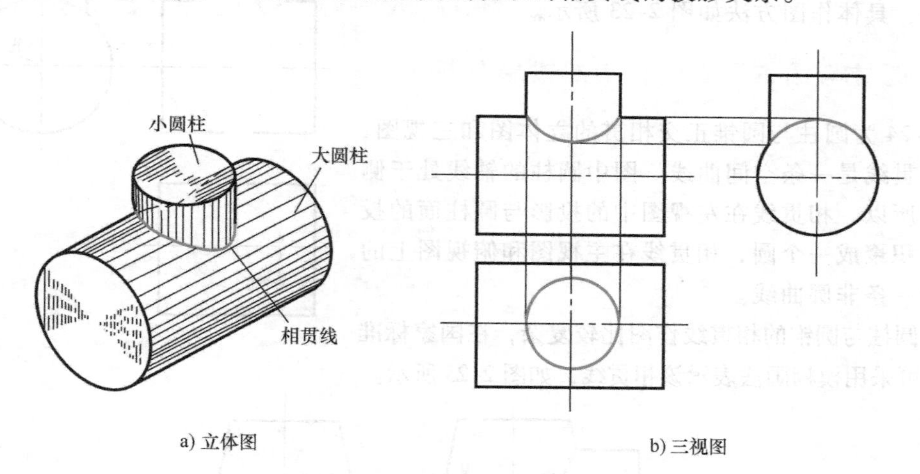

图 2-20 两直径不等的圆柱相贯

2. 两直径相等的圆柱相贯线的投影分析

当两圆柱体垂直相交而又直径相等时，相贯线在非圆视图上的投影为两条与水平成 45°的斜线，如图 2-21所示。

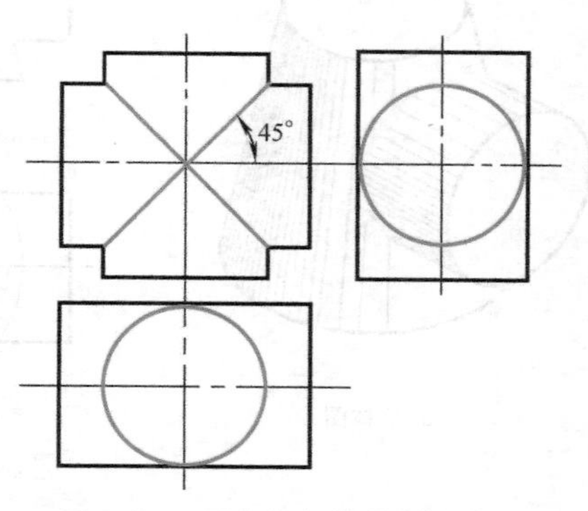

图 2-21 两直径相等的圆柱相贯

3. 圆柱上开圆柱孔的相贯线的投影分析

当圆柱上开圆柱孔或圆柱孔与圆柱孔在内部相贯时，其相贯线的画法，基本上与两圆柱相贯线的画法一样，但要注意在不可见的情况下，相贯线用虚线表示。图 2-22a 为圆柱上开圆孔，圆孔与圆柱面上的交线即为相贯线，主视图上相贯线的投影是向着圆柱的轴线方向弯曲。图 2-22b、c 是圆柱内部有两圆柱孔相贯，前者为两圆柱孔直径不等，后者为两圆柱孔直径相等，它们的相贯线都用虚线表示。

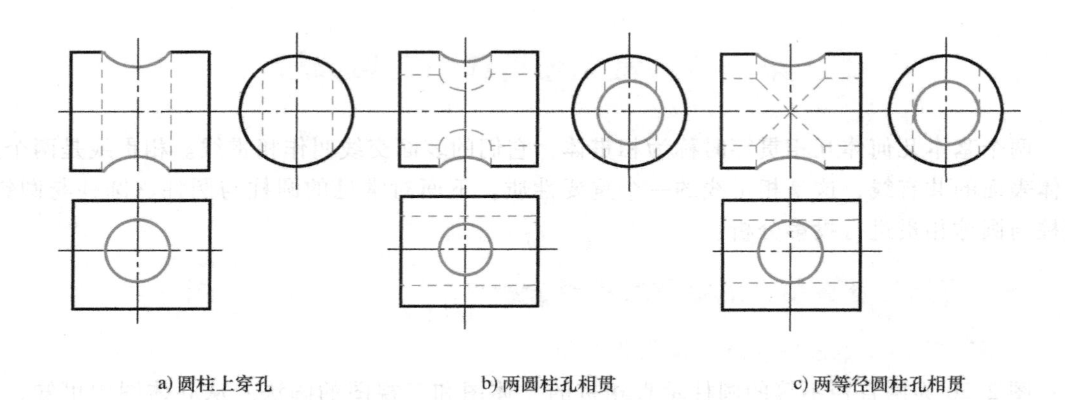

a) 圆柱上穿孔 b) 两圆柱孔相贯 c) 两等径圆柱孔相贯

图 2-22 圆柱孔相贯的画法

4. 相贯线的简化画法

在一般情况下，如无特殊要求，常用圆弧代替相贯线的画法，具体作图方法如图 2-23 所示。

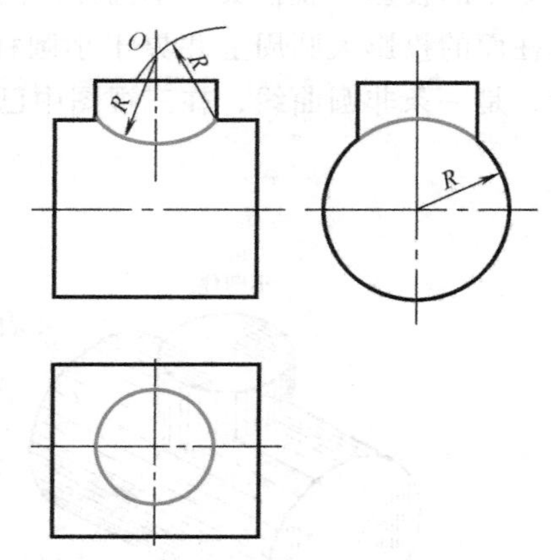

图 2-23 相贯线的简化画法

二、圆柱与圆锥正交的相贯线投影分析

图 2-24 为圆柱与圆锥正交相贯的立体图和三视图，它们的相贯线是一条空间曲线。图中圆柱的轴线处于侧垂位置，所以，相贯线在左视图中的投影与圆柱面的投影重合，积聚成一个圆，相贯线在主视图和俯视图上的投影均为一条非圆曲线。

由于圆柱与圆锥的相贯线作图比较复杂，在国家标准中规定了可采用模糊画法表示该相贯线，如图 2-25 所示。

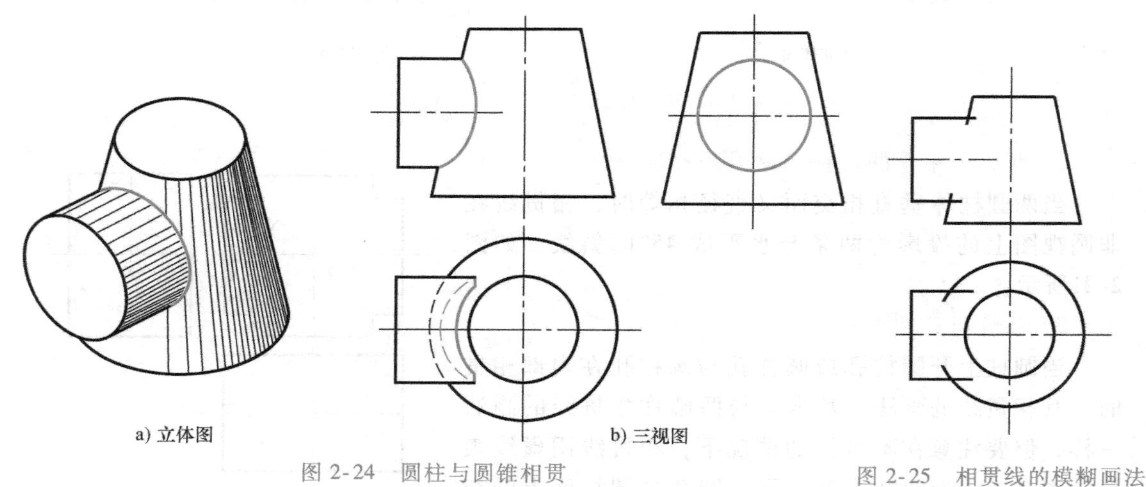

a) 立体图 b) 三视图

图 2-24 圆柱与圆锥相贯

图 2-25 相贯线的模糊画法

三、圆柱与圆球正交的相贯线投影分析

图 2-26 为圆柱和圆球正交相贯的立体图和三视图，它们的相贯线是一个圆。因为圆柱

的轴线是铅垂位置，所以相贯线在俯视图中的投影是一个圆，与圆柱面的水平投影圆重合。相贯线在主视图和左视图上的投影均为一条水平线，长度等于圆柱的直径。

四、过渡线

由于工艺和强度等方面的要求，在零件某些表面的相交处，往往用小圆角过渡，这样就使原来的交线不明显，为了区别不同的表面以便于识图，在原来的交线处用过渡线画出，如图 2-27 所示。从图中可知，过渡线的特征是其两端与轮廓线不相交，并采用细实线绘制。

图 2-28 是几种常见零件的过渡线画法。

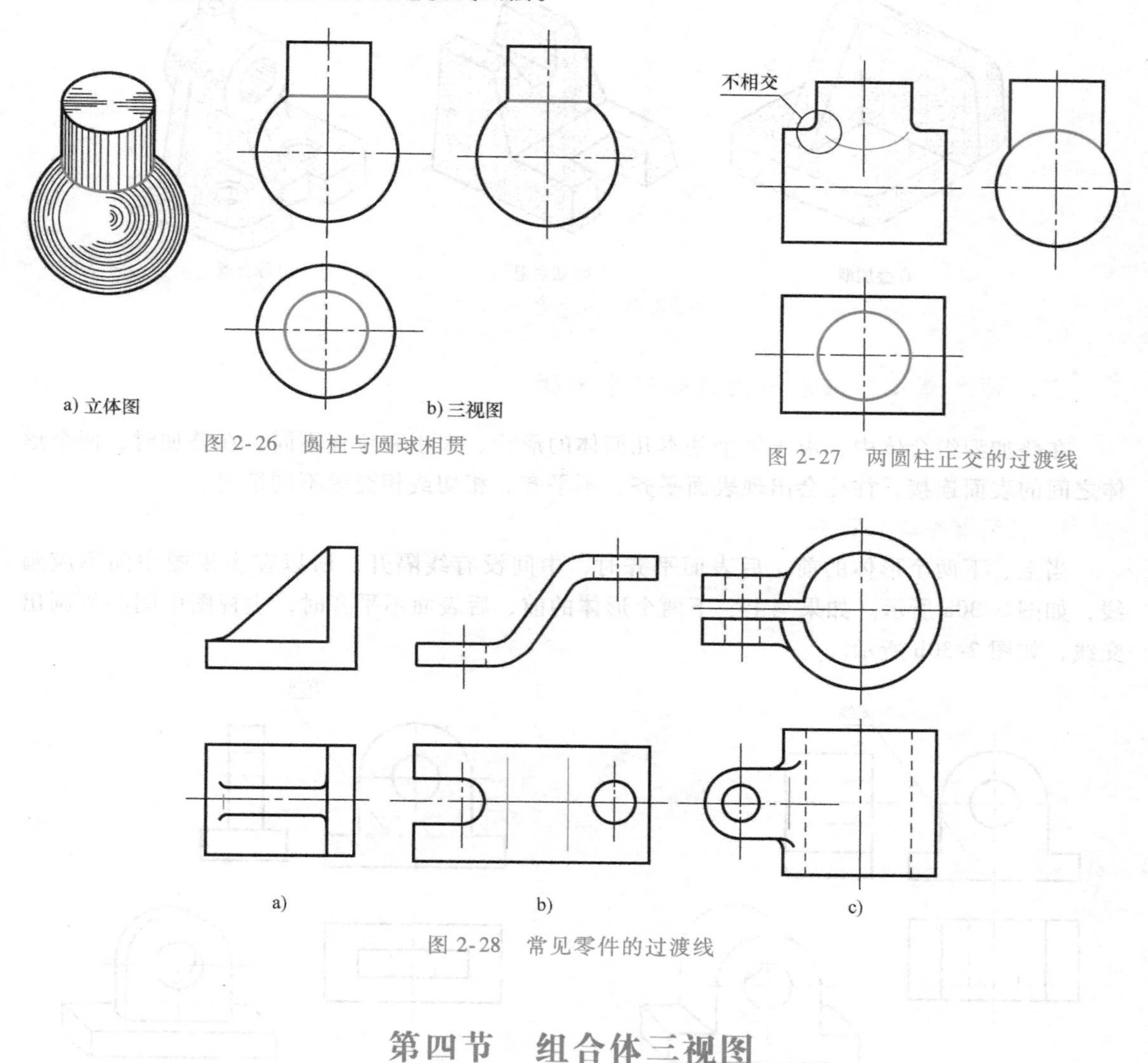

图 2-26　圆柱与圆球相贯

图 2-27　两圆柱正交的过渡线

图 2-28　常见零件的过渡线

第四节　组合体三视图

由两个或两个以上的基本几何体组合而成的形体称为组合体。

一、组合体的类型

组合体的组合形式有叠加型、切割型和综合型三种。

1. 叠加型组合体

由若干个基本几何体叠加而成，如图 2-29a 所示。

2. 切割型组合体

在一个基本几何体（如长方体、圆柱体等）上进行切割、开槽、钻孔后得到的形体，如图 2-29b 所示。

3. 综合型组合体

既有叠加又有切割而得到的组合体，如图 2-29c 所示。

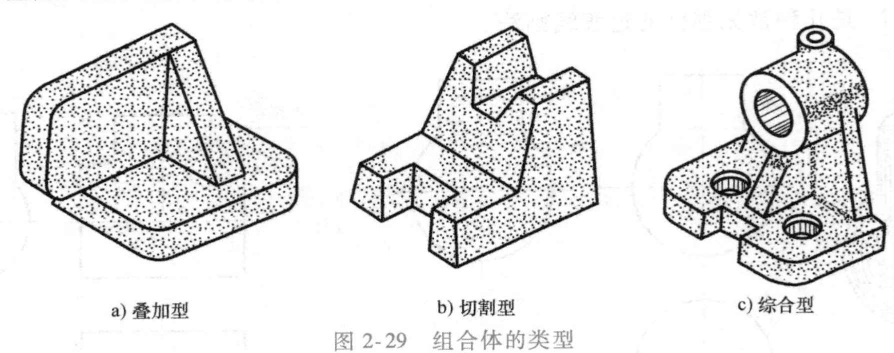

图 2-29 组合体的类型

二、两个基本形体的表面连接关系分析

在叠加型组合体中，由于每个基本几何体的形状、大小和位置不同，在叠加时，两个形体之间的表面连接，往往会出现表面平齐、不平齐、相切或相交等不同情况。

1. 表面平齐与不平齐

当上、下两个形体的前、后表面平齐时，中间没有线隔开，所以在主视图中间不应画线，如图 2-30a 所示。如果当上、下两个形体的前、后表面不平齐时，主视图中间必须画出交线，如图 2-30b 所示。

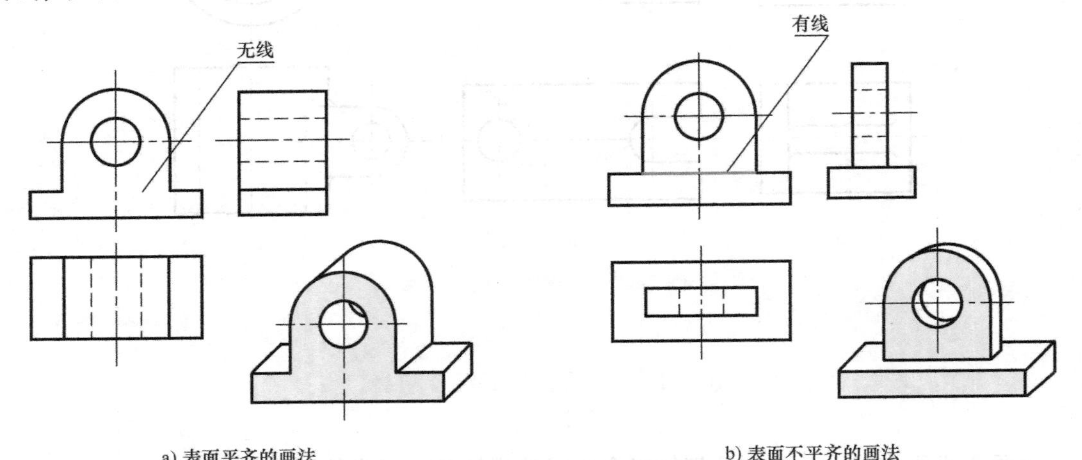

图 2-30 表面平齐与不平齐的组合体

2. 表面相切

图 2-31 所示的组合体是由一个圆柱与一块耳板组成的。耳板的前、后侧面与圆柱面相

切，为平滑过渡，所以，在三视图的主、左视图中，相切处不应画线。

3. 表面相交

图 2-32 所示的组合体也是由一个圆柱和一块耳板组成的，但耳板的前、后两侧面与圆柱面是相交的，在相交处有交线形成。在三视图的主、左视图中，相交处的交线必须按投影关系画出。

另外，在本章第三节中所讲的相贯体，也是属于表面相交的组合体，这里就不再举例。

三、识读组合体三视图的方法

组合体三视图的识读常用形体分析法，所谓形体分析法，就是假想把组合体分解成若干个基本形体，然后弄清各个组成部分的形状，分析了解各个组成部分之间的相对位置关系和表面连接关系。下面就运用形体分析法来识读各类组合体的三视图。

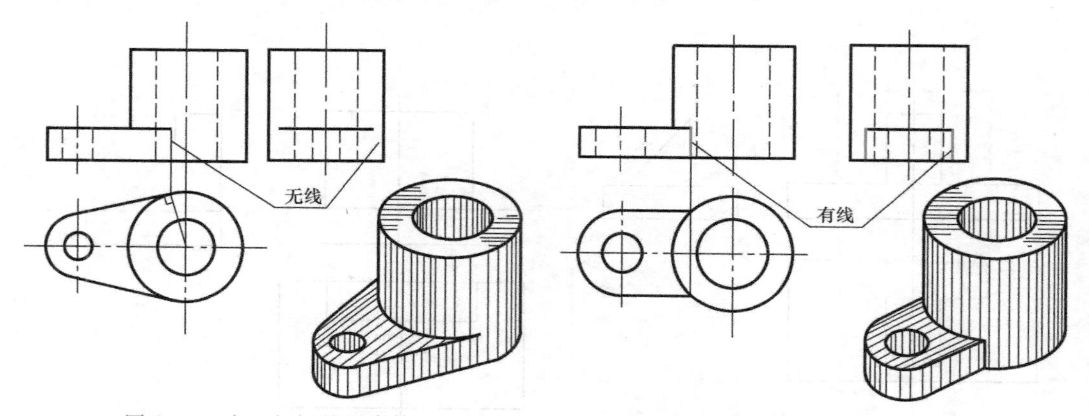

图 2-31 表面相切的组合体

图 2-32 表面相交的组合体

1. 识读叠加型组合体的三视图

图 2-33a 为一叠加型组合体的三视图，识图步骤为：

1）对主视图、俯视图和左视图作一大概的了解。

2）从主视图着手，按线框可将组合体分解成Ⅰ、Ⅱ、Ⅲ三部分来进行分析，如图 2-33a 所示。

3）按投影规律，在三视图中逐个找出Ⅰ、Ⅱ、Ⅲ每一部分的投影，并想出其形状，如图 2-33b、c、d 所示。

4）综合归纳 想象出组合体的整体形状和结构，如图 2-33e 中的立体图。

2. 识读切割型组合体的三视图

图 2-34a 为一切割型组合体的三视图，识图步骤为：

1）对三视图作一粗略了解，分析组合体是在一个什么形体的基础上进行切割而成的。由图分析可知，该组合体的基本形体为一长方体，如图 2-34b 所示。

2）按照视图的形状特征和对投影关系，分析被切割的部位和形状。从主视图中可看出，该组合体是在长方体的左上方切去一三角块，下方开了一矩形槽，如图 2-34c、d 所示。从俯视图中的一个小圆和主、左视图中对应的两条虚线，可知该组合体的中间钻通了一个小圆柱孔。

图 2-33　识读叠加型组合体三视图

3）综合归纳，想象出组合体的整体形状和结构，如图 2-34e 中的立体图。

3. 识读综合型组合体的三视图

图 2-35 为综合型组合体轴承座三视图的识读过程。综合型组合体三视图的识读是上述两种组合体识图步骤的综合，可归纳为：

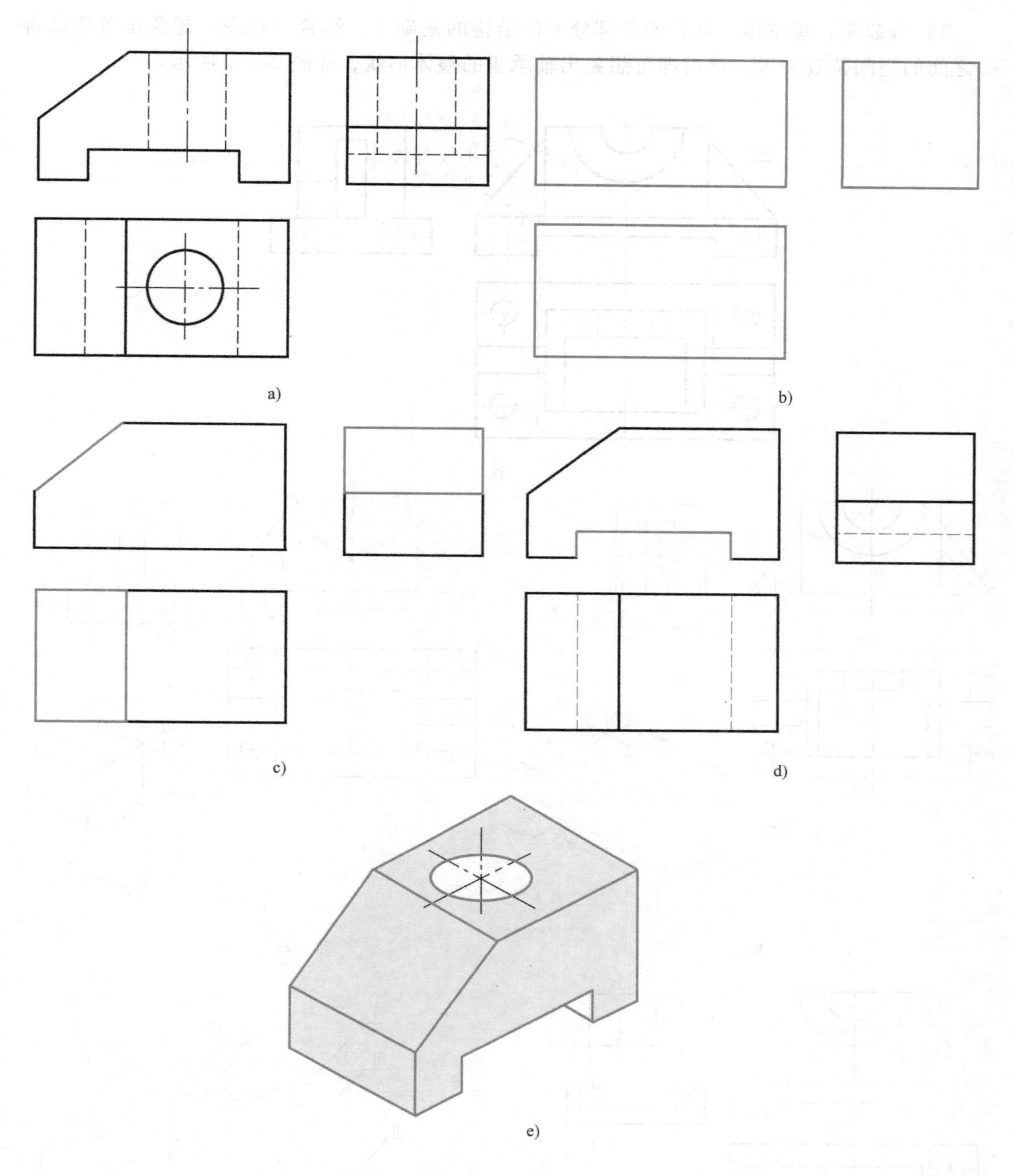

图 2-34 识读切割型组合体三视图

1）看视图，抓特征 以主视图为主，联系俯、左视图，初步了解轴承座的大致形状。如图 2-35a 所示，按主视图中的实线线框，可将轴承座分解为Ⅰ、Ⅱ、Ⅲ、Ⅳ四部分。

2）按部分，想形体 按照投影关系，将四个组成部分的形状结构逐一分析清楚。图 2-35b、c、d 对轴承座中的Ⅰ、Ⅱ、Ⅲ、Ⅳ各个部分进行了投影分析，并结合立体图以帮助识读视图。

3）合起来，想整体　在看懂各部分形体结构的基础上，结合三视图，想象出各组成部分之间的空间位置关系，最后即可想象出轴承座的整体形状，如图 2-35e 所示。

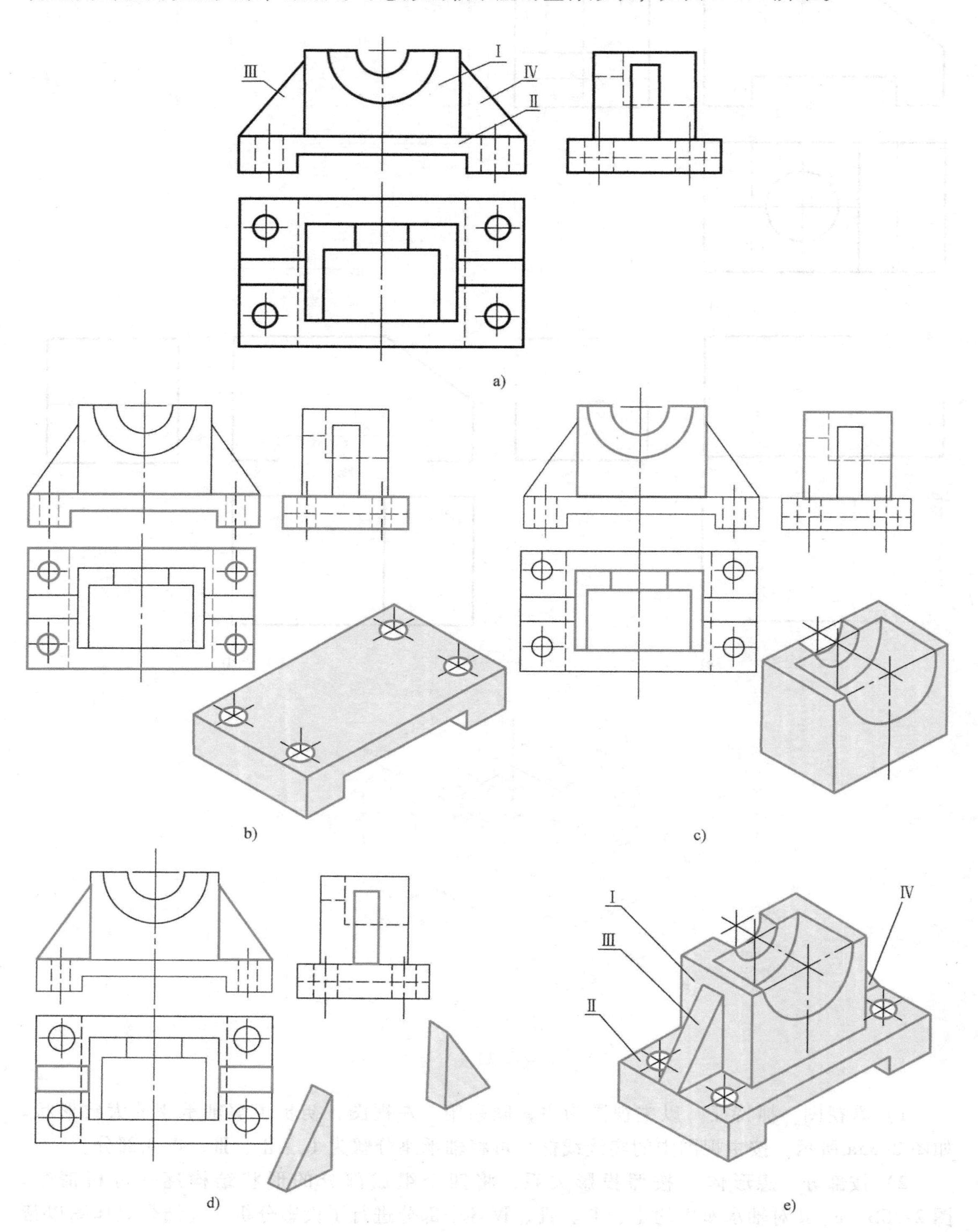

图 2-35　识读综合型组合体三视图

四、组合体三视图中的尺寸分析

视图只能表达组合体的形状和结构，要反映组合体各部分的形状大小及相对位置关系，还必须在视图上完整、正确、清晰地标注出各类尺寸。图 2-36 为轴承座三视图及尺寸标注。组合体的尺寸有以下几类：

1. 定形尺寸

确定组合体各部分形状大小的尺寸。图 2-36 中 58、34、10 是确定底板长、宽、高的定形尺寸；8、13、9 是确定三角形肋板的定形尺寸；ϕ20、2×ϕ10 是确定圆孔大小的定形尺寸。图 2-37 为常见基本几何体的尺寸注法。

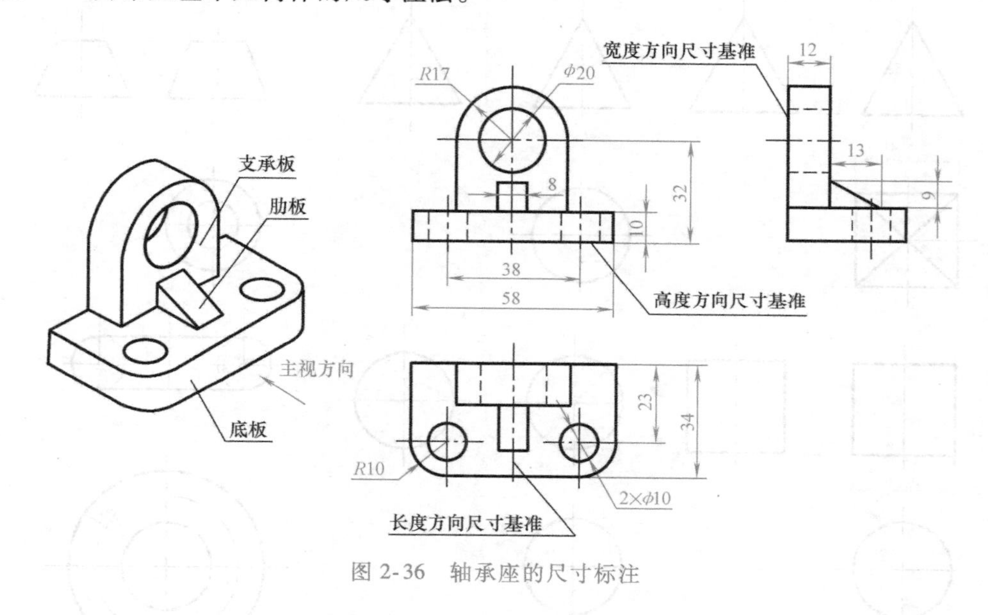

图 2-36 轴承座的尺寸标注

2. 定位尺寸

确定组合体各形体之间相对位置的尺寸。图 2-36 中的尺寸 38，是确定底板上两个 ϕ10 圆孔之间的定位尺寸；32 是确定支承板上 ϕ20 圆孔的中心到轴承座底面的定位尺寸。

3. 总体尺寸

确定组合体总长、总宽、总高的尺寸。图 2-36 中轴承座的总长和总宽尺寸与底板的长 58 和宽 34 相一致，就不另行标注。另外，当组合体的一端为回转体时，该方向的总体尺寸不直接注出，一般由回转体中心的定位尺寸加上回转体的半径来确定，如图 2-36 中的轴承座总高是定位尺寸 32 和半圆柱头支承板的半径 *R*17 之和。

4. 尺寸基准

标注尺寸的起点称作尺寸基准。通常以物体上较大的底面、对称面、回转体的轴线等作为尺寸基准。组合体是一个三维的形体，所以在长、宽、高三个方向上，每个方向至少有一个尺寸基准。如图 2-36 中，轴承座的长度方向尺寸基准为中间平面；底面为高度方向尺寸基准；后端面为宽度方向尺寸基准。

组合体三视图中的尺寸分析，是识图的重要内容之一。三视图中的尺寸分析，可以在看懂三视图的基础上进行，也可以在形体分析时同步进行。对上述各类尺寸进行分析，可以更

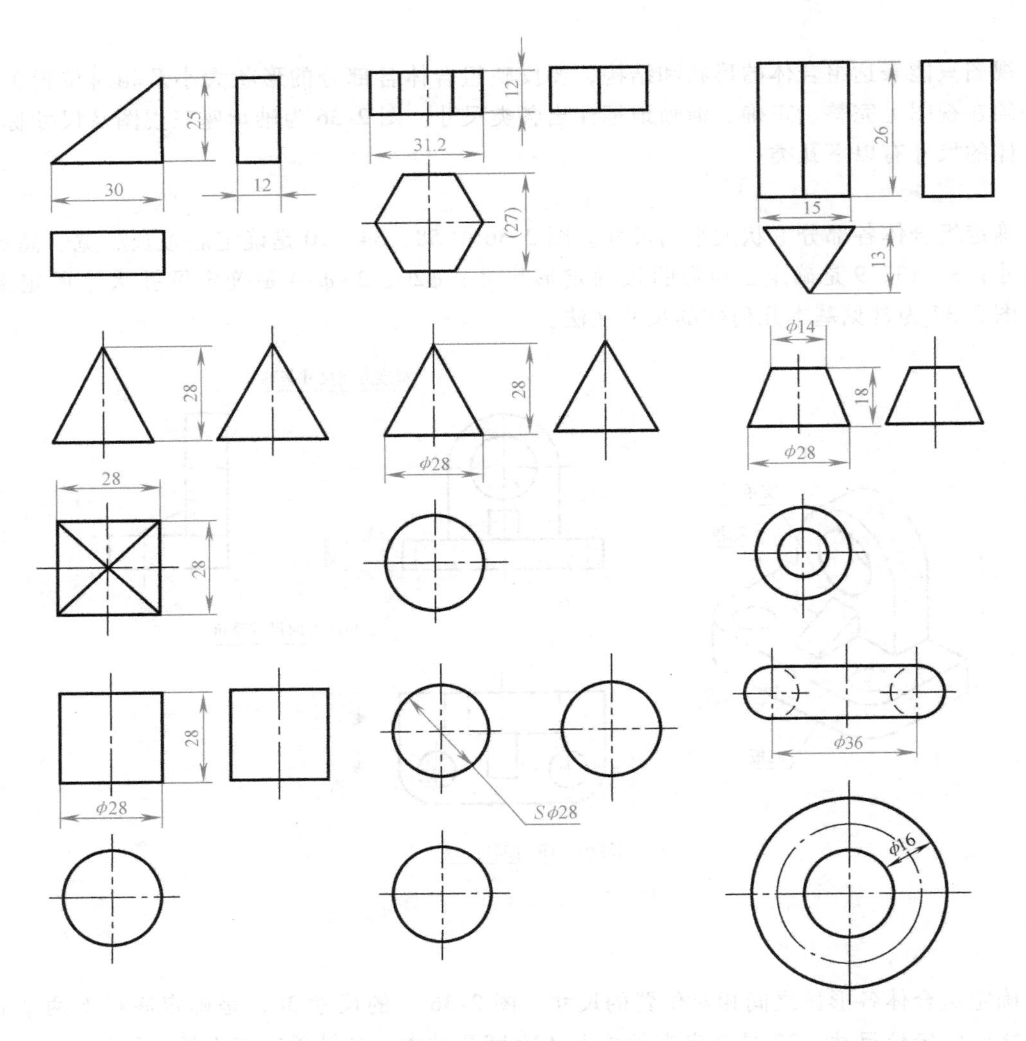

图 2-37 基本几何体的尺寸注法

进一步明确组合体各组成部分的形状大小和相互位置关系，以达到真正读懂组合体三视图的目的。

第五节 补视图和补缺线

补视图和补缺线是识图中常见的两种练习方法。它通过读图与画图相结合，先读后画，以画促读，从而达到培养和提高识图能力的目的。同时，补视图和补缺线也是检验是否真正看懂视图的一种简便方法。

一、补视图

补视图也叫作补第三视图，它是根据已知的两个视图，想象出物体的空间形状，然后补画出第三个视图。补视图要运用形体分析法，边分析边作图，按各个组成部分逐个进行。一般可先画叠加部分，后画切割部分；先画外部形状，后画内部结构；先画主体较大的部分，后画局部细小的结构等，下面举例说明。

例 1 已知主、左视图，补画俯视图，具体作图过程见表 2-1。

从主视图和左视图进行形体分析可知，该组合体是属于切割型的。它的基本形状为一个长方体，然后在长方体中间的左右方向上开了一个矩形通槽，长方体的左上方和右上方各切去一角，并在左右对称中心线的位置上，钻了一个前后贯通的圆柱孔。

表 2-1 补俯视图

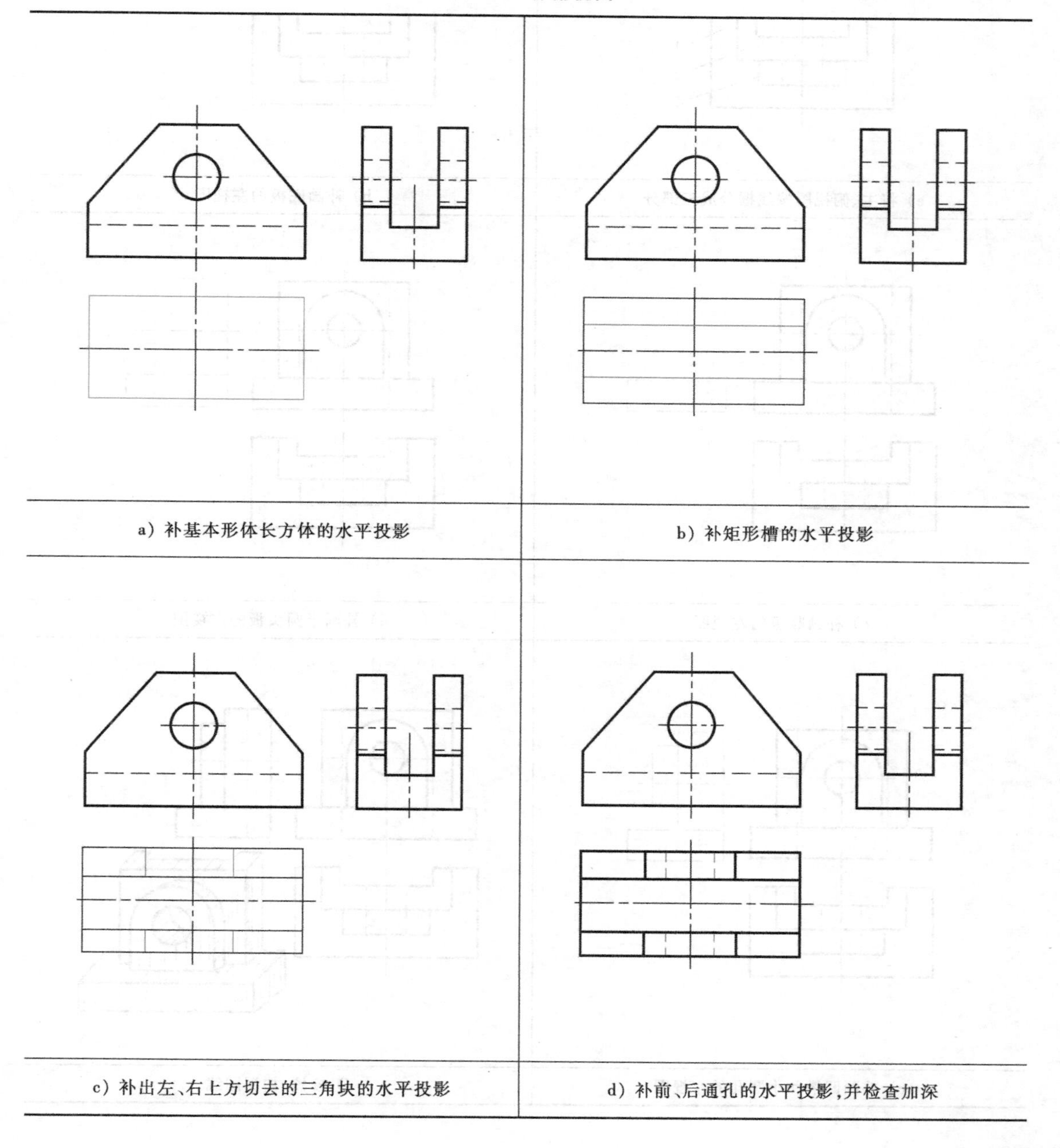

a）补基本形体长方体的水平投影

b）补矩形槽的水平投影

c）补出左、右上方切去的三角块的水平投影

d）补前、后通孔的水平投影，并检查加深

例 2　已知主、俯视图，补画左视图，具体作图过程见表 2-2。

表 2-2　补左视图

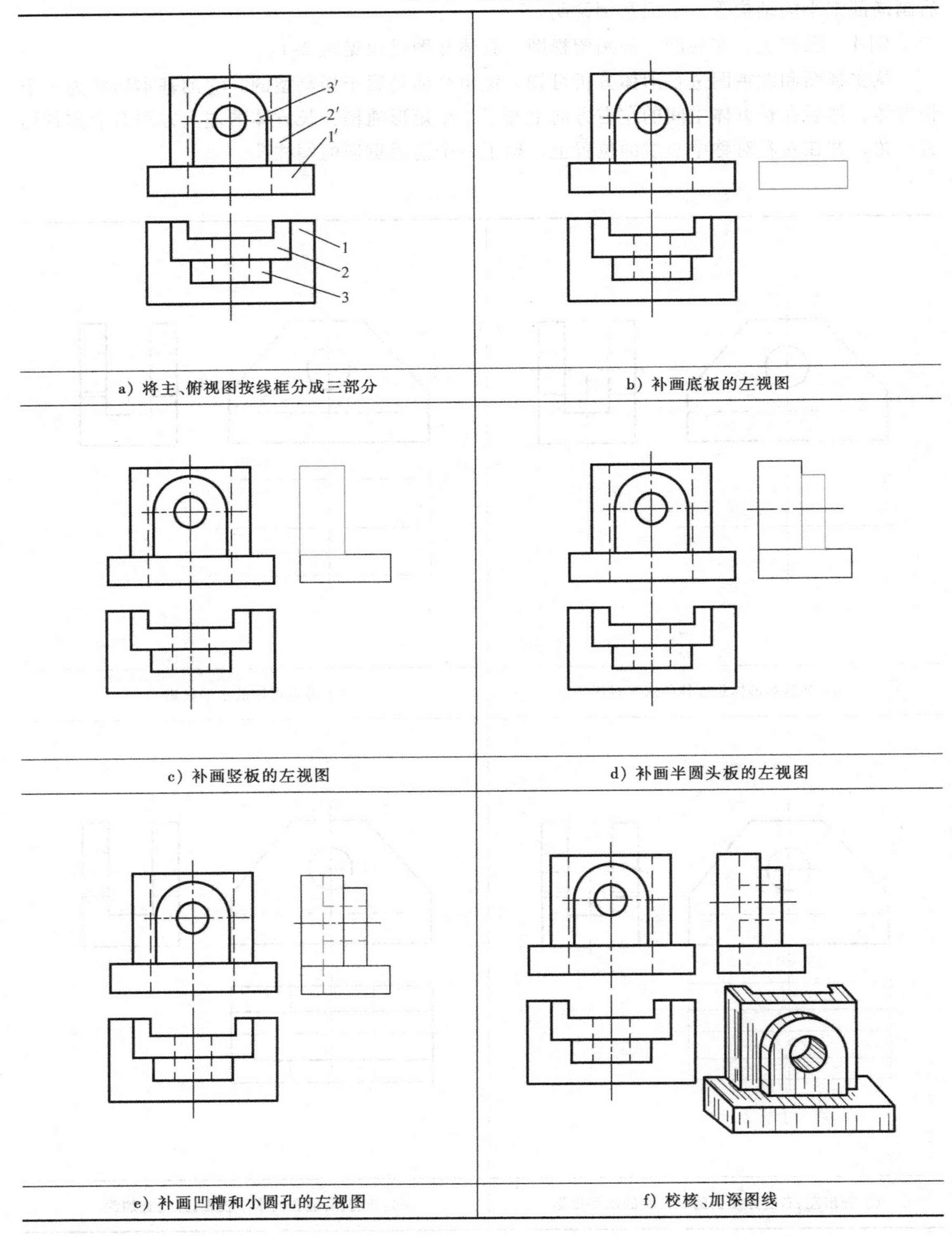

a）将主、俯视图按线框分成三部分

b）补画底板的左视图

c）补画竖板的左视图

d）补画半圆头板的左视图

e）补画凹槽和小圆孔的左视图

f）校核、加深图线

从主视图和俯视图进行形体分析可知，该组合体是属于综合型的。组合体由底板、竖板和半圆头板三部分叠加而成，然后在底板和竖板后部开一矩形槽，在半圆头板和竖板上钻一圆通孔。该组合体的具体形状见表 2-2 最后的立体图。

二、补缺线

补缺线是指在给定的三视图中，补齐有意识漏画的若干图线。因为补缺线是要在看懂视图的基础上进行，所以三视图中所缺的一些图线，不但不会影响组合体的形状表达，而且通过补画是更能提高我们的分析能力和识图能力。

视图上的每一条轮廓线，不论是实线还是虚线，一定是形体上的下列要素中的投影之一。

1）两表面交线的投影。

2）曲面轮廓素线的投影。

3）垂直面的投影。

因此，补缺线可以通过形体分析的方法，找出每个视图上的结构特征，运用投影关系，补齐三视图中所缺少的图线。

例 3 补齐图 2-38a 中的缺线。

对三视图进行形体分析可知，该组合体可看成是由一长方形底板和中间一块竖板组成。从俯视图中看到，底板在前面的左、右两角各切去了一个三角块。从左视图上看，竖板的前上方也切去一个三角块。组合体的形状结构分析清楚以后，就可按照投影规律，补齐视图中所缺的图线，补齐的三视图如图 2-38b 所示。

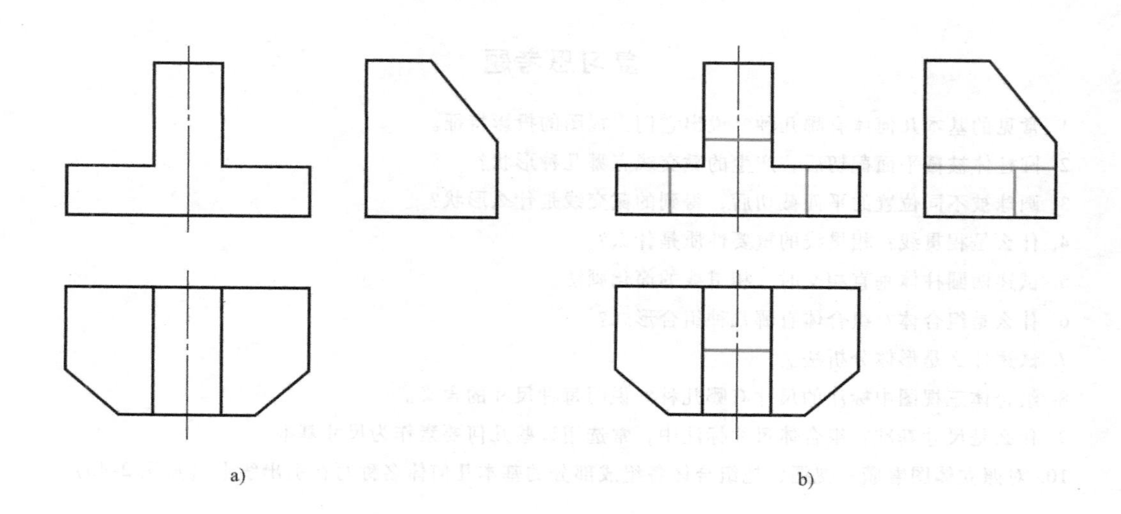

图 2-38 补缺线（一）

例 4 补齐图 2-39a 三视图中的缺线。

对三视图进行形体分析可知，该组合体是属于综合型的，由三部分叠加起来然后再切割而成。底部为一长方形底板，在底板下方的前后方向挖通了一燕尾槽，对照投影关系，燕尾槽在俯视图中少了四条虚线，在左视图中少了一条虚线。底板的右上方是一块半圆头板，半圆头板上钻了一圆通孔。圆孔在主视图上的投影为两条虚线，显然，主视图中少了这两条虚线。另外，底板的上方有一小圆柱体，小圆柱体中间钻了一小圆孔，小圆孔与燕尾槽之间是钻通的。小圆柱和小圆孔在左视图中的投影都没有画出来，必须补上。补齐缺线后的三视图如图 2-39b 所示。

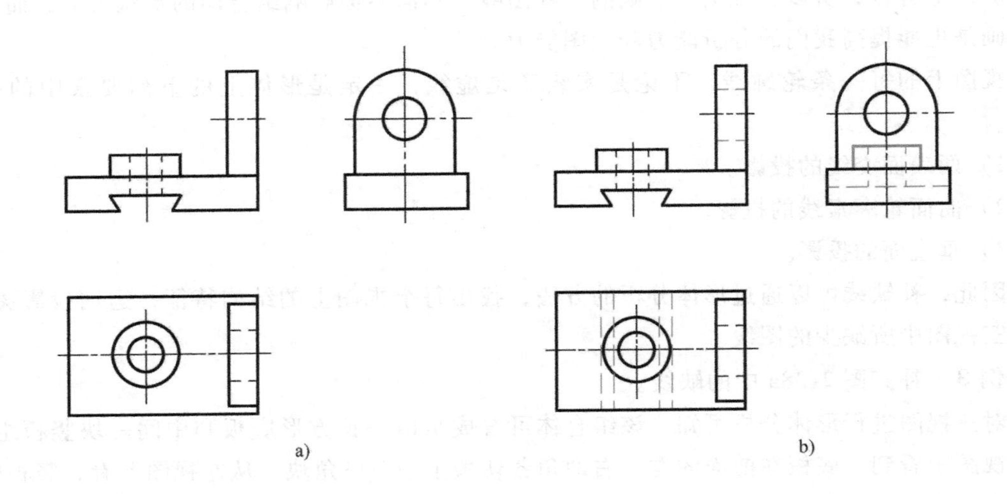

图 2-39 补缺线（二）

复习思考题

1. 常见的基本几何体有哪几种？说出它们三视图的投影特征。
2. 圆柱体被截平面截切后，产生的截交线有哪几种形状？
3. 圆球被不同位置的平面截切后，得到的截交线是什么形状？
4. 什么是相贯线？相贯线的重要性质是什么？
5. 试述两圆柱体垂直相交时，相贯线的简化画法。
6. 什么是组合体？组合体有哪几种组合形式？
7. 试述什么是形体分析法。
8. 组合体三视图中标注的尺寸有哪几种？说明每种尺寸的含义。
9. 什么是尺寸基准？组合体尺寸标注中，常选用哪些几何要素作为尺寸基准？
10. 对照立体图看懂三视图，把组合体各组成部分的基本几何体名称写在引出线上（见图 2-40）。

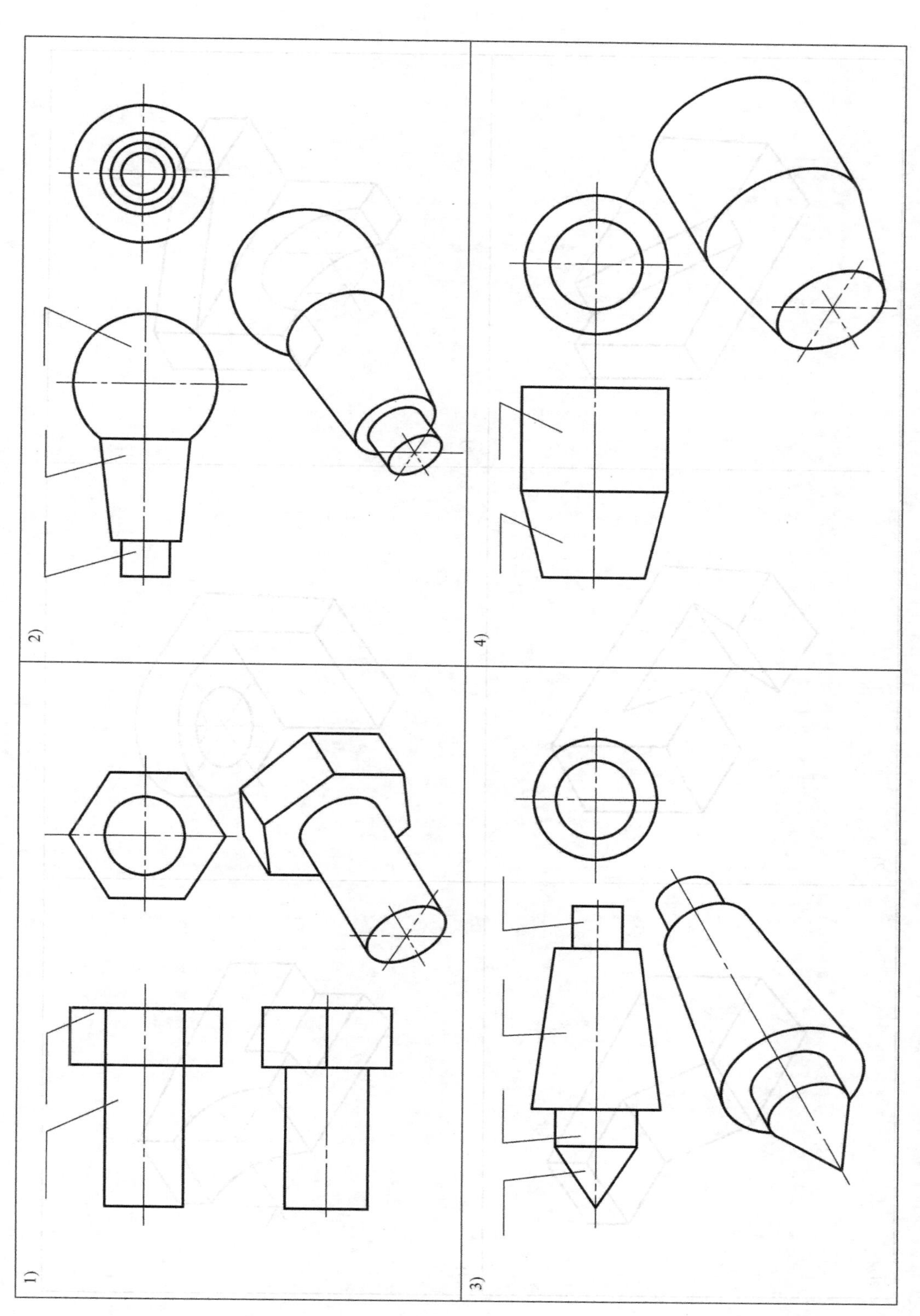

图 2-40

11. 根据立体图画出三视图，主视图从箭头方向看（见图 2-41）。

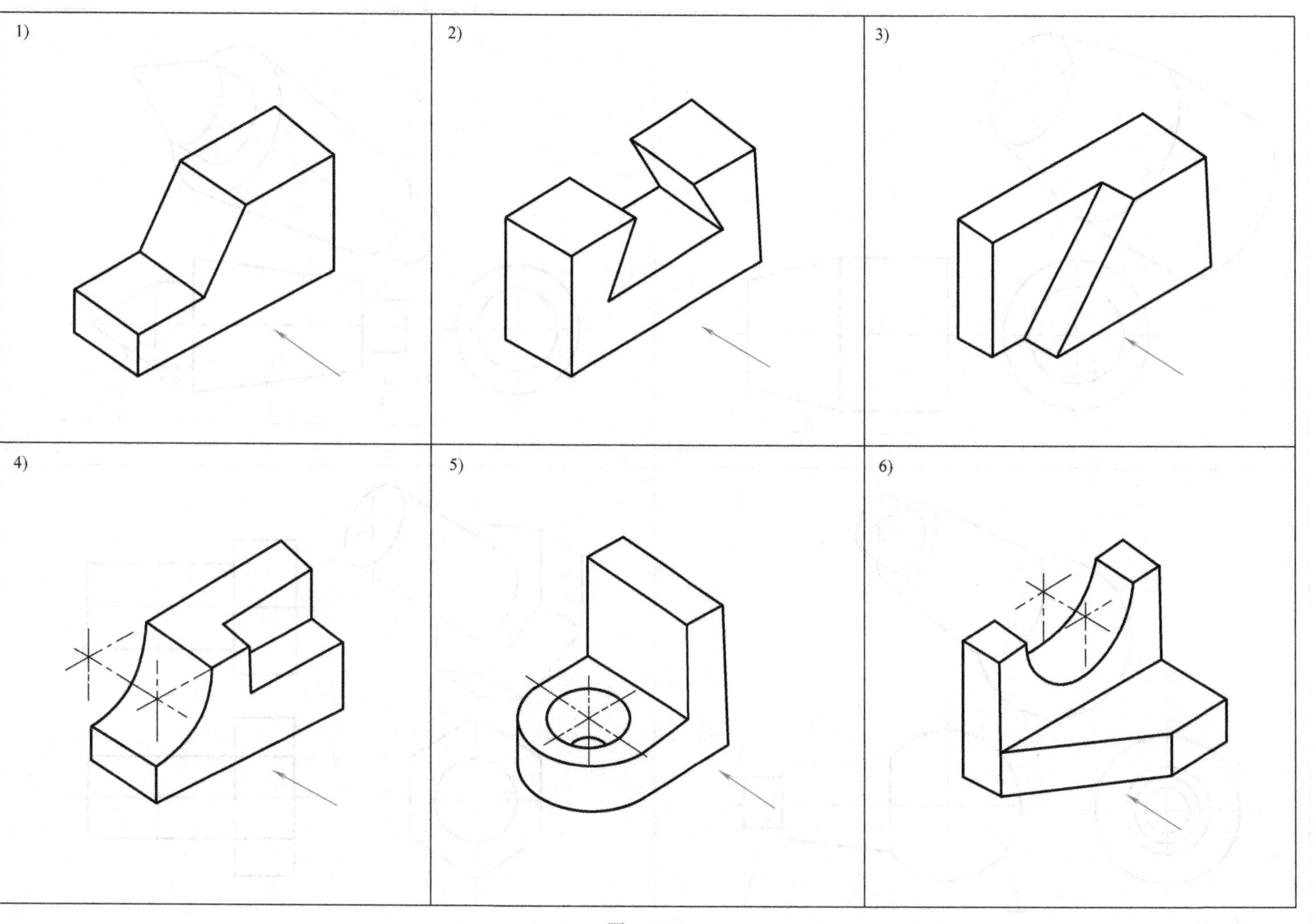

图 2-41

12. 根据图 2-42 中给定的视图和尺寸，画全几何体的三视图（未给的尺寸按图上量取）。

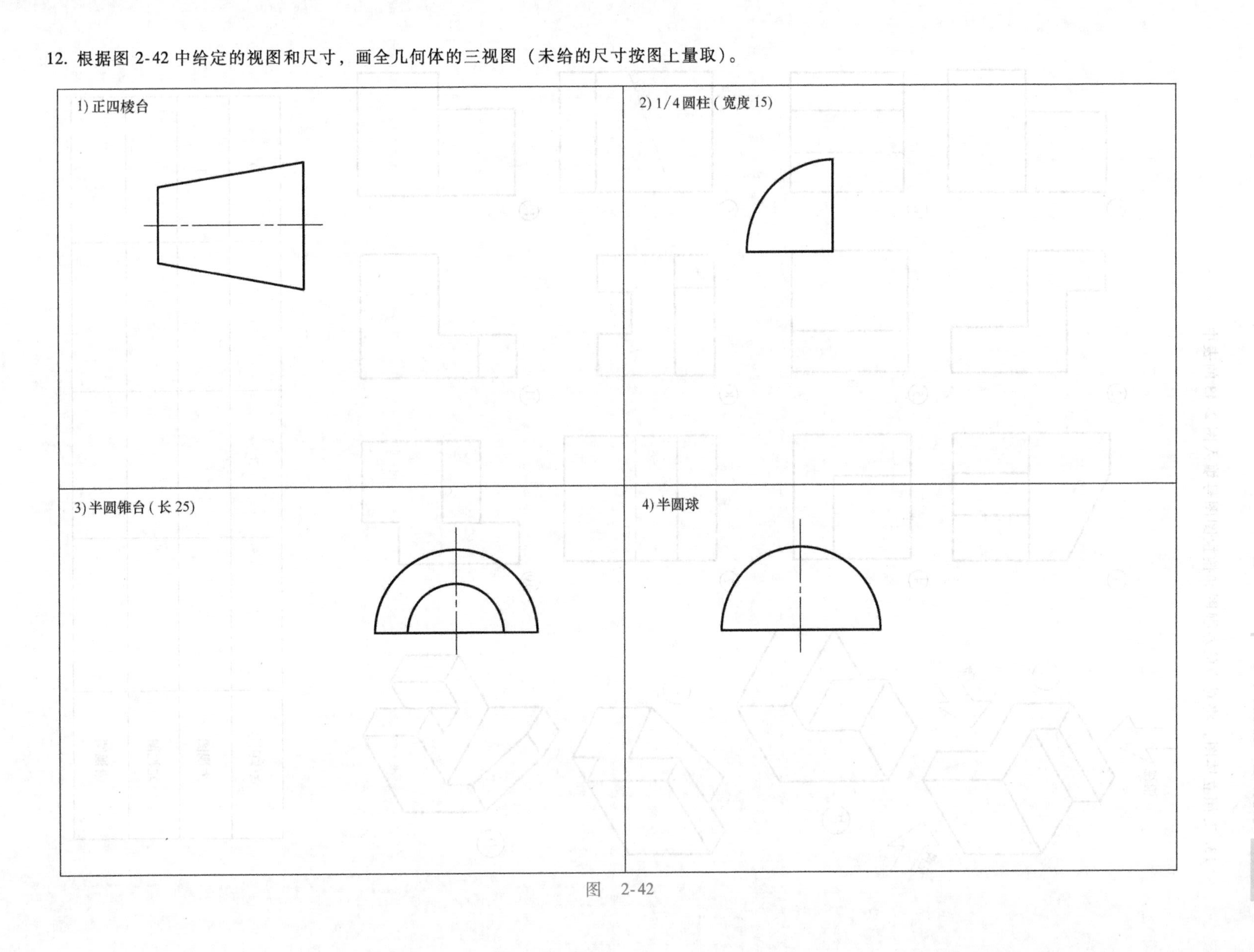

图 2-42

13. 对照立体图，将对应的左视图和俯视图图号填入图 2-43 的表中。

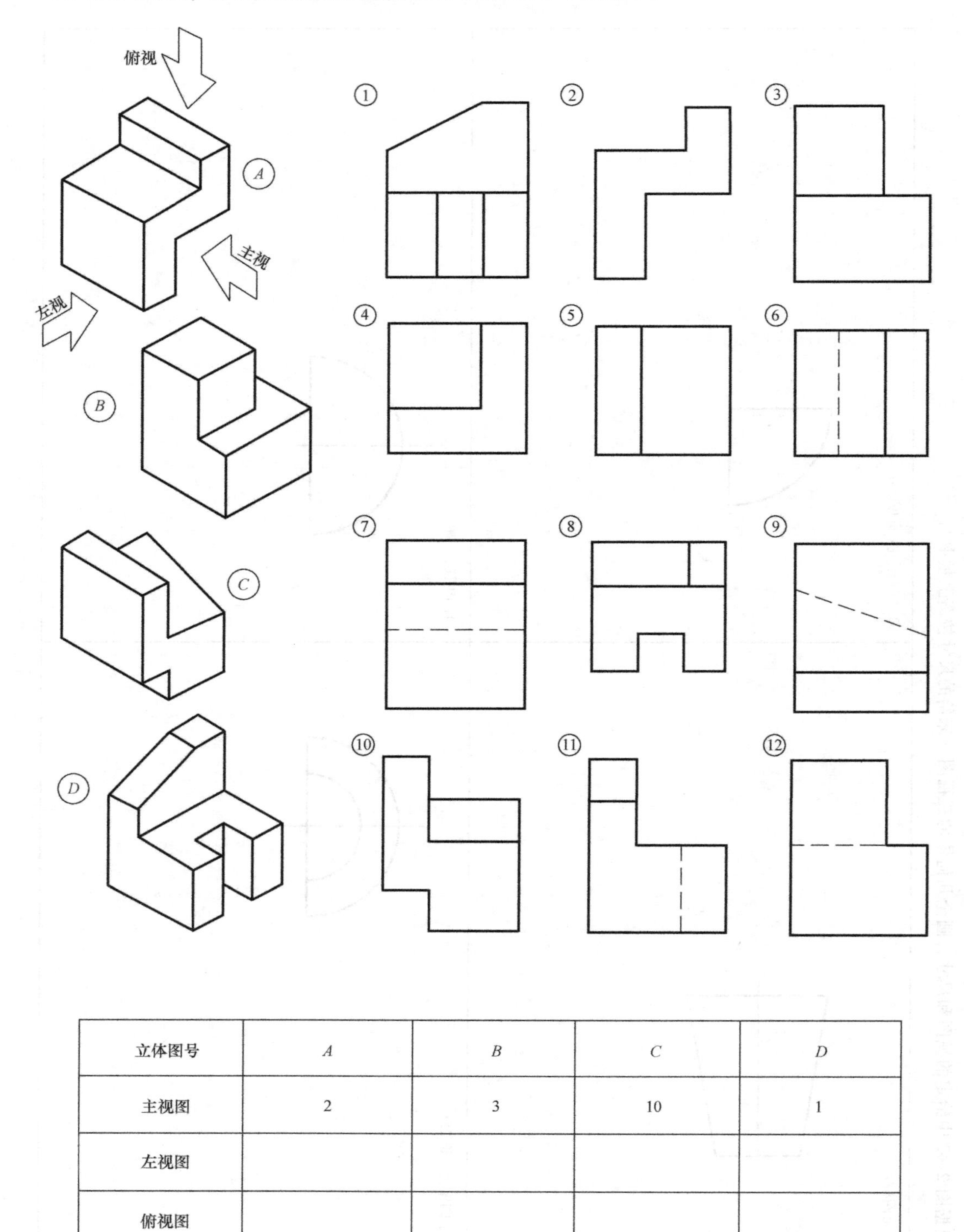

立体图号	A	B	C	D
主视图	2	3	10	1
左视图				
俯视图				

图 2-43

14. 对照立体图，将对应的主视图和左视图图号填入图 2-44 的表中。

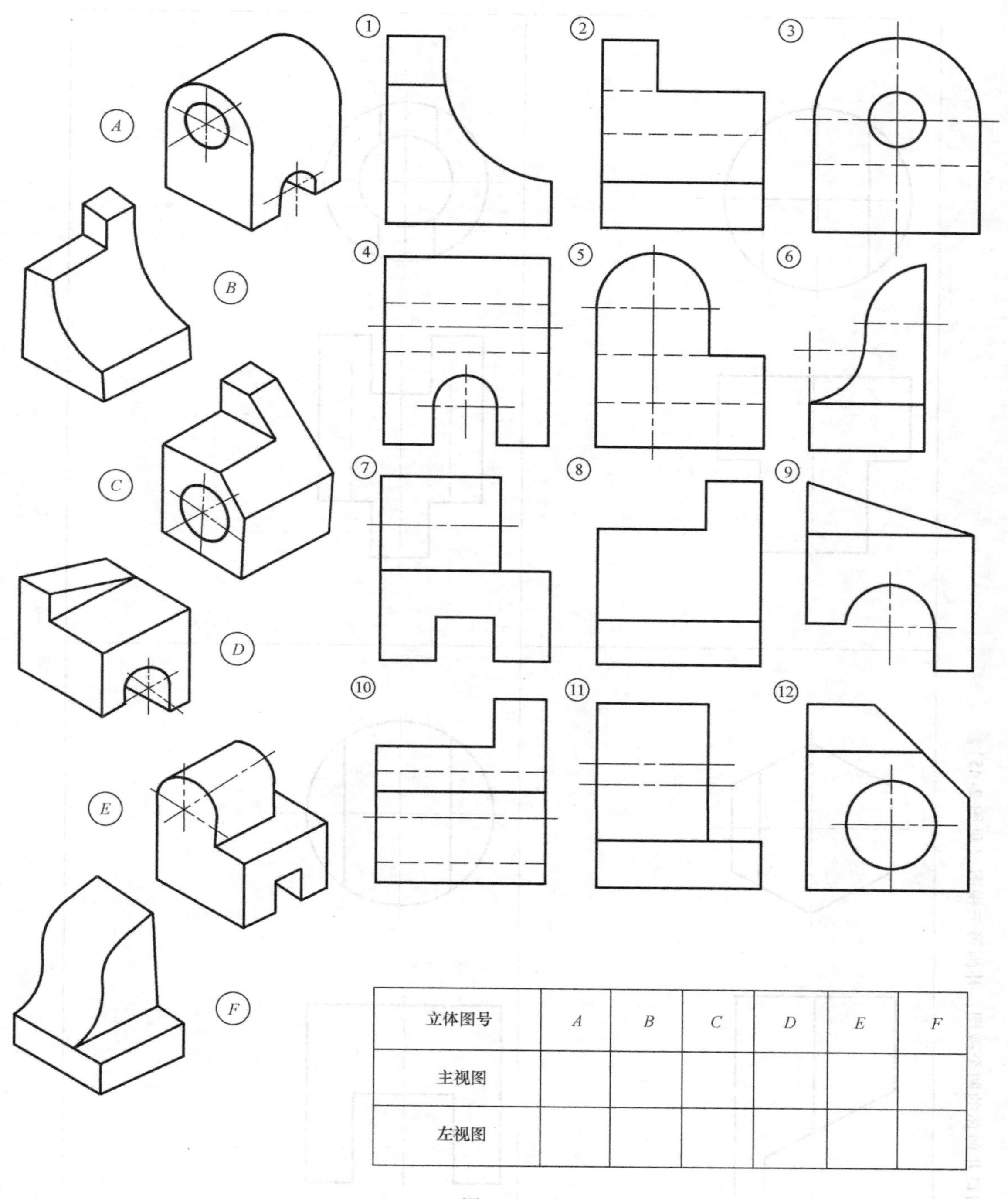

立体图号	A	B	C	D	E	F
主视图						
左视图						

图 2-44

15. 已知切口几何体的两个视图，补画第三视图（见图 2-45）。

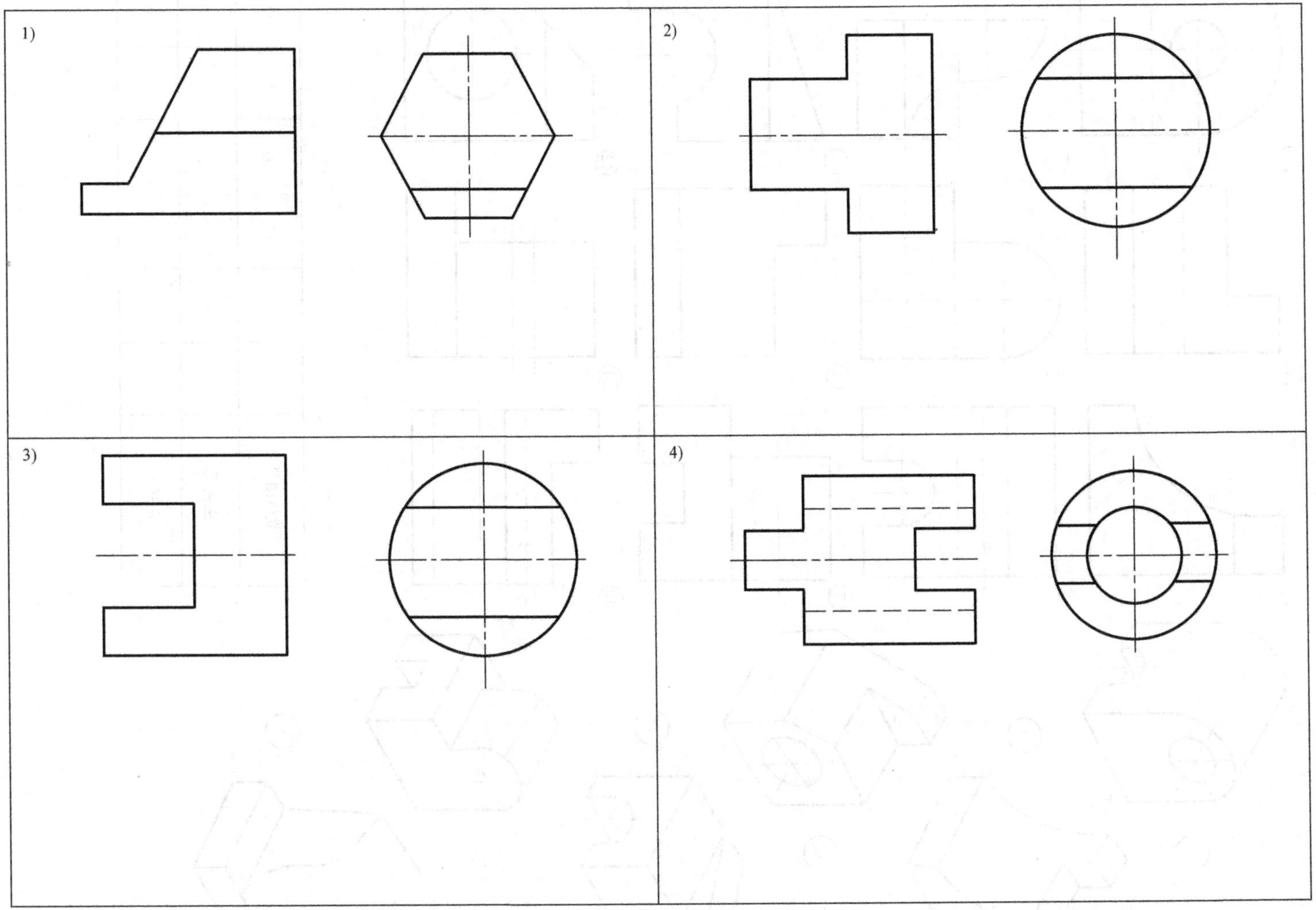

1)

2)

3)

4)

图 2-45

16. 根据已知的两个视图，想象出相贯线的形状，补画第三视图（见图 2-46）。

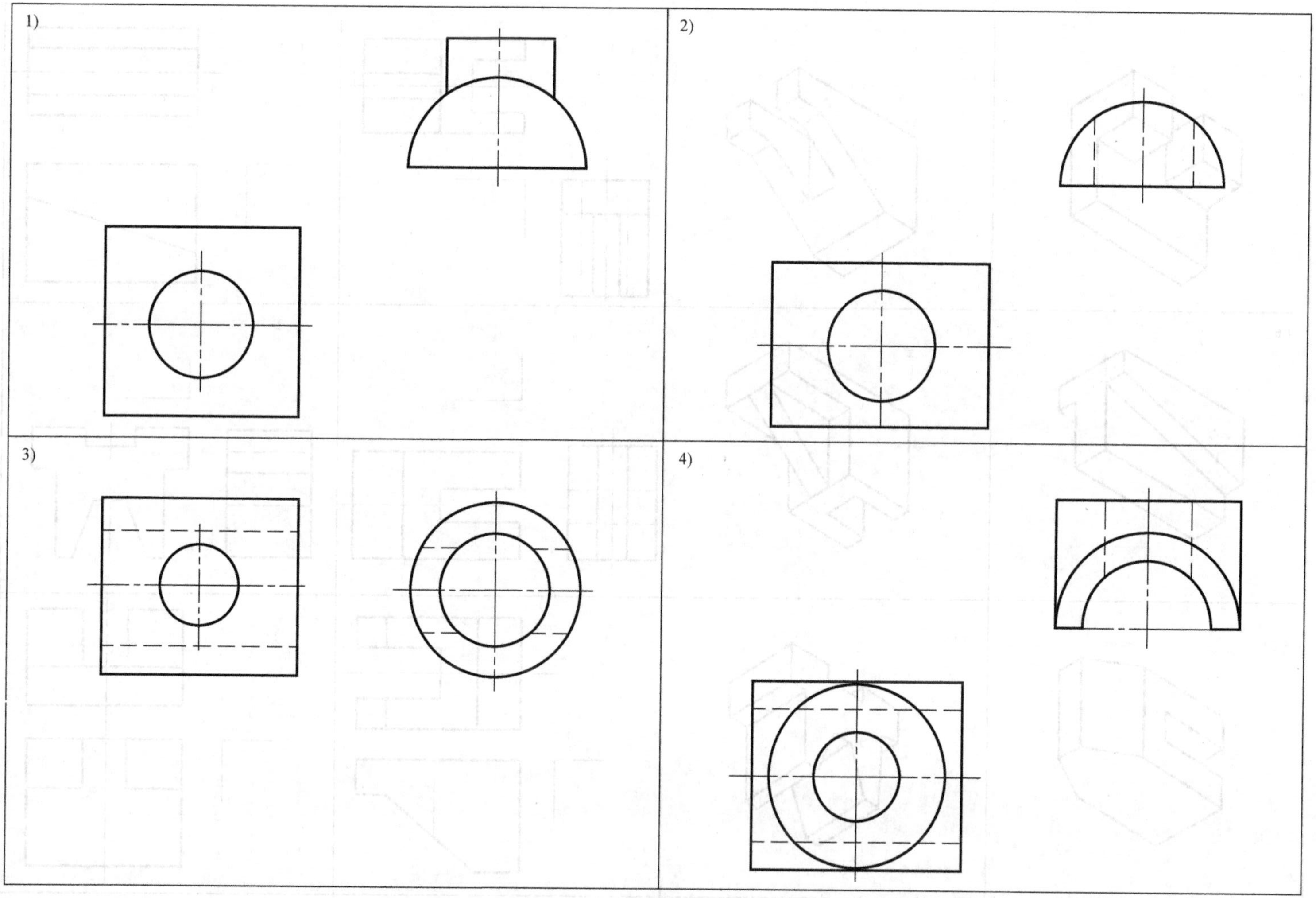

1)

2)

3)

4)

图 2-46

17. 由两面视图找出对应的立体图，在括号内注出对应的图号，并补画出第三视图（见图 2-47）。

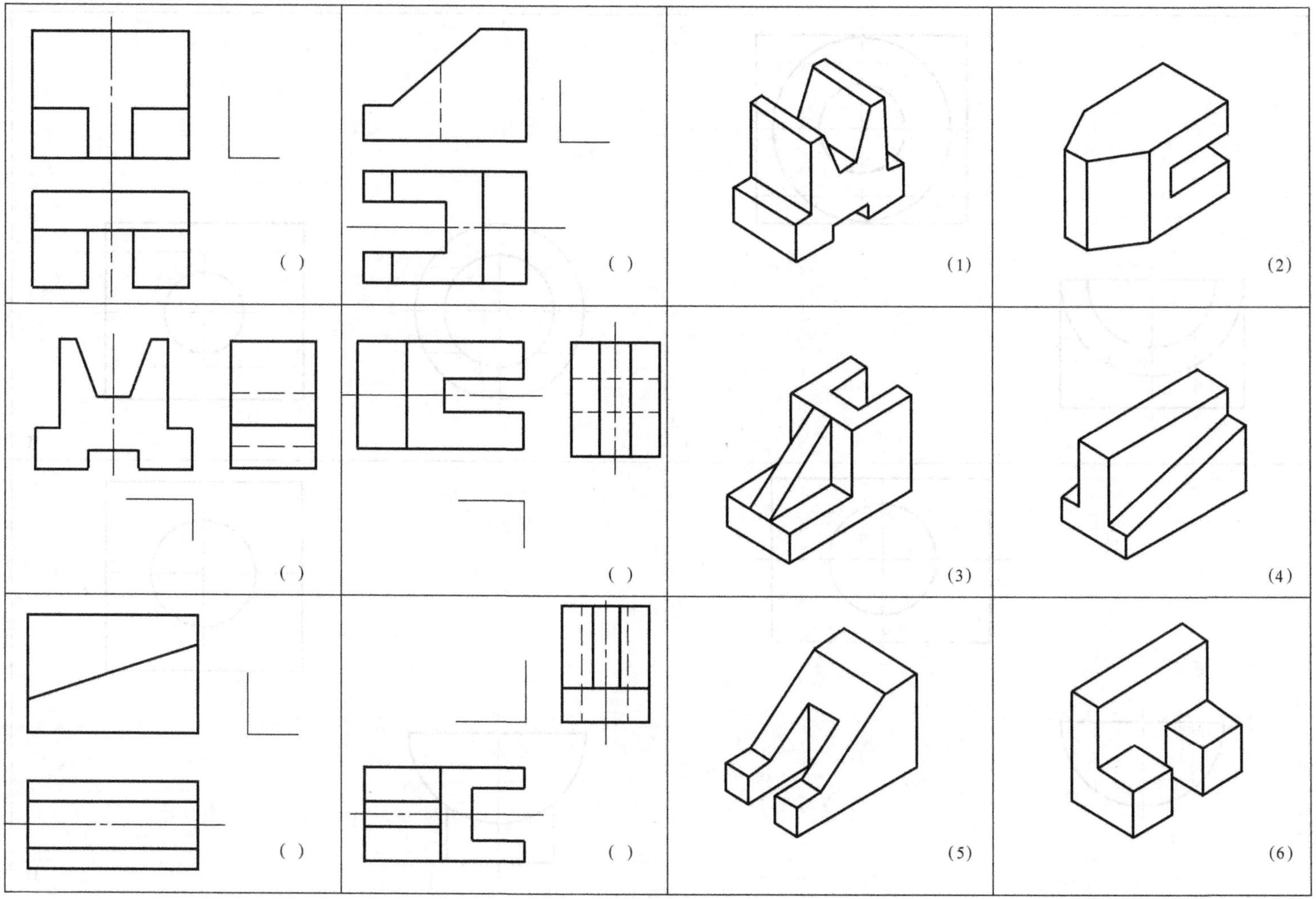

( )	( )	(1)	(2)
( )	( )	(3)	(4)
( )	( )	(5)	(6)

图 2-47

18. 由三视图找出对应的立体图，在括号内注出对应的图号，并补画出三视图中的缺线（见图 2-48）。

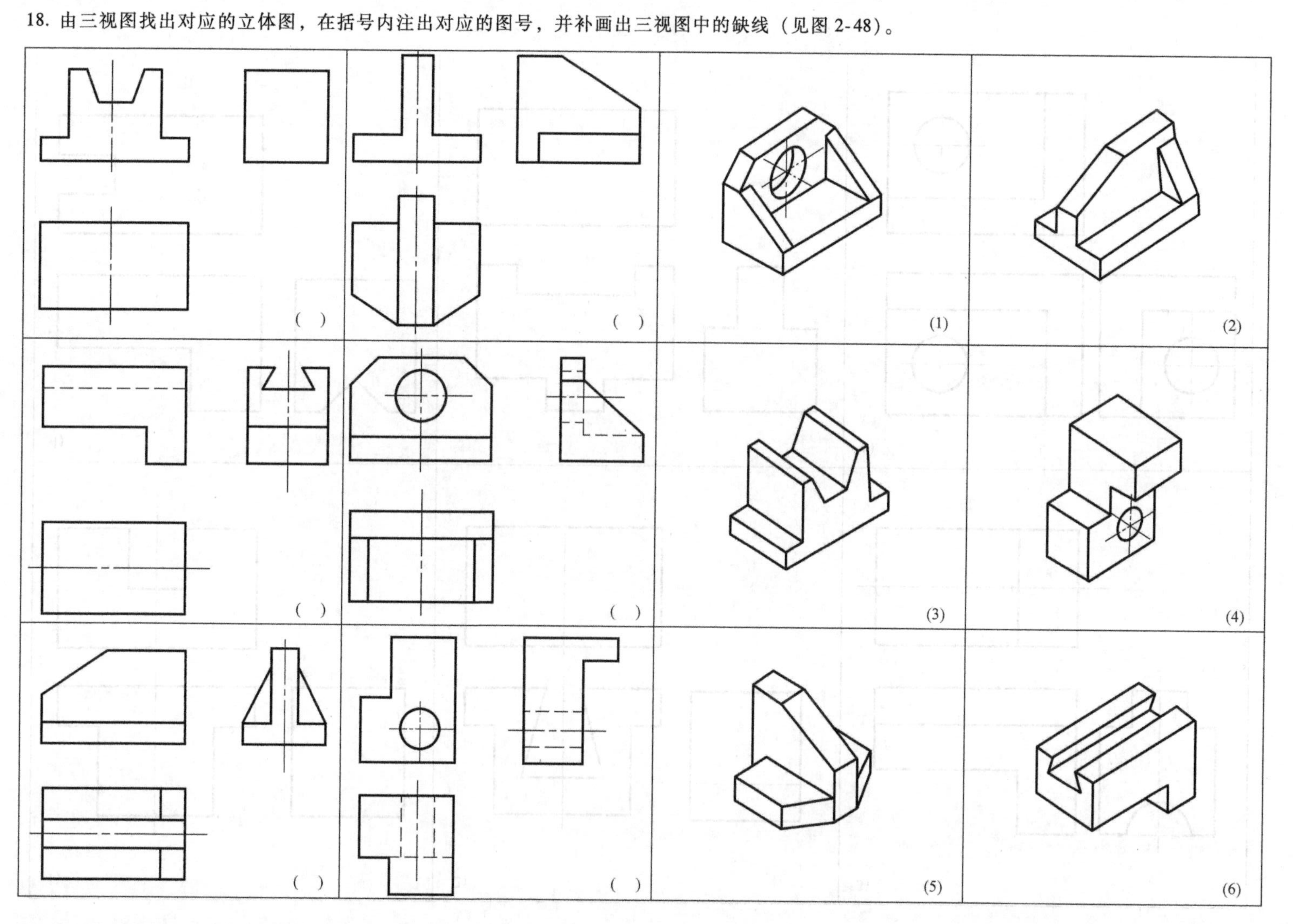

图 2-48

19. 补缺线（见图 2-49）。

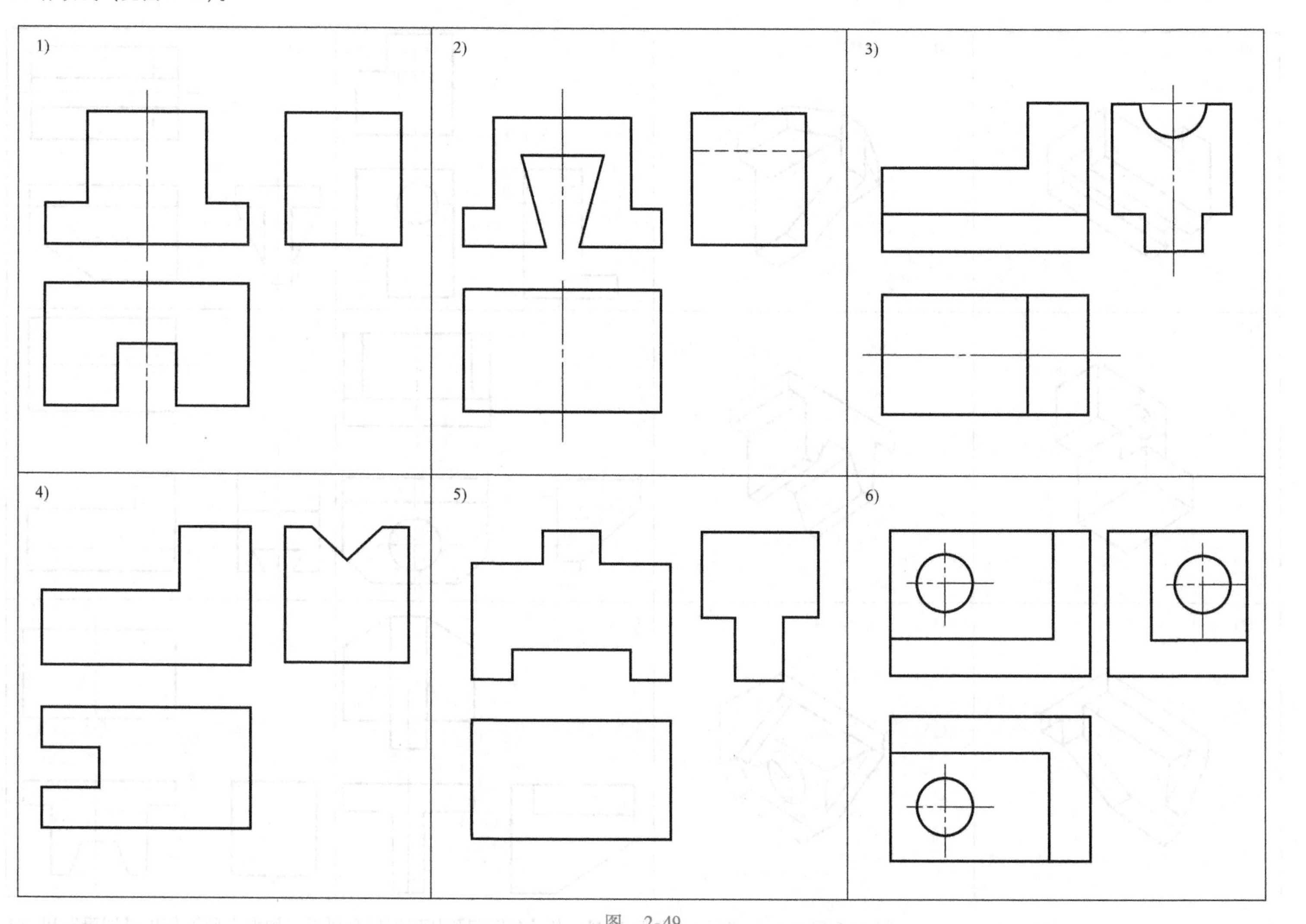

图 2-49

20. 补第三视图（见图 2-50）。

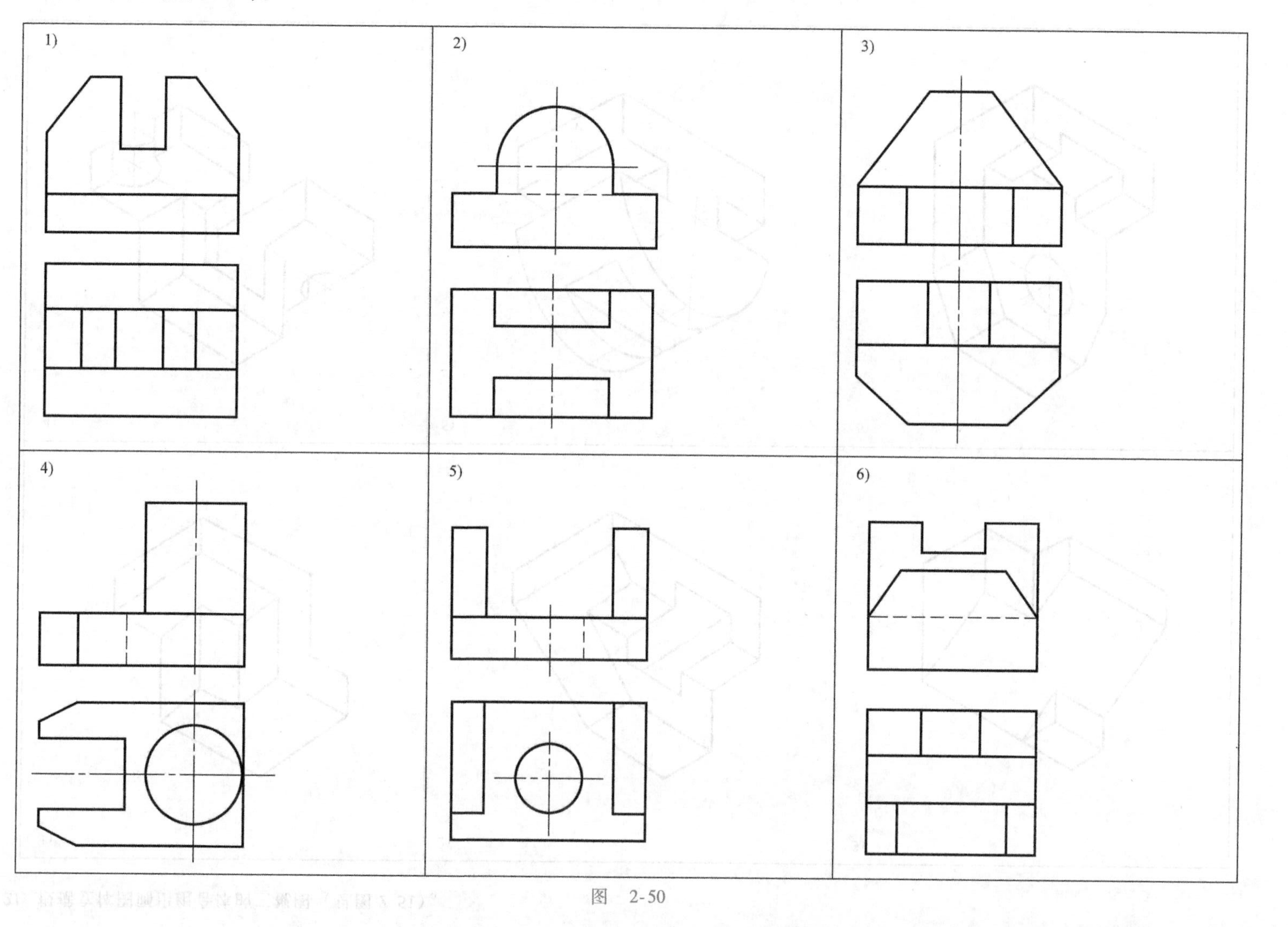

图 2-50

21. 根据立体图画出组合体的三视图（见图 2-51）。

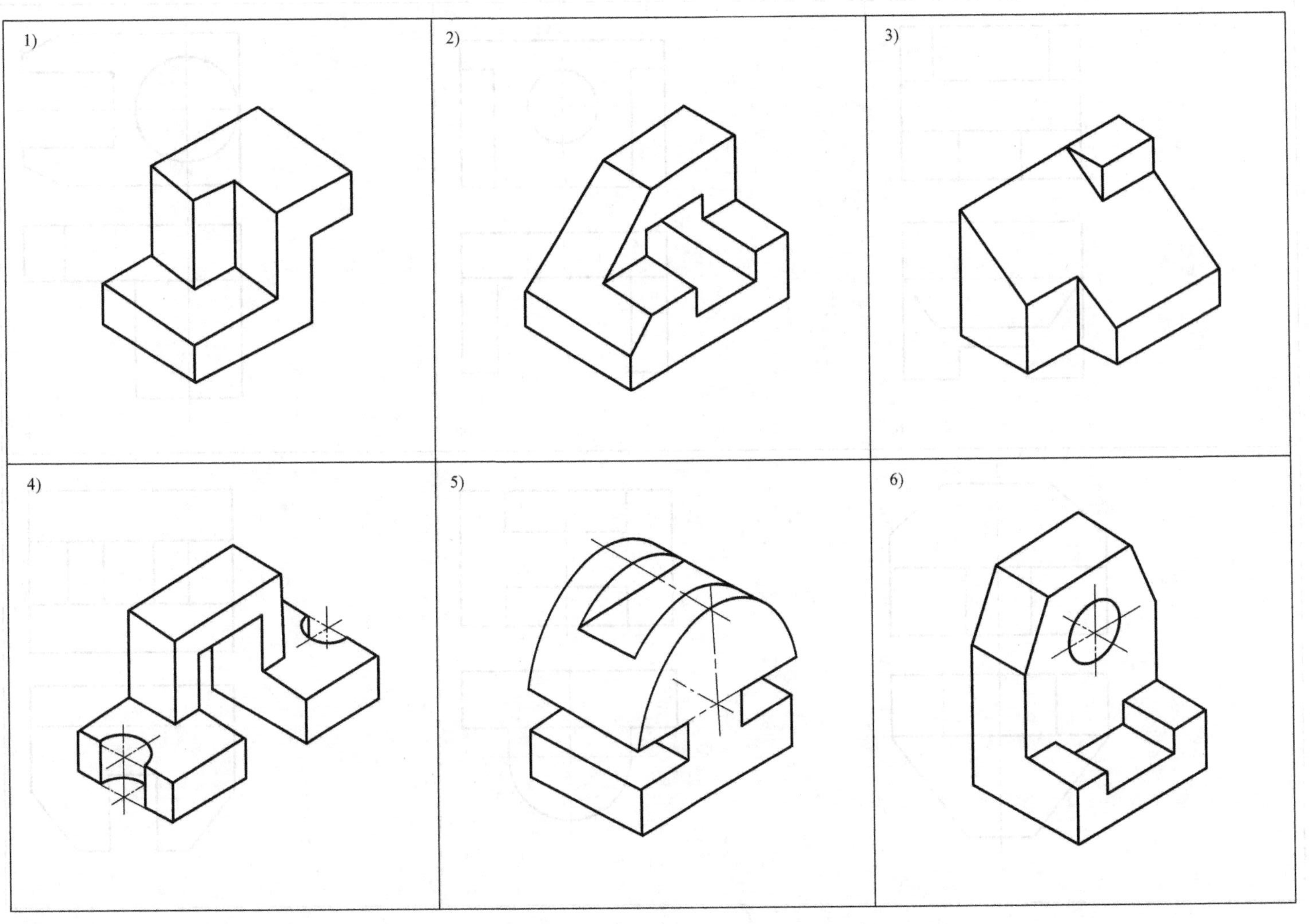

图　2-51

第三章
怎样识读视图、剖视图和断面图

培训要求 熟悉各种视图、剖视图、断面图的表达方法和简化画法；掌握识读各种视图、剖视图和断面图的方法；了解第三角投影。

第一节 基本视图和其他视图

不同形状和结构的零件，均可采用视图来表达。图样中的视图有基本视图、向视图、局部视图和斜视图。

一、基本视图

零件向基本投影面投射所得到的视图，称为基本视图。

1. 六个基本视图的形成和投影关系

基本视图一共有六个，它们的形成过程如图 3-1 所示。首先将零件放在一个正六面体系

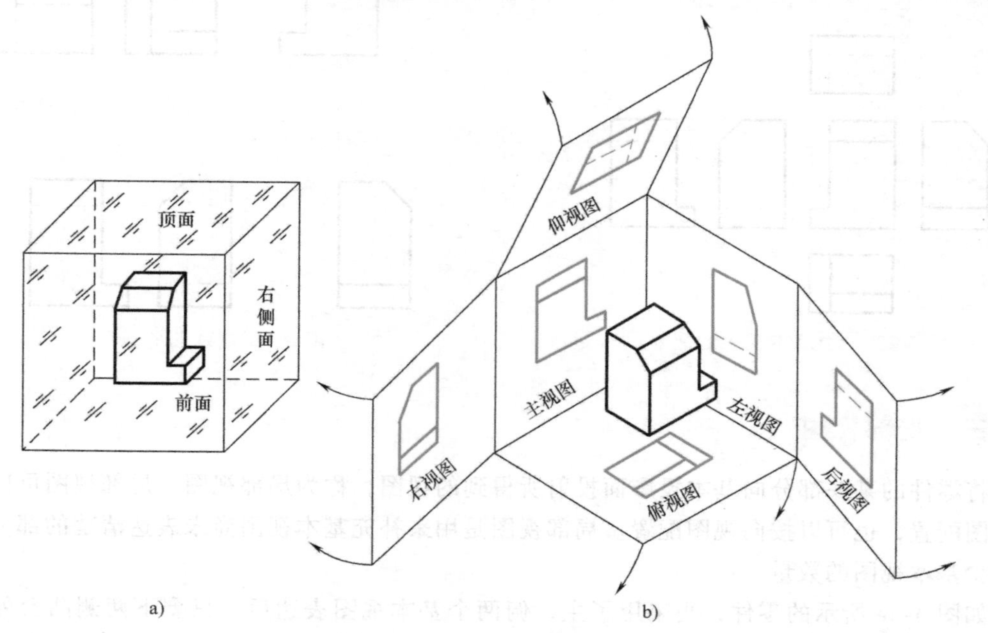

图 3-1 六个基本视图的形成

中，分别向六个基本投影面进行投射，如图 3-1a 所示；然后按图 3-1b 所示的方法展开，得到六个基本视图，它们的配置关系如图 3-2 所示。

六个基本视图中，除原有的主视图、俯视图和左视图外，又增加了右视、仰视和后视三个视图。

右视图是零件自右向左投射所得到的视图。

仰视图是零件自下向上投射所得到的视图。

后视图是零件自后向前投射所得到的视图。

六个基本视图的投影关系仍保持“三等”的对应关系，即：

主、俯、仰、后四个视图的长度相等。

主、左、右、后四个视图的高度相等。

左、俯、右、仰四个视图的宽度相等。

2. 基本视图的标注

基本视图按图 3-2 所示配置时，可不标注视图的名称。

二、向视图

向视图是可以自由配置的视图。

如果各视图不能按图 3-2 配置，或各视图没有画在同一张图样上时，则应在视图的上方标出名称“×”（“×”为大写拉丁字母），并在相应的视图附近用箭头指明投射方向，注上同样的字母“×”，如图 3-3 所示。

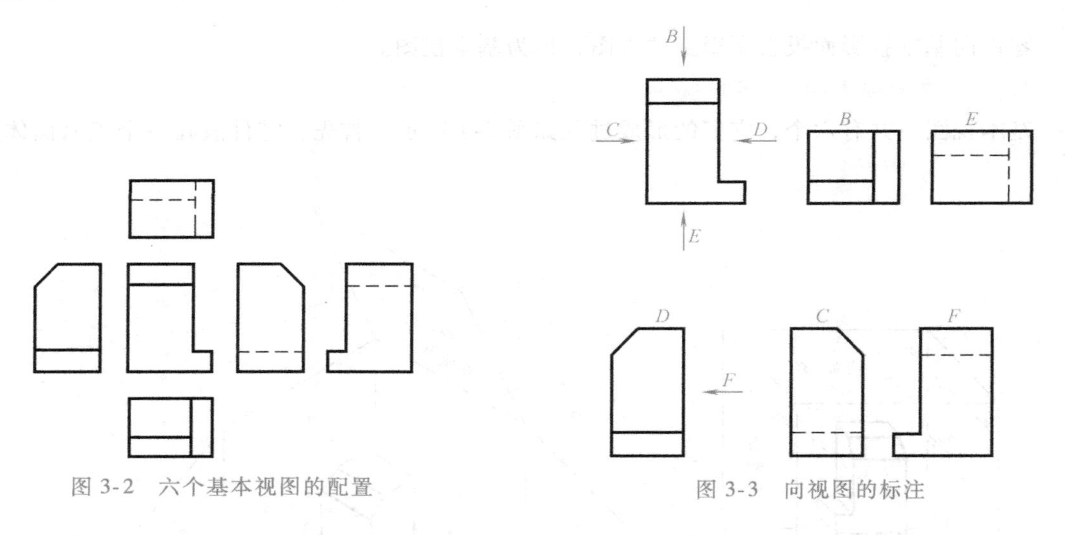

图 3-2　六个基本视图的配置　　图 3-3　向视图的标注

三、局部视图

将零件的某一部分向基本投影面投射所得到的视图，称为局部视图。局部视图可以按基本视图配置，也可以按向视图配置。局部视图是用来补充基本视图尚未表达清楚的部分，可以减少基本视图的数量。

如图 3-4a 所示的零件，当采用了主、俯两个基本视图表达后，只剩下两侧凸台外形还未表达清楚，但又没有必要画出完整的左、右视图，为此，采用了 *A*、*B* 两个局部视图表达两侧凸台部分，如图 3-4b 所示。这样既简化了作图，又使表达清晰，便于看图。

识读局部视图时应注意以下三点：

1）局部视图上方有大写拉丁字母标出视图名称“×”，并在相应视图附近用带相同字母的箭头表示投射方向和部位，如图 3-4b 所示。当局部视图按投影关系配置，中间又无其他图形隔开时，允许省略标注。

识图时应先找到带字母的箭头，分析所要表达的部位和投射方向，如果箭头的方向是水平或垂直的则是局部视图，然后找出标有相同字母的视图。

2）局部视图一般按基本视图位置配置；有时为了合理布置图面，也可按向视图配置，如图 3-4b 所示的“*B*”向视图。

3）局部视图的断裂边界用波浪线表示，如图 3-4b 所示的“*B*”向视图；但当表示的局部结构是完整的，且外形轮廓线是自成封闭的，则不画波浪线，如图 3-4b 所示的“*A*”向视图。

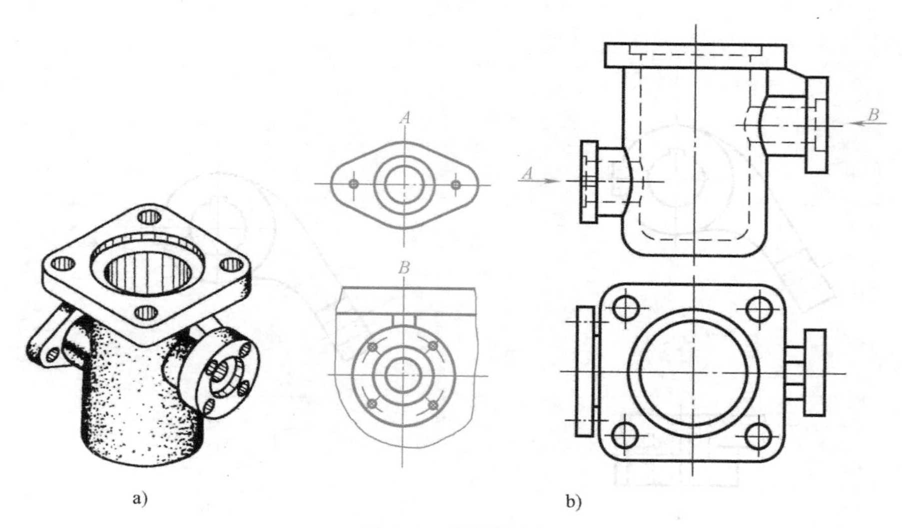

图 3-4 局部视图

四、斜视图

机件向不平行于基本投影面的平面投射所得到的视图，称为斜视图。

如图 3-5a 所示的机件，其倾斜部分在俯视图和左视图上均得不到实形投影。为此，可新设立一个与倾斜部分平行的投影面，在该投影面上画出倾斜部分的实形投影，即为斜视图，如图 3-5b 所示。

识读斜视图时应注意以下三点：

1）斜视图通常只表达倾斜部分的实形，其余部分不必全部画出，而用波浪线或双折线断开，如图 3-6a 中的“*A*”向视图和“*B*”向视图所示。

2）斜视图必须标注，在视图的上方标注名称“×”并在相应的视图附近用箭头表明投射方向，注上相同的拉丁字母“×”。如图 3-6a 所示。斜视图的识读方法同局部视图一样，不同的是斜视图中箭头的投射方向是倾斜的。

3）斜视图一般按投影关系配置在有关视图的附近，如图 3-6a 所示；也可配置在其他适

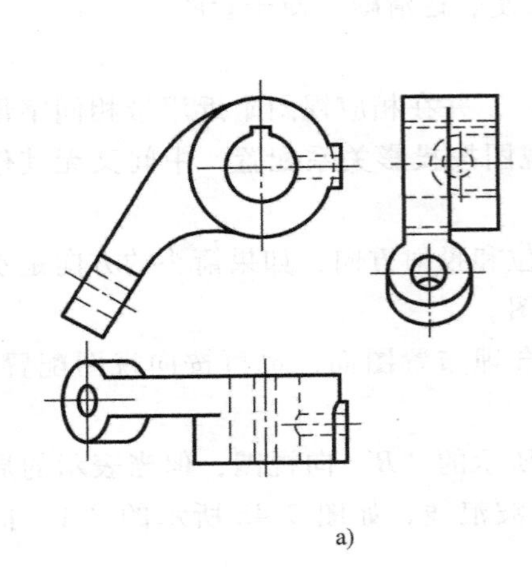

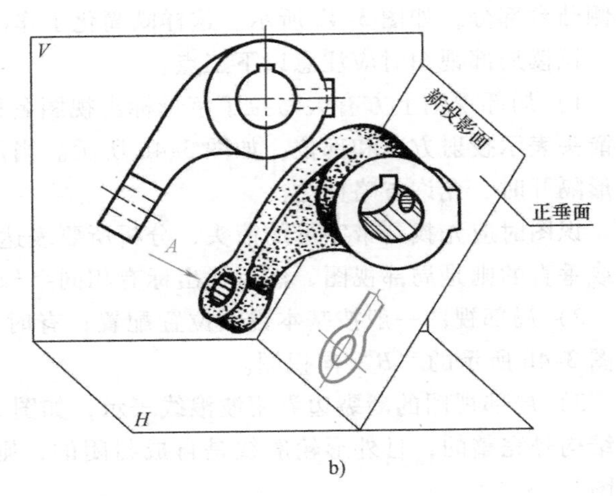

图 3-5 斜视图（一）

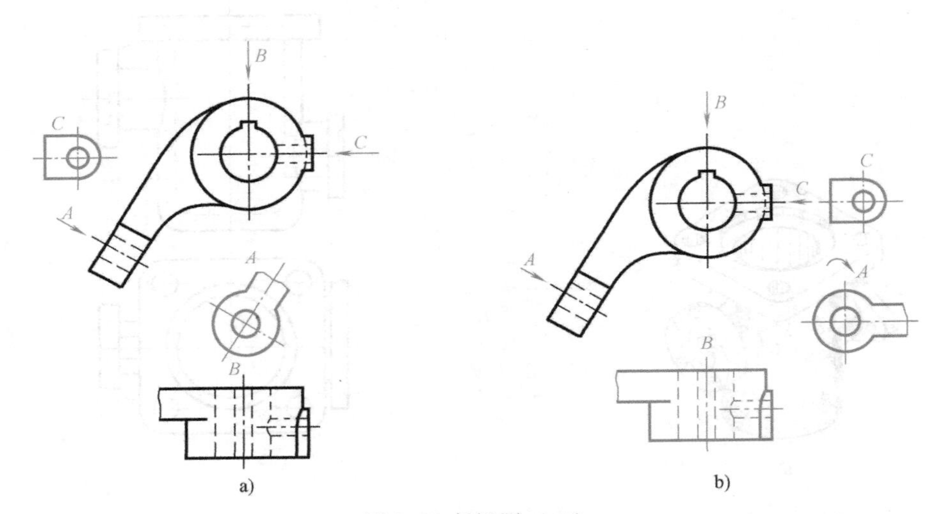

图 3-6 斜视图（二）

当位置。必要时，允许将斜视图旋转配置。表示该视图名称的大写字母应靠近旋转符号的箭头端，如图 3-6b 中的“⌒A”。

第二节 剖 视 图

一、什么是剖视图

当零件的内部结构比较复杂时，在视图中就会产生较多的细虚线，这样既不利于标注尺寸，也不利于识图。为清晰地表达零件的内部结构，常采用剖视的画法。

1. 剖视图的形成

假想用剖切平面在零件的适当部位剖开，将处在观察者和剖切平面之间的部分移走，而将留下部分向投影面进行投射，并在剖切平面剖到的部分画上剖面符号，这样画出的图形称为剖视图，如图 3-7 所示。

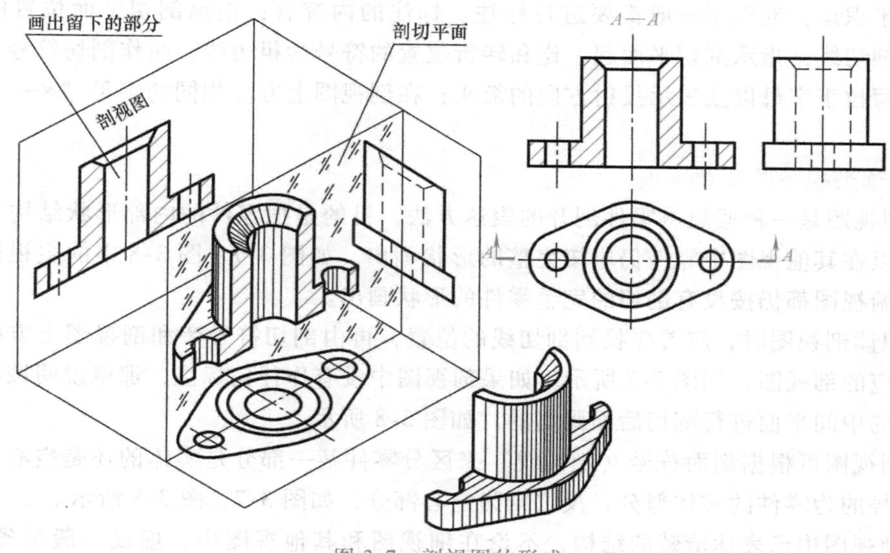

图 3-7　剖视图的形成

2. 识读剖视图中的剖面符号

因零件所用的材料不同，它们的剖面符号也不相同，各种常用材料的剖面符号见表 3-1。零件中最常用的金属材料的剖面符号是与水平方向成 45°、间隔相等、方向相同的细实线。

表 3-1　剖面符号

金属材料（已有规定剖面符号者除外）		木质胶合板（不分层数）	
线圈绕组元件		基础周围的泥土	
转子、电枢、变压器和电抗器等的叠钢片		混凝土	
非金属材料（已有规定剖面符号者除外）		钢筋混凝土	
型砂、填砂、粉末冶金、砂轮、陶瓷刀片、硬质合金刀片等		砖	
玻璃及供观察用的其他透明材料		格网（筛网、过滤网等）	
木材　纵剖面		液体	
木材　横剖面			

3. 剖视图的标注

为便于识读，剖视图一般都要进行标注。标注的内容有：指示剖切平面位置的细点画线，叫作剖切线；指示剖切平面起、讫和转折位置的符号为粗短线，叫作剖切符号，符号旁应标注大写拉丁字母以及表示投射方向的箭头；在剖视图上方注相同的字母“×—×”，如图3-7所示。

4. 识读剖视图的注意事项

1）剖视图是一种假想将零件剖开的表达方法，目的是把零件的内部形状结构表达得更清楚，所以在其他视图中零件仍应按完整的形状画出。如图3-7、图3-8中的主视图都作了剖视，而俯视图都仍按没有剖切的完整零件的形状画出。

2）识读剖视图时，应首先找到剖切线的位置，再由剖切符号旁和剖视图上方标注的字母找到对应的剖视图，如图3-7所示。如果剖视图中没有作任何标注，那就说明该剖视图是通过零件的中间平面进行剖切后而画出的，如图3-8所示。

3）剖视图可根据剖面符号（剖面线）来区分零件某一部分是实体的还是空心的。凡画有剖面符号的为零件的实体部分，反之则为空心部分，如图3-7、图3-8所示。

4）剖视图中已表达清楚的结构，不论在剖视图和其他视图中，虚线一般可省略不画。但必要的虚线仍可画出，如图3-8俯视图中的虚线就必须画出，否则底部的方孔就不能表达清楚。

二、剖视图的种类

剖视图按剖切范围的大小可分为全剖视图、半剖视图和局部剖视图三种。

1. 全剖视图

用剖切平面完全地剖开机件所得到的剖视图称为全剖视图。如图3-7和图3-8中的主视图均为全剖视图。当零件的外部形状比较简单时，常采用全剖视图来表达其内部形状。全剖视图的标注内容如图3-7所示，省略标注法如图3-8所示。

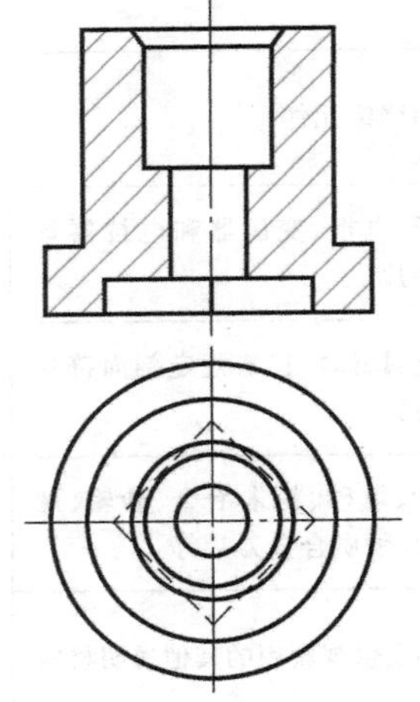
图3-8 剖视图中的省略标注

2. 半剖视图

当机件具有中间平面时，在垂直于中间平面的投影面上投射所得到的视图，可以对称中心线为界，一半画成剖视，另一半画成视图，这样组合成的图形称为半剖视图，如图3-9所示。半剖视图既能表达零件的内部形状，又能反映零件的外部形状。所以，当零件的内、外形状都比较复杂而又对称时，可用半剖视的画法。半剖视图的标注与全剖视图相同。

3. 局部剖视图

用剖切平面局部地剖开机件所得到的剖视图称为局部剖视图，如图3-10所示。局部剖视图一般用波浪线作为分界线。局部剖视图是一种较为灵活的表达方法，它既能反映零件所需表达的内部形状，又保留了部分外形。当零件上只有局部结构需要表达，或者零件的内、外形状都比较复杂而又不对称时，常采用局部剖视图。局部剖视图一般不需标注。

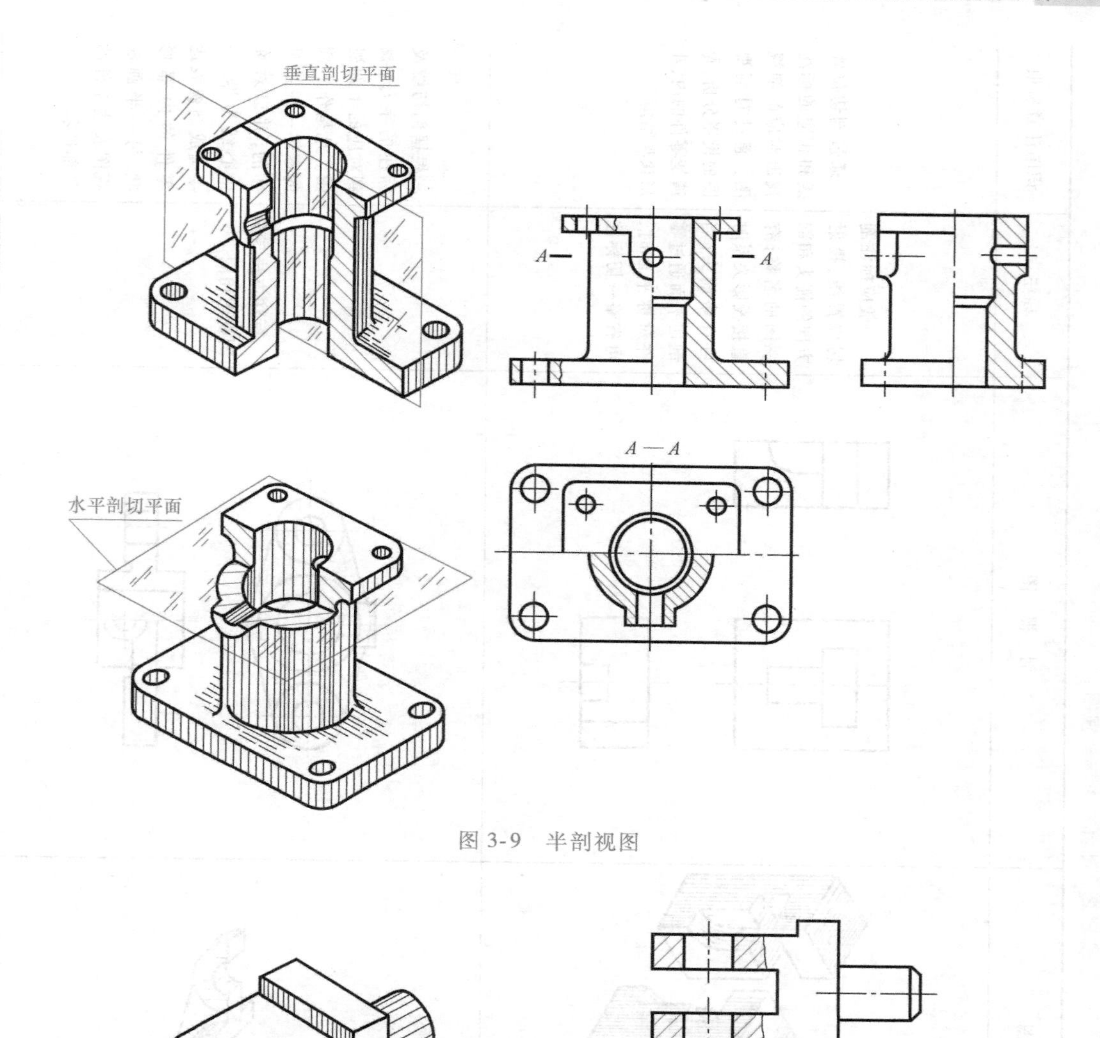

图 3-9 半剖视图

图 3-10 局部剖视图

三、剖视图中的各种剖切方法

由于零件的内部形状各不相同，所以，剖切零件的方法也不一样。国家标准《机械制图 图样画法 剖视图和断面图》中规定了单一剖切面剖切、两相交的剖切平面剖切、几个平行的剖切平面剖切、不平行于任何基本投影面的剖切平面剖切和组合的剖切平面剖切五种剖切方法。用任何一种剖切方法都可获得全剖视、半剖视和局部剖视图，它们的名称、剖切方法、画法、标注和识图时的注意事项见表 3-2。

表 3-2 剖切方法与剖视图

序号	剖切平面与剖切方法	剖视图名称	立体图	剖视图	标注	识图注意事项
1	单一剖切平面，即用一个剖切平面剖切零件，剖切平面必须平行于某一基本投影面。用这种剖切方法，可获得全剖、半剖和局部剖三种剖视图。这是一种最常用的剖切方法	全剖视图	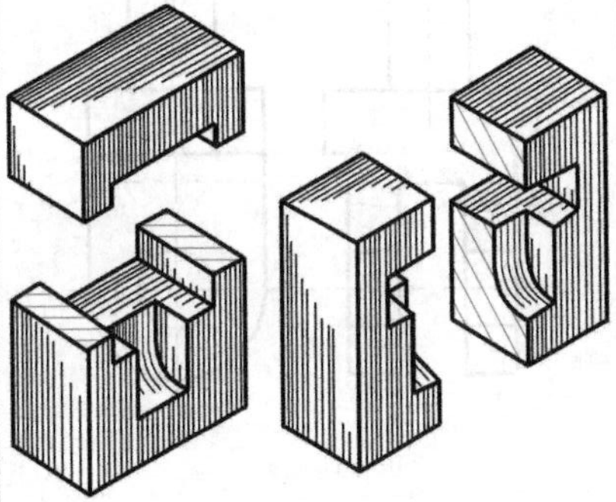	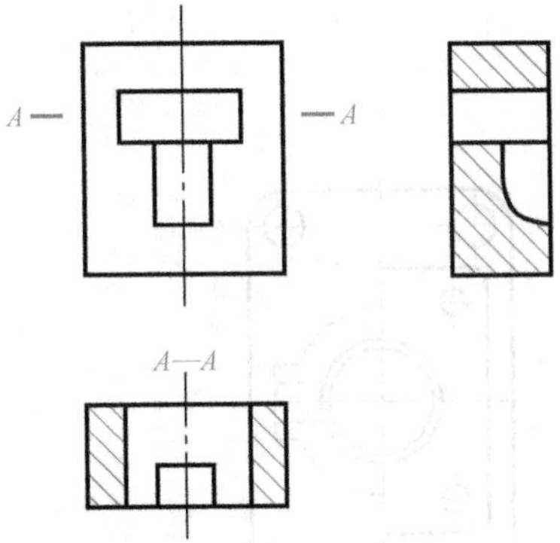 A—A	一般应标注剖切位置线、投射方向的箭头和剖视图的名称；有直接投影关系时可省略箭头；当剖切平面通过零件对称平面时，可省略一切标注	通过剖切位置线和相应的标注找出对应的剖视图。通过对剖视图的投影分析，弄清楚零件的内、外形状和结构
		半剖视图	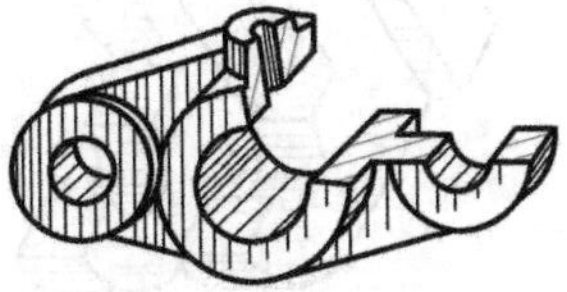	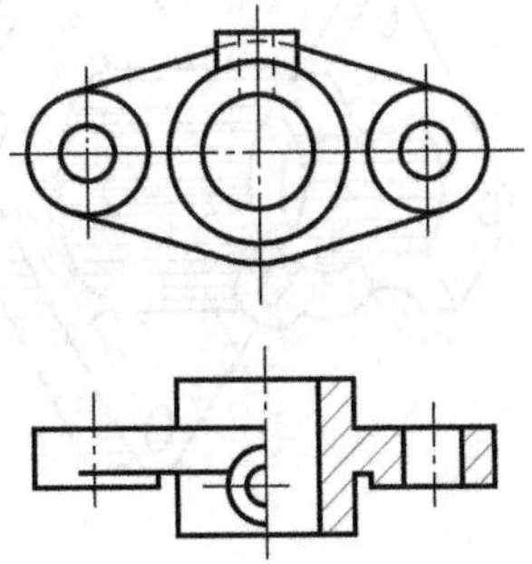	标注方法与全剖视图相同	根据剖切线及标注的字母，找到对应的半剖视图。凡是作半剖的零件一般是对称的，并以对称中心线为界，一半画成剖视表达零件的内部形状，另一半画成视图表达零件的外部形状

（续）

序号	剖切平面与剖切方法	剖视图名称	立体图	剖视图	标注	识图注意事项
1	单一剖切平面，即用一个剖切平面剖切零件，剖切平面必须平行于某一基本投影面。用这种剖切方法，可获得全剖、半剖和局部剖三种剖视图。这是一种最常用的剖切方法	局部剖视图	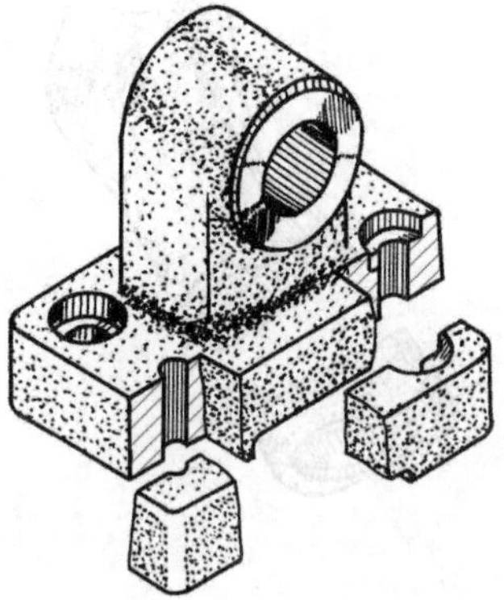	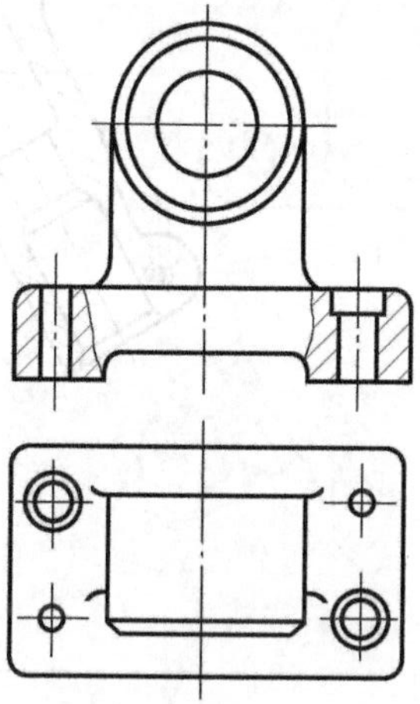	一般情况下不加任何标注	局部剖视图通常画在视图里面，表达零件的局部内形，并用波浪线作为剖视和视图的分界线。看图时，可根据投影关系判断出所表达的局部结构的位置和形状
2	用几个互相平行的剖切平面剖切零件，这种剖切方法常用于零件内部结构呈阶梯状分布的情况	阶梯剖的全剖视图	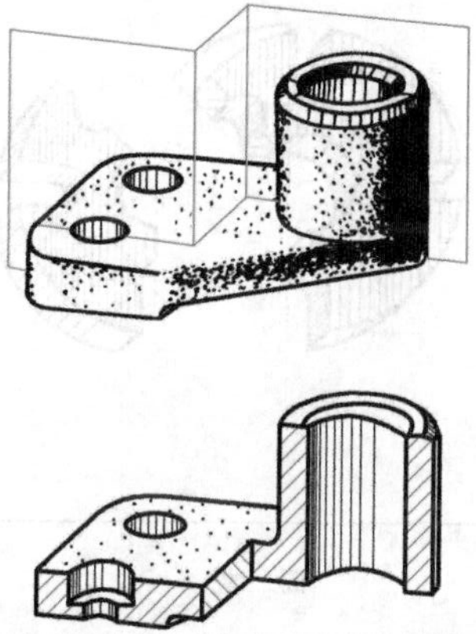	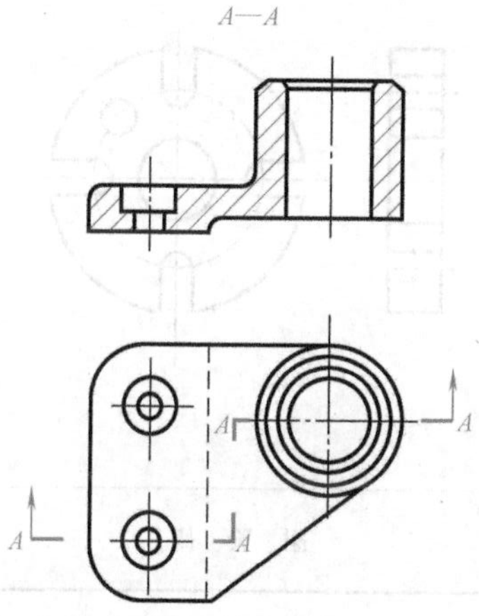 A—A A A A A	必须标注剖切位置线、投射方向和剖视图的名称。剖切平面的转折处也要标出剖切位置线。当视图间有直接投影关系时可省略箭头	首先分析剖切平面的剖切位置线，再按投影关系想象零件的内部形状。剖切平面的转折处，在剖视图中规定不画轮廓线

（续）

序号	剖切平面与剖切方法	剖视图名称	立 体 图	剖 视 图	标注	识图注意事项
3	用两个相交的剖切平面（交线垂直于某一基本投影面）剖切零件，这种剖切方法常用于有旋转中心的轮、盘类零件的内形表达	旋转剖的全剖视图	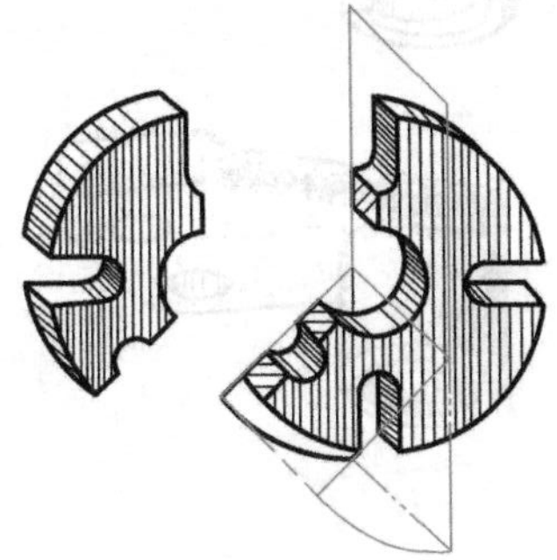	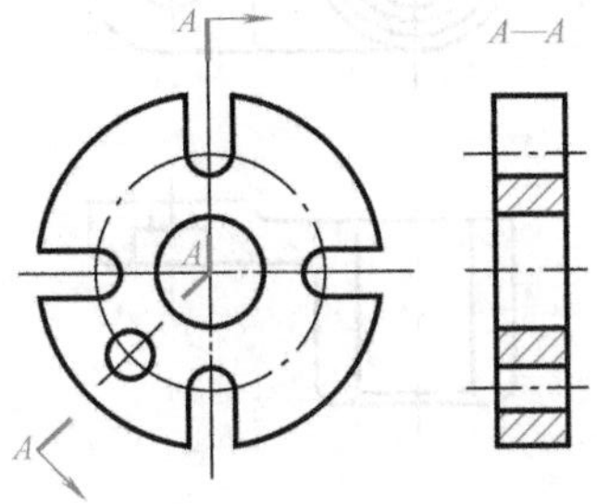 A—A	必须标注剖切位置线，投射方向和剖视图的名称，在两剖切平面的相交处也要标出剖切位置线	按剖切位置线和投射方向，找出对应的剖视图。要注意倾斜的剖切平面是将切到的零件部分旋转到与基本投影面平行后再画出其剖视图的
4	用不平行于任何基本投影面的剖切平面剖切零件，这种剖切方法常用于零件倾斜部位的内形表达	斜剖的全剖视图	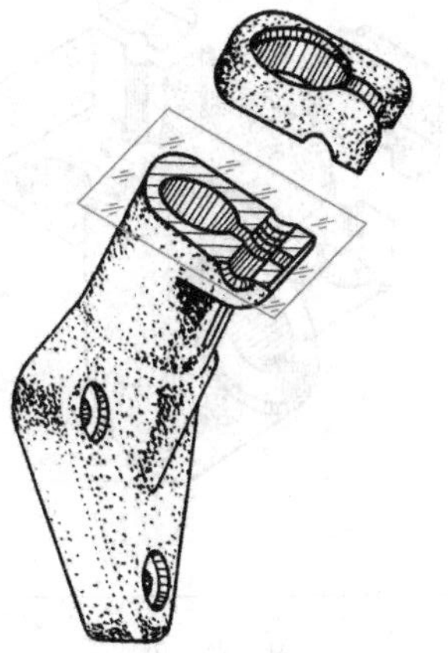	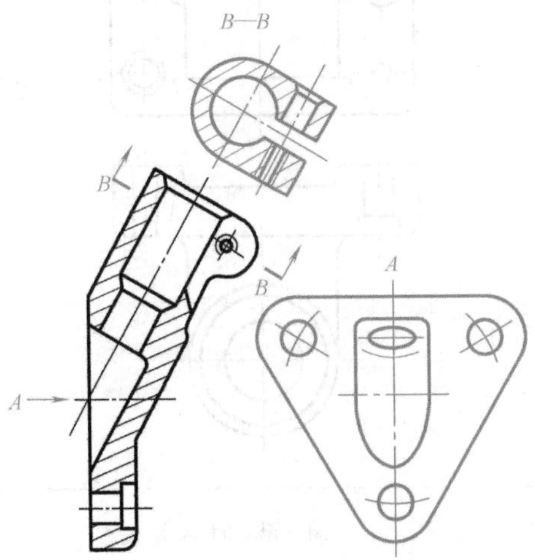 B—B	必须标注剖切位置线，投射方向和剖视图的名称	应找出剖切位置线和分析投射方向，然后按投影关系找出对应的斜剖视图。斜剖视图也可转正画出，但必须在图形上方加注旋转符号

（续）

序号	剖切平面与剖切方法	剖视图名称	立体图	剖视图	标注	识图注意事项
5	组合的剖切平面，主要用在采用单一剖、两个相交的剖切面剖、几个平行的剖切面剖以及不平行于任何基本投影面的剖切面剖都不能全部反映内剖形状的复杂零件	复合剖的全剖视图		A—A展开	必须标注剖切位置线、投射方向和剖视图的名称	因为复合剖是前面几种剖切方法的组合，所以在识图时，应按剖切位置线分析其剖切特点，再由投影关系逐步看懂零件的内部形状和结构

四、识读剖视图

1. 常见形体结构的剖视图

识读剖视图，首先应熟悉构成机器零件的一些常见形体结构的剖视图。图 3-11 为各种底板的剖视图画法，图 3-12 为各种座体的剖视图画法，图 3-13 为各种带切口或穿孔圆筒的剖视图画法。在图 3-11a、b 中，主视图采用了局部剖视，来表达底板上孔的内部形状；图 3-11c、d 中，主视图采用了半剖视；图 3-11e 中，主视图采用了阶梯剖的全剖视；在

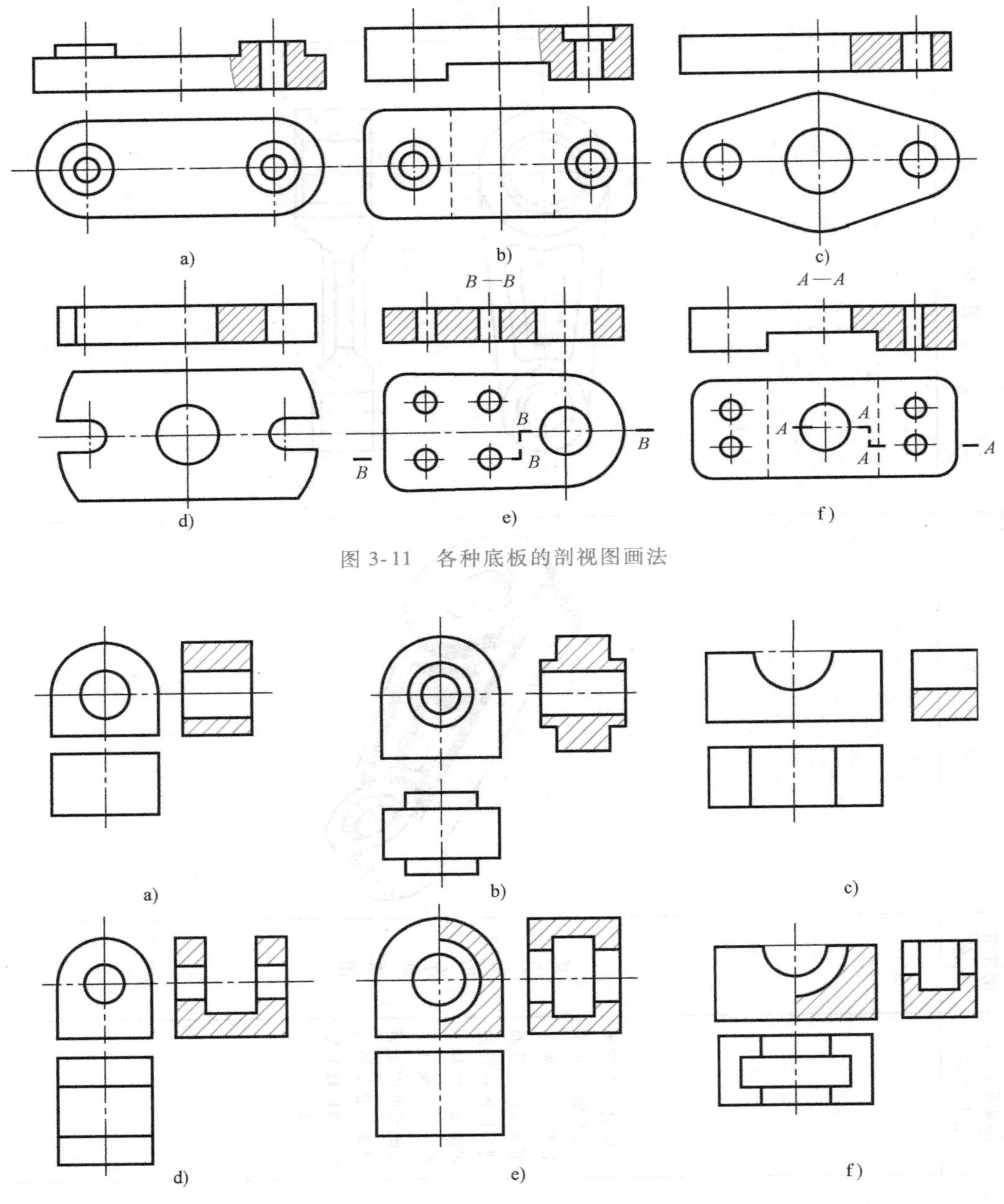

图 3-11 各种底板的剖视图画法

图 3-12 各种座体的剖视图画法

图 3-11f中，因为底板左、右对称，主视图就采用了阶梯剖的半剖视。对图 3-12、图 3-13，读者可自行分析。对上述各种常见形体的剖视图的画法和特征，一定要在理解的基础上尽量熟记，这样在识读较复杂的剖视图时就比较容易看懂了。

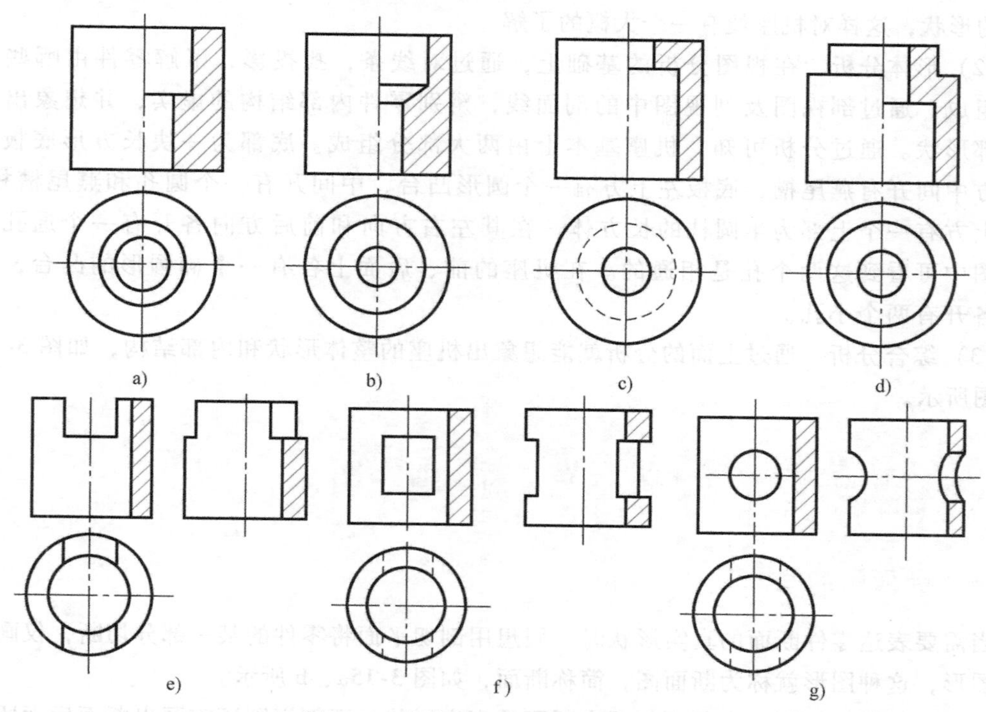

图 3-13 各种圆柱开孔的剖视图画法

2. 识读剖视图的步骤和方法

前面所介绍的视图识读方法，同样也适用于识读剖视图。下面通过图 3-14 所示机座的剖视图来说明识读剖视图的步骤和方法。

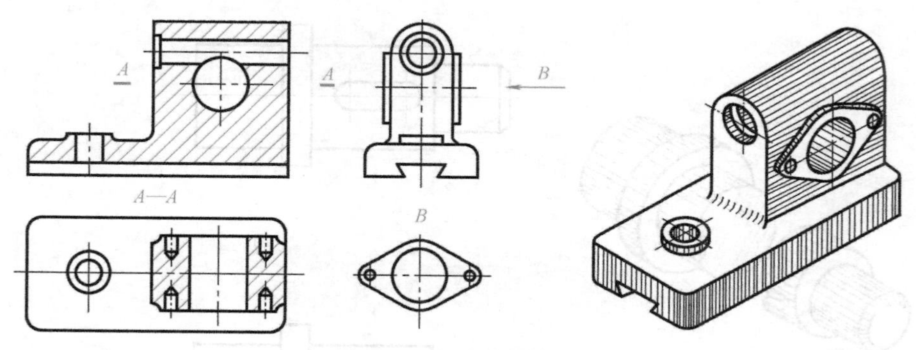

图 3-14 机座的剖视图

（1）视图分析 先找出主视图，然后分析共有几个视图及每个视图的名称。对于剖视图，应根据剖视图的标记，找到对应的剖切线的位置，并分析剖切目的，做到对零件的轮廓有一个大致的了解。

图 3-14 所示机座由三个基本视图和一个局部视图来表达。主视图采用了全剖视来表达

机座的内部形状，因为剖切平面通过机座的前、后中间平面剖切，所以省略了一切标注。俯视图作了 *A—A* 全剖视，从剖切线的位置分析可知，*A—A* 剖视是为了表达横向的一个通孔和前、后面上的四个小孔。左视图主要反映外形，*B* 向局部视图是为了说明机座前（后）面凸台的形状，这样对机座便有一个大概的了解。

（2）形体分析　在视图分析的基础上，通过对线条，找投影，了解零件由哪些基本形体组成。通过剖视图及剖视图中的剖面线，辨别零件内部结构的虚实，并想象出零件的内部形状。通过分析可知，机座基本上由两大部分组成。底部为一块长方形底板，底板下方中间开有燕尾槽，底板左上方有一个圆形凸台，中间开有一个圆孔和燕尾槽相通。底板上方有一个上部为半圆柱的长方体，在其左右方向和前后方向各开有一个通孔，从主视图中可看到这两个孔是相通的。在机座的前、后面上各有一个椭圆形的凸台，凸台两端各开有两个小孔。

（3）综合分析　通过上面的分析就能想象出机座的整体形状和内部结构，如图 3-14 中立体图所示。

第三节　断　面　图

一、断面图的概念

当需要表达零件断面的真实形状时，假想用剖切平面将零件的某一部分切断，仅画出断面的图形，这种图形就称为断面图，简称断面，如图 3-15a、b 所示。

断面和剖视的区别是：断面只画出断面的真实形状，而剖视则还需画出断面后面所有能看到的零件的轮廓投影。图 3-15b、c 就表示了断面和剖视的区别。

从断面图中能准确地了解到零件某处的断面形状，所以断面图具有简单明了而又灵活方便的特点，在机械图样中应用很广。

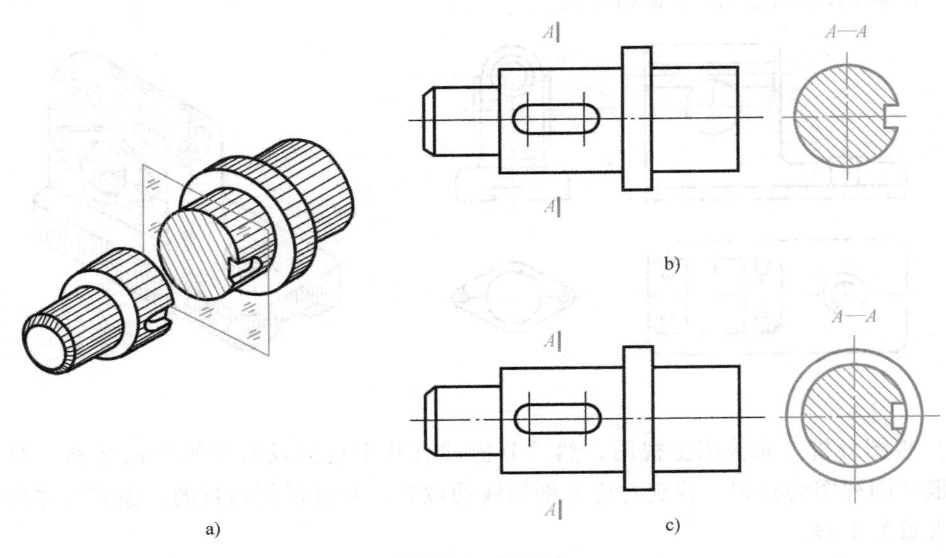

图 3-15　断面图

二、断面图的种类

按断面图在视图中的位置不同，断面可分为移出断面和重合断面两种。

1. 移出断面

画在视图轮廓外面的断面称为移出断面，如图 3-15b 所示。移出断面的轮廓线用粗实线绘制，并在断面上画出断面符号。

2. 重合断面

画在视图轮廓里面的断面称为重合断面，如图 3-16 所示。重合断面的轮廓线用细实线绘制。

三、识读断面图的注意事项

1）断面图一般都需标注，标注的内容与剖视图相同。所以，识读断面图时，应从剖切位置及所标注的字母着手，就能找到相应的断面图，如图 3-15b 所示。

2）画在剖切位置延长线上的对称断面，规定可不加任何标注，如图 3-17b、c 所示。不对称的断面则必须用箭头表示其投射方向，如图 3-17a 所示。

3）当剖切平面通过回转面形成的孔或凹坑的轴线时，其断面应按剖视画出，如图 3-17b 所示。另外，当剖切平面通过非圆孔，会导致出现完全分离的两个断面时，这些结构也应按剖视画出，如图 3-17c 所示。

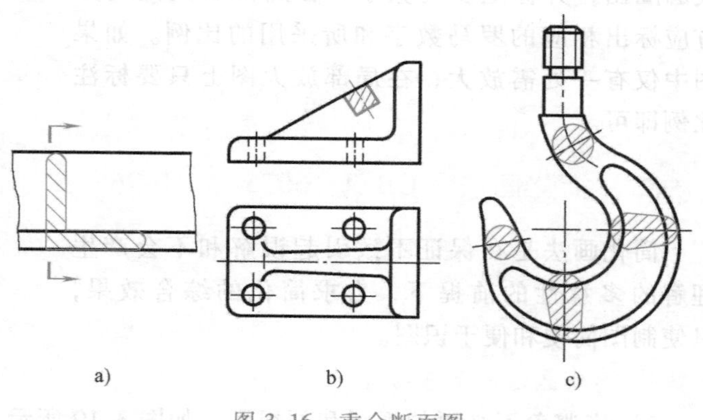

图 3-16 重合断面图

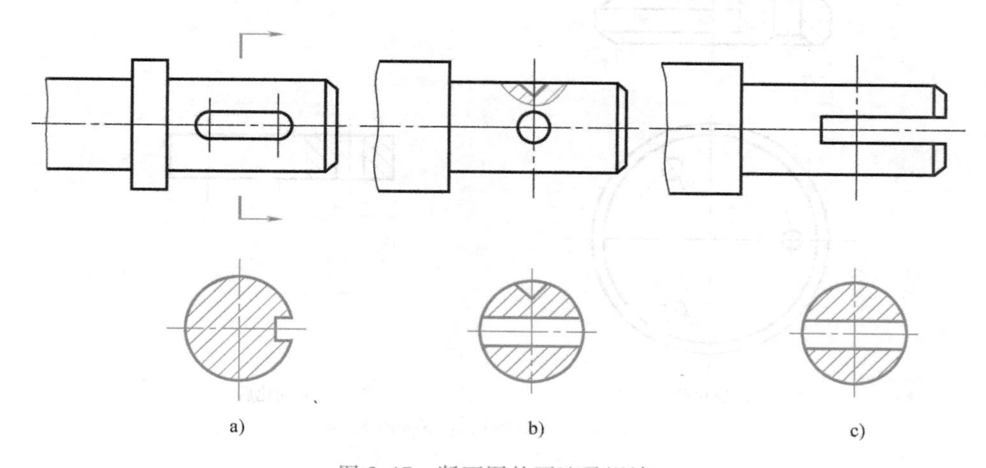

图 3-17 断面图的画法及识读

第四节 局部放大图和简化画法

为了识图和画图的方便，根据不同零件的结构特点，在表达方法上，还有局部放大图和一些简化画法。

一、局部放大图

当零件上某些细小的局部结构在视图中表达不清时，可将这些结构用大于原图所采用的比例局部地画出来，这种图形就称为局部放大图，如图 3-18 所示。

看局部放大图时应注意两点：一是局部放大图可以画成视图、剖视图或断面图，它与被放大部分的表达方式无关。二是被放大的部位用细实线圆圈出，并标上罗马数字，在局部放大图的上方应标出相应的罗马数字和所采用的比例。如果图中仅有一处需放大，在局部放大图上只要标注比例即可。

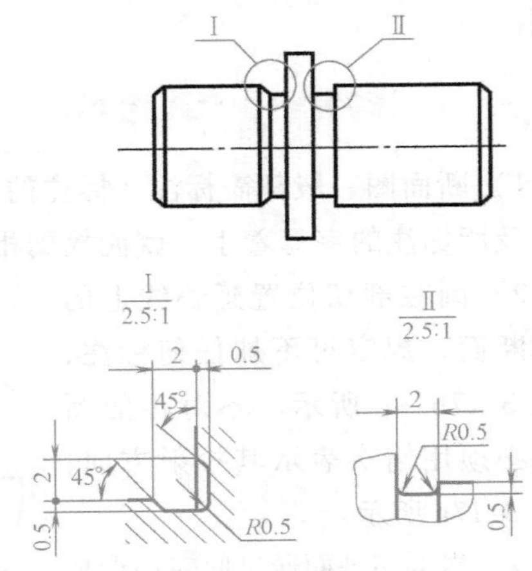

图 3-18 局部放大图

二、简化画法（GB/T 16675.1—1996）

简化画法是在保证不致引起误解和不会产生理解的多意性的前提下，力求简化的综合效果，以使制图简便和便于识图。

1. 简化画法的基本要求

1）应避免不必要的视图和剖视图。如图 3-19 所示，采用符号进行标注后就省略了一个俯视图，也简化了主视图（EQS 表示均布）。

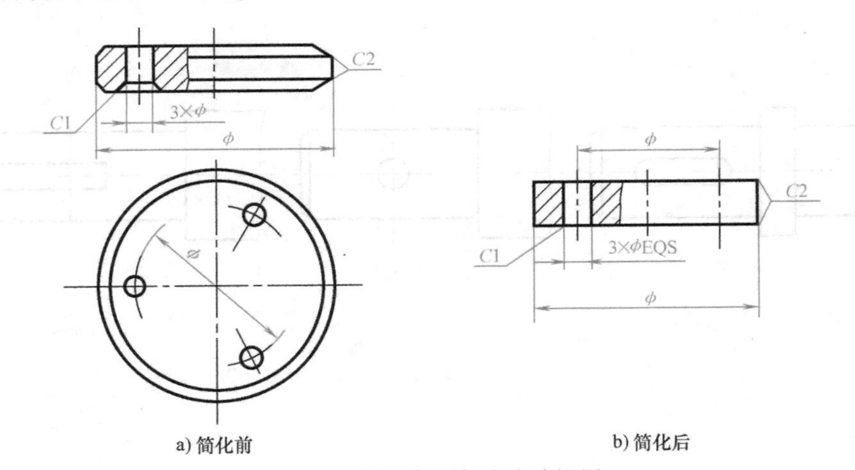

图 3-19 采用符号标注省略视图

2）在不致引起误解时，应避免使用虚线表示不可见的结构，如图 3-20 所示。

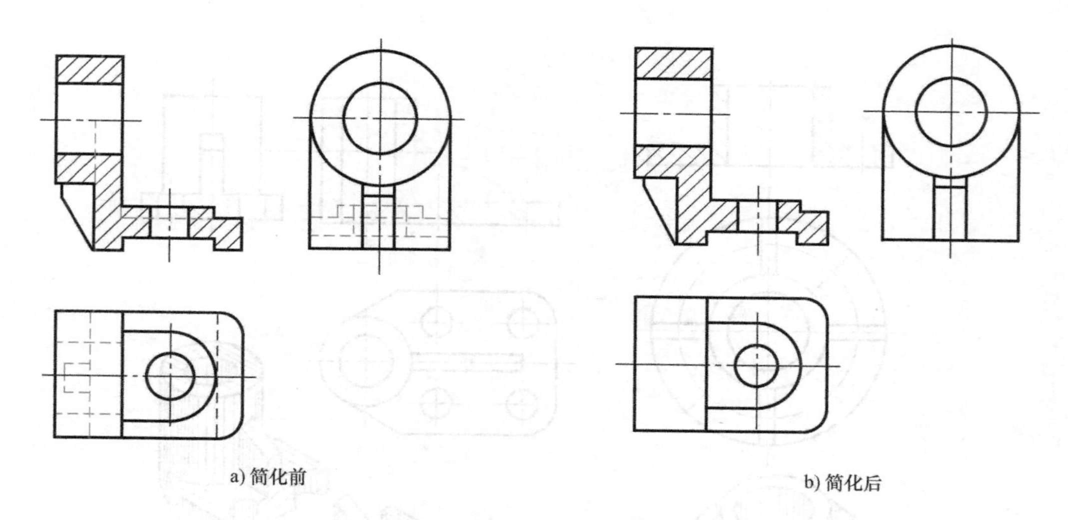

图 3-20 尽量避免使用虚线

3）尽可能使用有关标准中规定的符号来表达设计要求。如图 3-21 所示，就用规定的符号及标注来表示不同要求的中心孔。

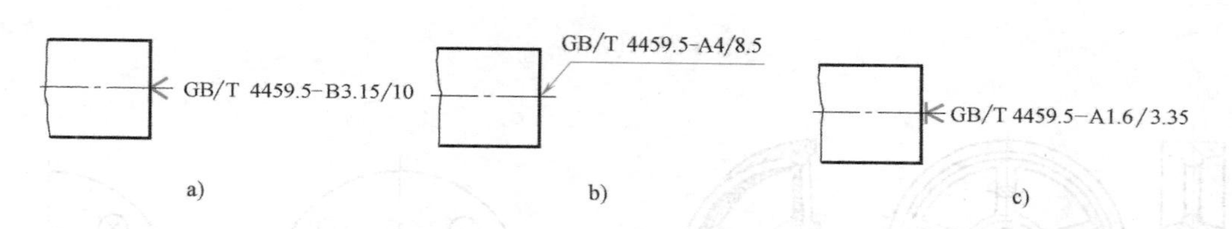

图 3-21 用符号及标注表达中心孔

4）尽可能减少相同结构要素的重复绘制，如图 3-22 所示。

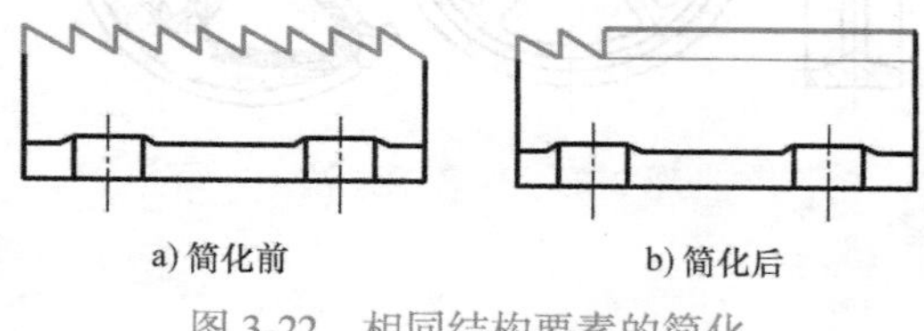

图 3-22 相同结构要素的简化

2. 简化画法

（1）肋板、轮辐及薄壁等的画法 对于零件上的肋板、轮辐及薄壁等结构，当剖切平面按纵向剖切这些结构时都不画剖面符号，而用粗实线将它与其邻接部分分开，如图 3-23、图 3-24 所示。如按横向剖切这些结构，则应画上剖面符号，如图 3-23b 中的 *A—A* 剖视图。

（2）均匀分布结构的画法 当回转体零件上均匀分布的肋板、轮辐和小孔等结构不处于剖切平面上时，可将这些结构旋转到剖切平面上画出，如图 3-23a 和图 3-24 所示。

（3）对称零件的画法 在不致引起误解时，对于对称机件的视图可只画一半或 1/4，并在对称中心线的两端画出两条与其垂直的平行细实线以表示其对称，如图 3-25 所示。

（4）断开画法 较长的机件（轴、杆、型材、连杆等）沿长度方向的形状一致或按一定的规律变化时，可断开后缩短画出，但必须按原来的实长标注尺寸，如图 3-26a 所示。常见的断开画法如图 3-26b 所示。

图样中常用的简化画法还有许多，详见表 3-3。

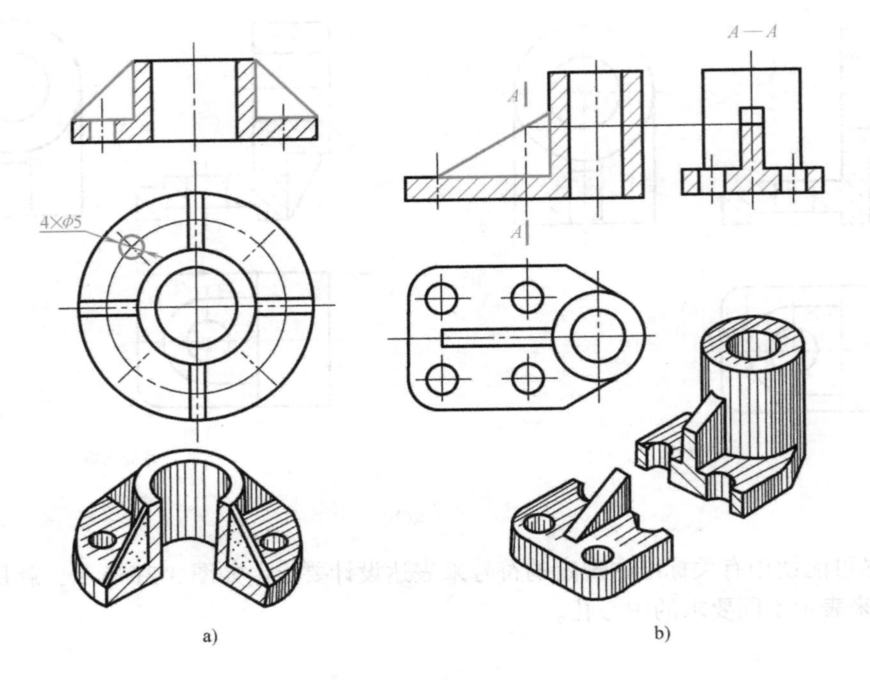

图 3-23 肋板的画法

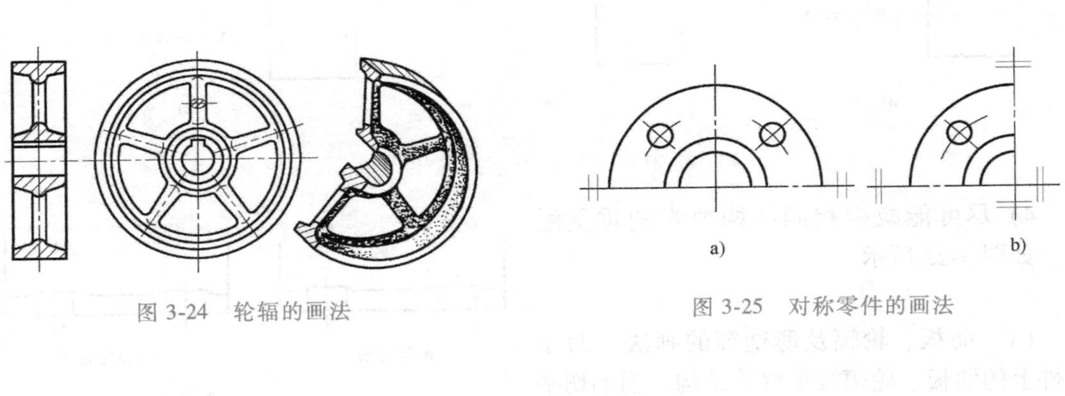

图 3-24 轮辐的画法

图 3-25 对称零件的画法

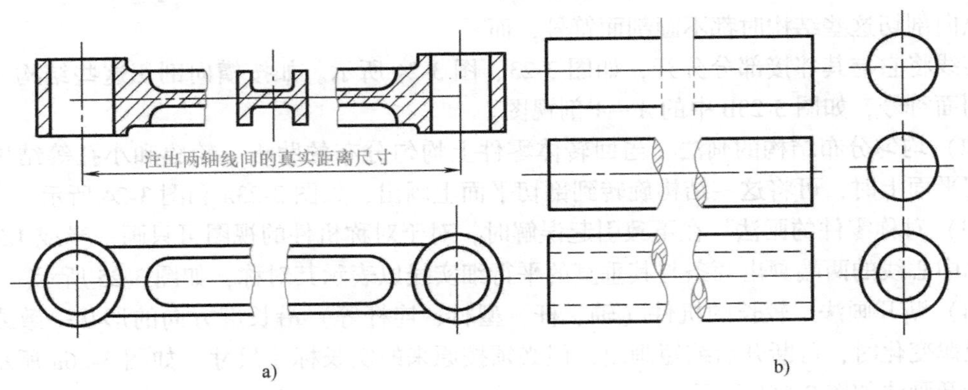

图 3-26 断开画法

表 3-3 简化画法

序号	简化后	简化前	说明
1	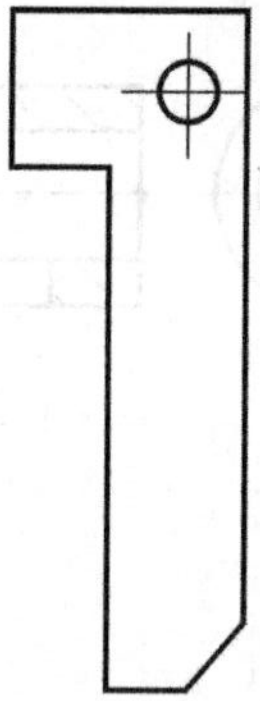 零件 1(LH)如图 零件 2(RH)对称	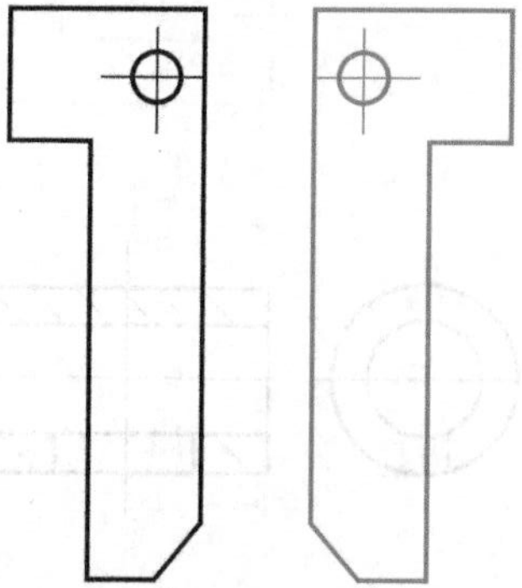 零件 1(LH) 零件 2(RH)	对于左右手零件和装配件,允许仅画出其中一件,另一件则用文字说明,其中“LH”为左件,“RH”为右件
2	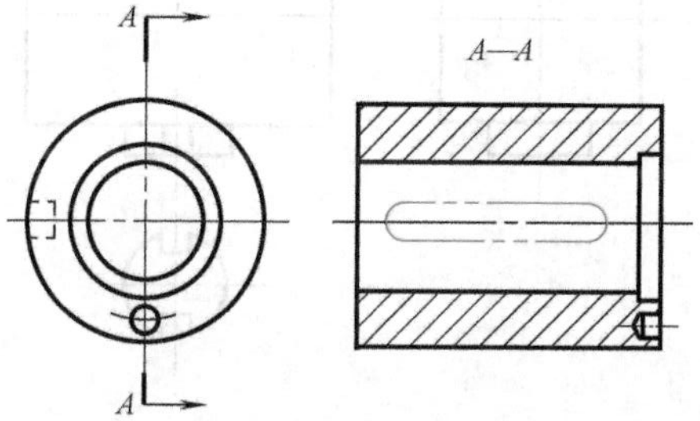 A A A—A	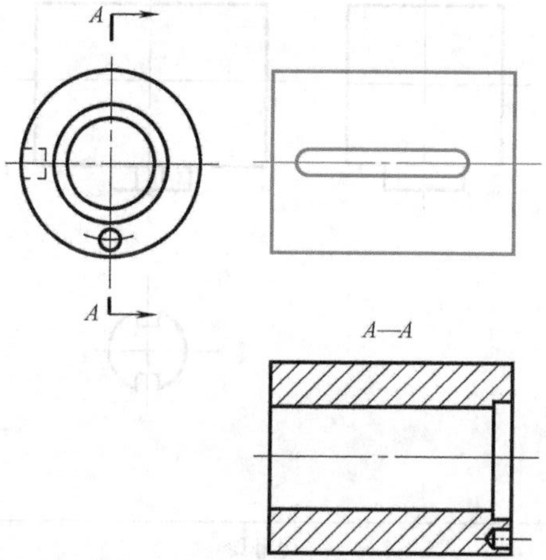 A A A—A	在需要表示位于剖切平面前的结构时,这些结构用双点画线按假想投影的轮廓线绘制

（续）

<table>
<tr><th>序号</th><th>简化后</th><th>简化前</th><th>说明</th></tr>
<tr><td rowspan="2">3</td><td>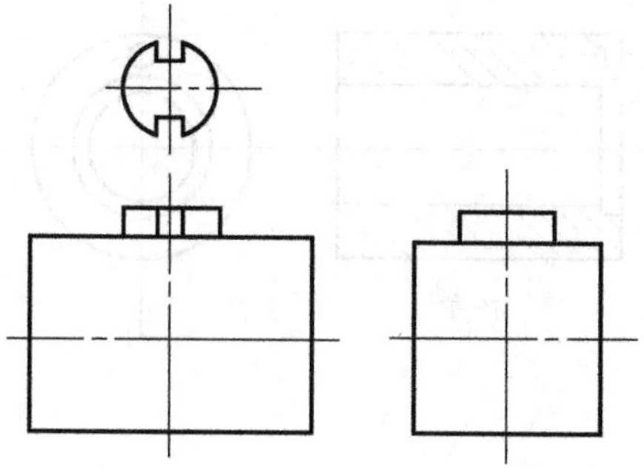</td><td>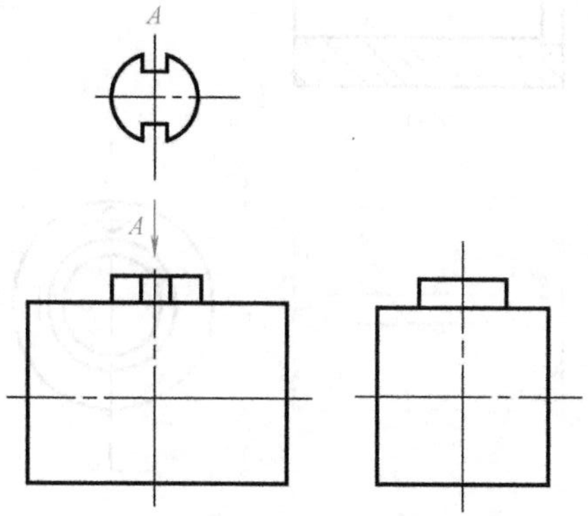
</td><td rowspan="2">零件上对称结构的局部视图，可按左图（简化后）所示方法绘制</td></tr>
<tr><td>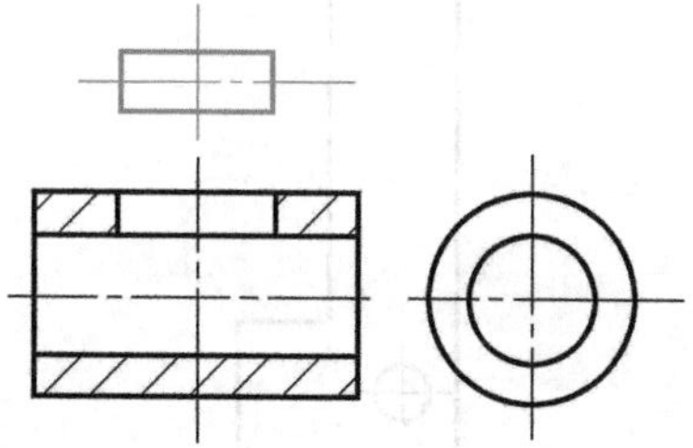</td><td>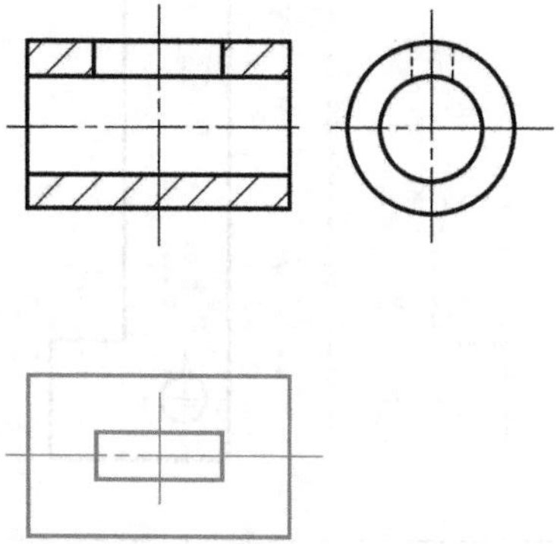</td></tr>
</table>

（续）

序号	简化后 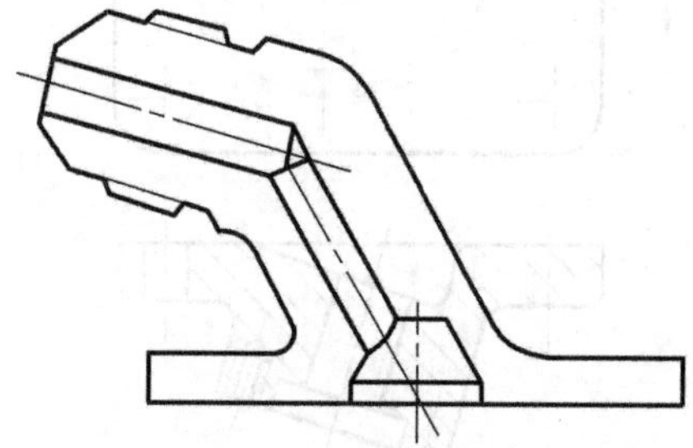	简化前 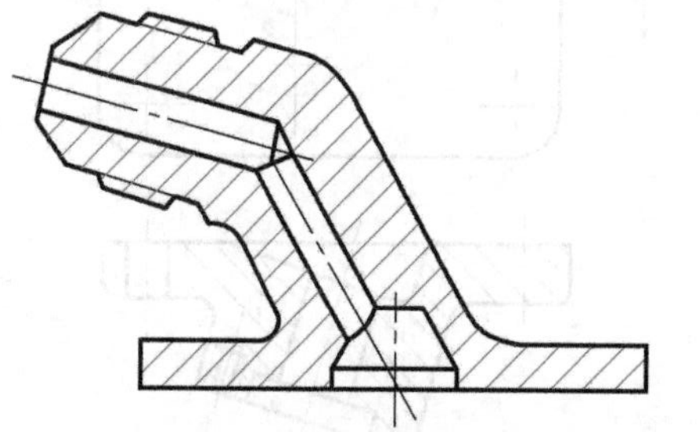	说明
4	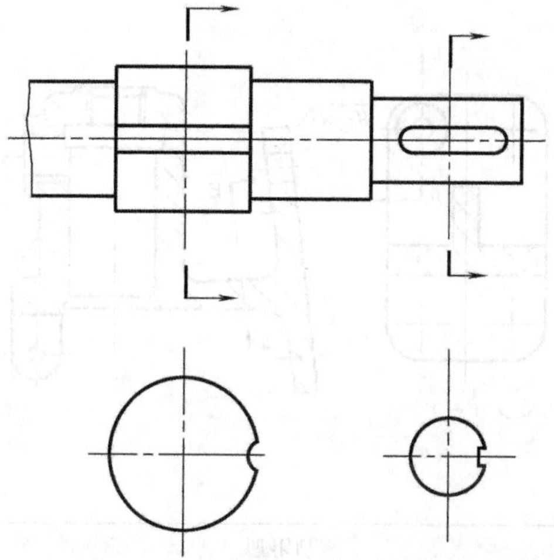	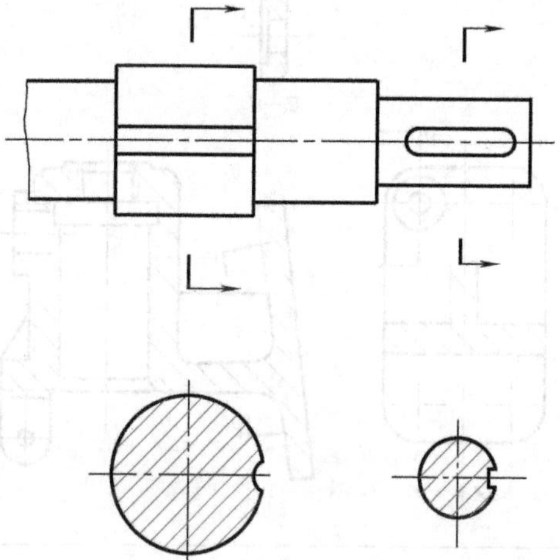	在不致引起误解的情况下，剖面符号可省略

（续）

序号	简化后	简化前	说明
5	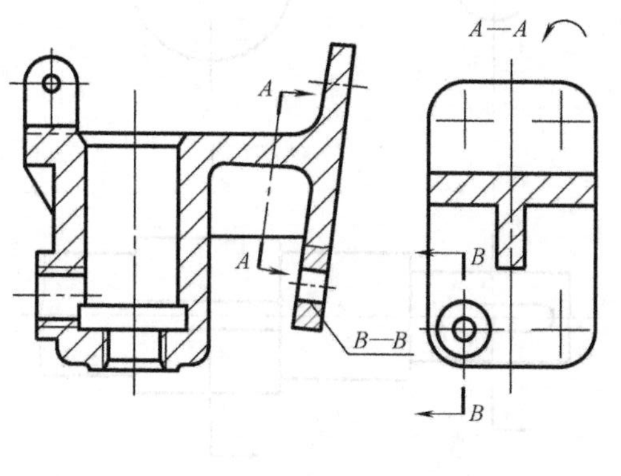 A—A A A B B B—B	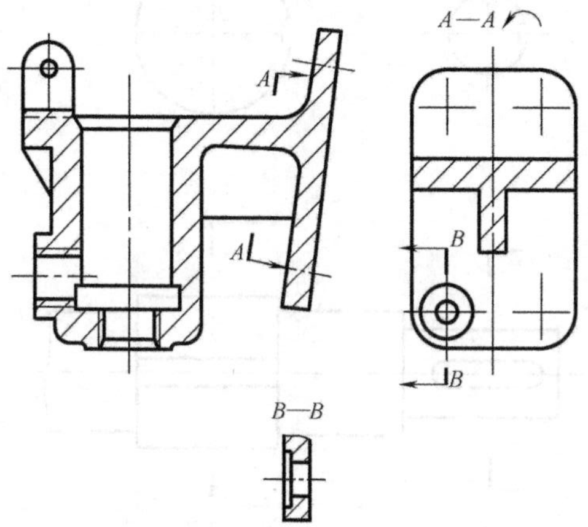 A—A A A B B B—B	在剖视图的剖面中可再作一次局部剖视。采用这种方法表达时，两个剖面的剖面线应同方向、同间隔，但要互相错开，并用引出线标注其名称
6	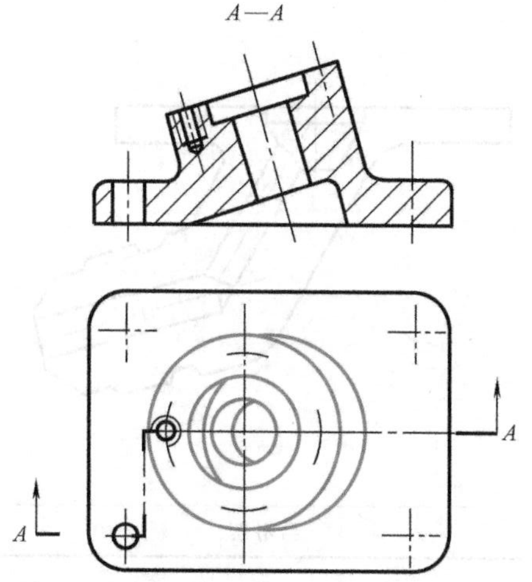 A—A A A	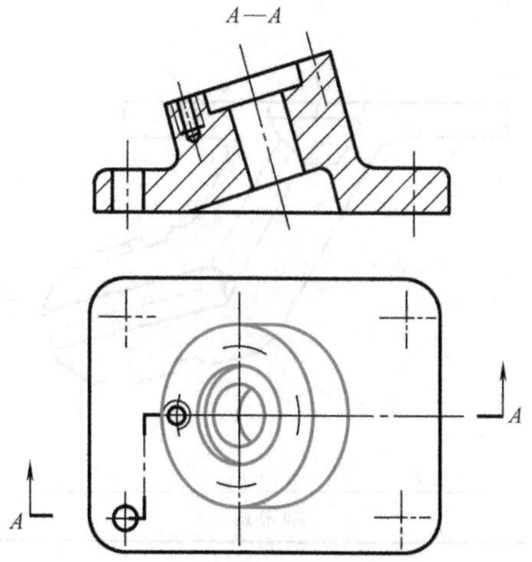 A—A A A	与投影面倾斜角度小于或等于 30°的圆或圆弧，其投影可用圆或圆弧代替

（续）

序号	简化后	简化前	说明
7			在不致引起误解时，图形中的相贯线可以简化，例如用圆弧或直线代替非圆曲线
8			也可用模糊画法表示相贯线

（续）

序号	简化后	简化前	说明
9	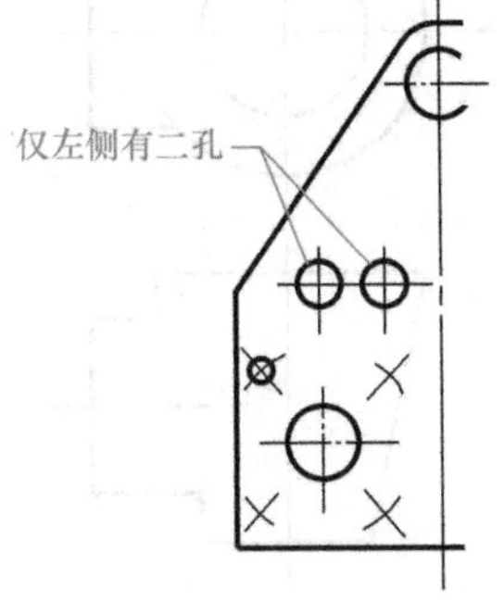 仅左侧有二孔	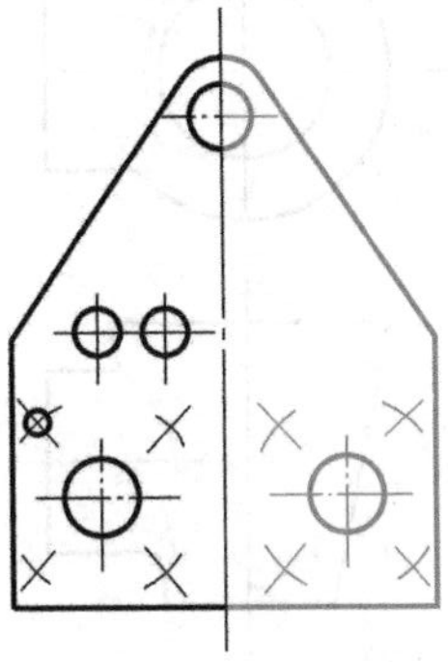	基本对称的零件仍可按对称零件的方式绘制，但应对其中不对称的部分加注说明
10	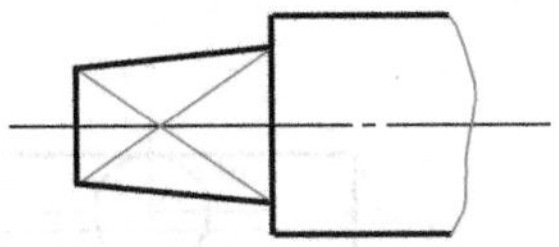 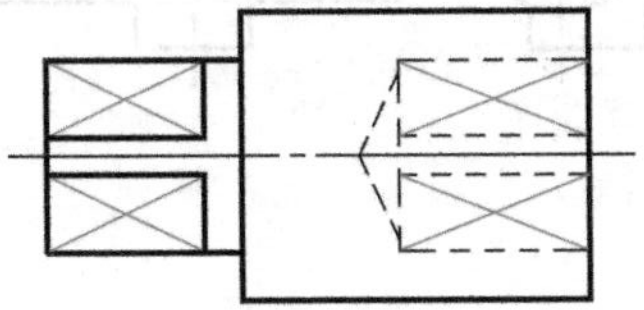	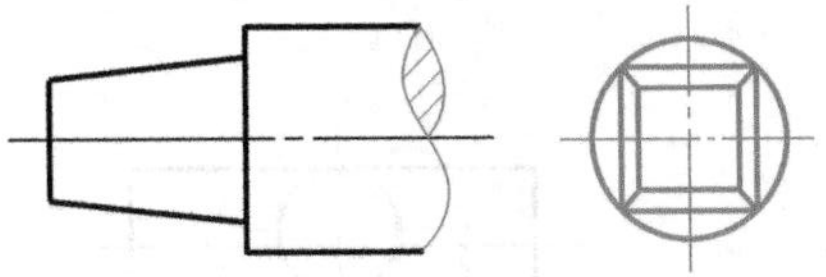 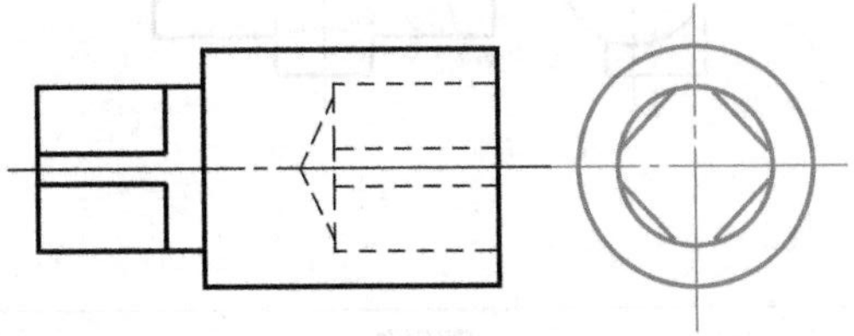	当回转体零件上的平面在图形中不能充分表达时，可用两条相交的细实线表示这些平面

（续）

序号	简化后	简化前	说明
11	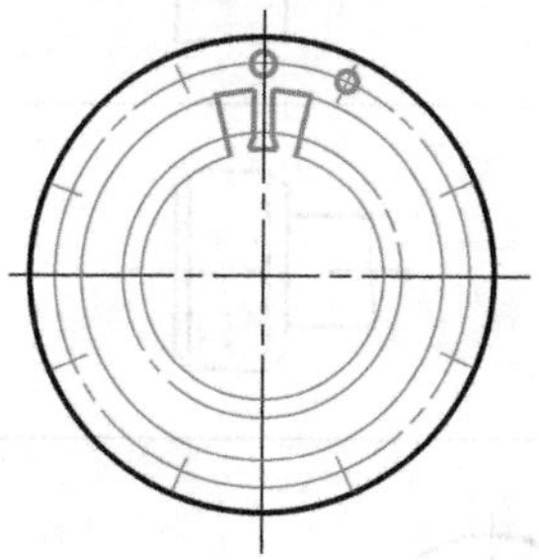	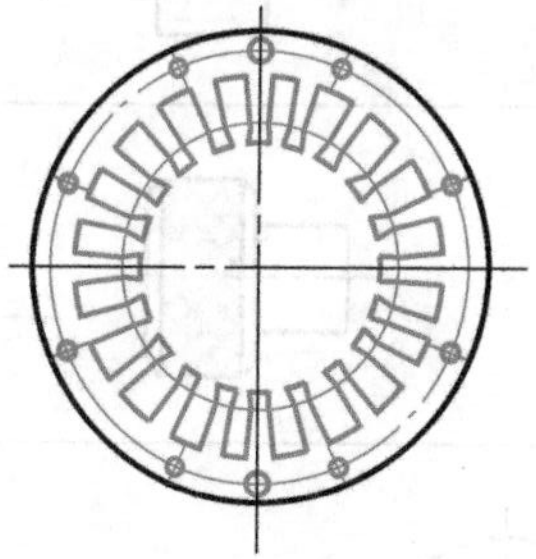	当机件具有若干相同结构（如齿、槽等），并按一定规律分布时，只需画出几个完整的结构，其余用细实线连接，在零件图中则必须注明该结构的总数
	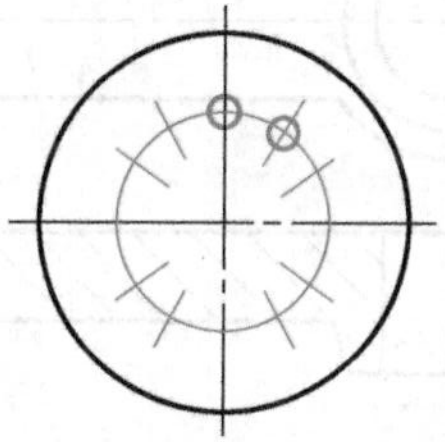	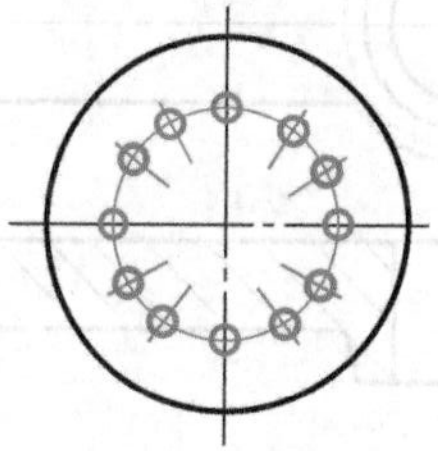	
12	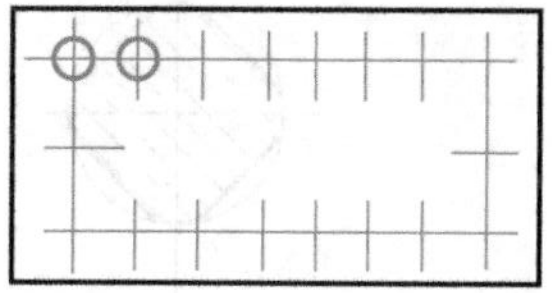	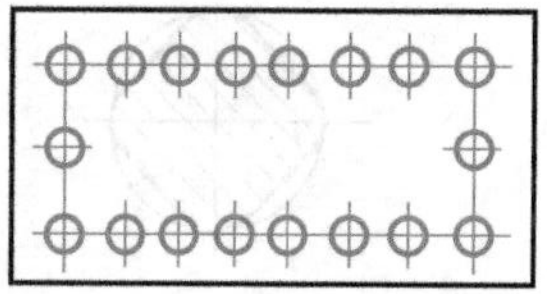	若干直径相同且成规律分布的孔，可以仅画出一个或少量几个，其余只需用细实线或“⊕”表示其中心位置
	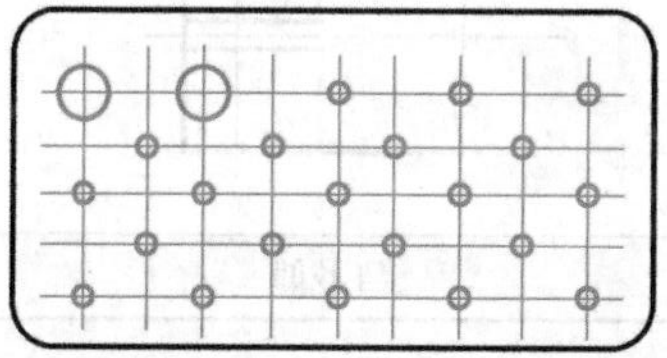	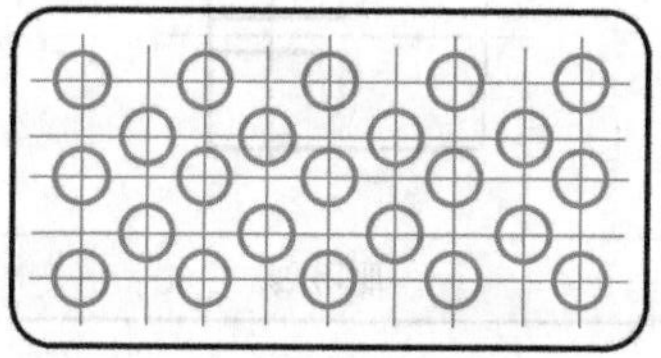	

（续）

序号	简化后	简化前	说明
13	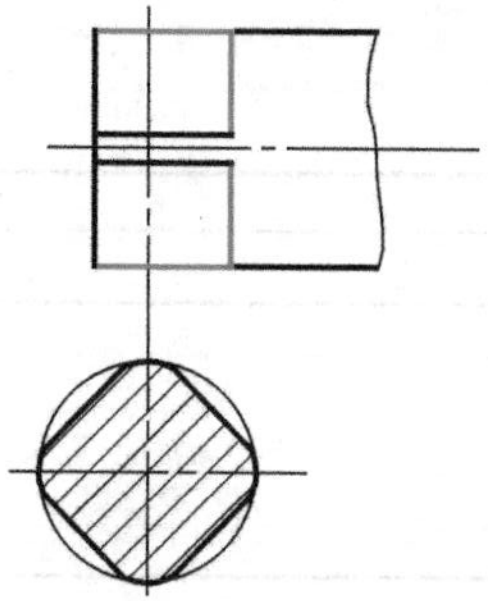	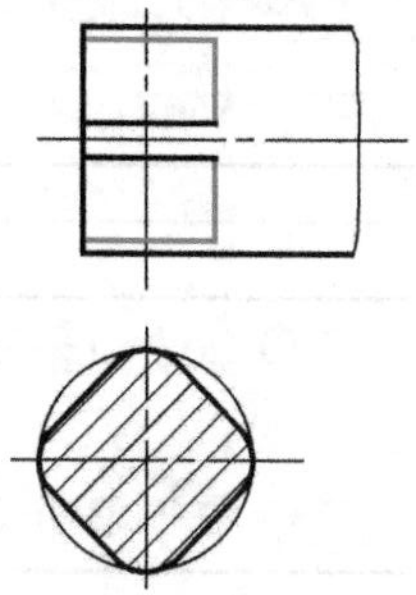	当机件上较小的结构及斜度等已在一个图形中表达清楚时，其他图形应当简化或省略
	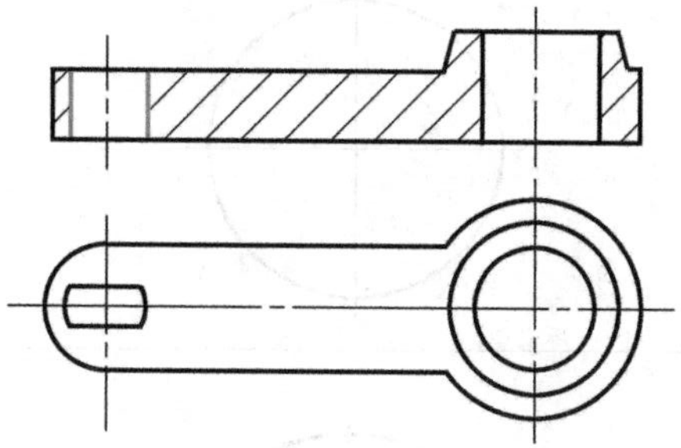	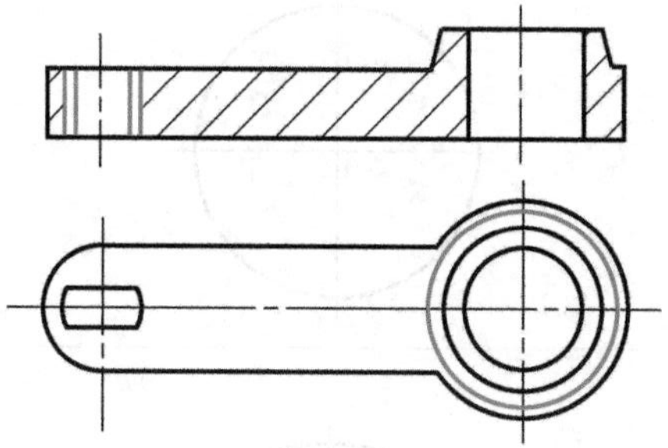	
14	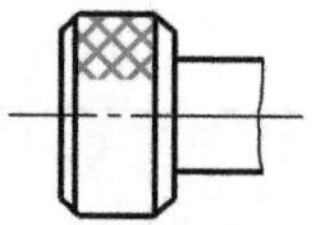	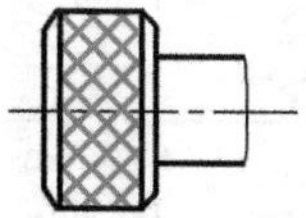	滚花等网状结构应用粗实线完全或部分地表示出来
	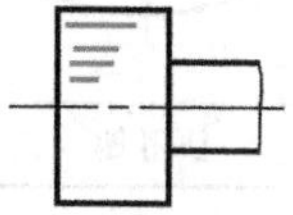	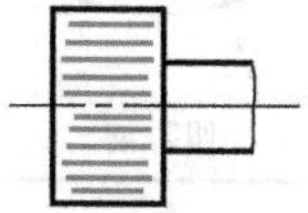	

（续）

序号	简化后	简化前	说明
15	2×R1 φ 4×R3	R3 R3 R1 R1 φ R3 R3	除确实需要表示的某些结构圆角外，其他圆角在零件图中均可不画，但必需注明尺寸，或在技术要求中加以说明
	全部铸造圆角 R5	铸造圆角 R5	

第五节 第三角投影简介

国家标准规定，我国的工程图样按正投影法并采用第一角投影绘制。而有些国家（如美国、英国、日本等）的图样是按正投影法并采用第三角投影绘制的，称为第三角投影。

为了更好地进行国际的技术交流，发展国际贸易，我们应该了解第三角投影的有关知识，以便能阅读一些用第三角投影表达的图样及技术资料。

一、第一角投影与第三角投影的异同点

如图 3-27 所示，空间两个互相垂直的投影面，把空间分成了四个分角（如Ⅰ、Ⅱ、Ⅲ、Ⅳ）。

将机件放在第一分角投射，称为第一角投影。而放在第三分角投射时，则称为第三角投影，如图 3-28 所示。

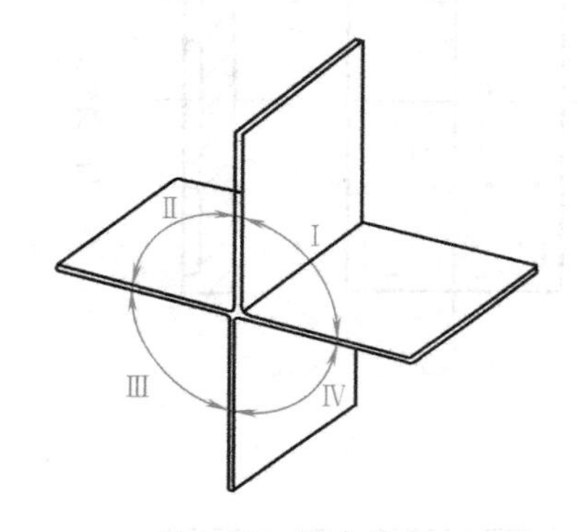

图 3-27 四个分角

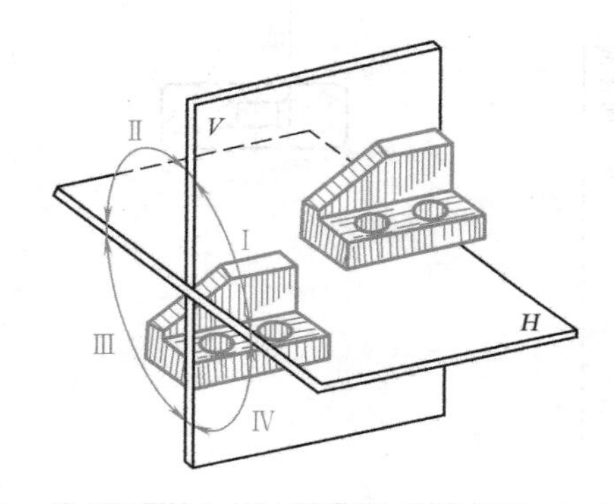

图 3-28 四个分角位置的形成

采用第一角投影，是把物体放在观察者与投影面之间，从投射方向看是人→物→图（投影面）的关系。而第三角投影，是把物体放在投影面的另一边，将投影面视为透明的（像玻璃一样）；投射时就像隔着“玻璃”看物体，将物体的轮廓形状映印在物体前面的“玻璃”（投影面）上，从投射方向看是人→图（投影面）→物的关系，如图 3-29 所示。这就是第三角投影与第一角投影的主要区别。

二、第三角投影视图的形成与配置

如图 3-29a 所示，采用第三角投影时，从前面观察物体在 *V* 面上得到的视图，称为主视图；从上面观察物体在 *H* 面上得到的视图，称为俯视图；从右面观察物体在 *W* 面上得到的视图，称为右视图。

各投影面展开的方法是：*V* 面不动，*H* 面向上转 90°，*W* 面向右转 90°，使三投影面处于同一平面内。展开后各视图的配置关系如图 3-29b 所示。

与第一角投影一样，采用第三角投影也可将物体放在正六面体中，分别从物体各个方向向各投影面投射并按如图 3-30a 所示的方法展开，展开后各视图的名称和配置关系如图 3-30b所示。

图 3-31 表示采用第一角投影形成和展开后各视图的位置以及名称。我们相互比较后会

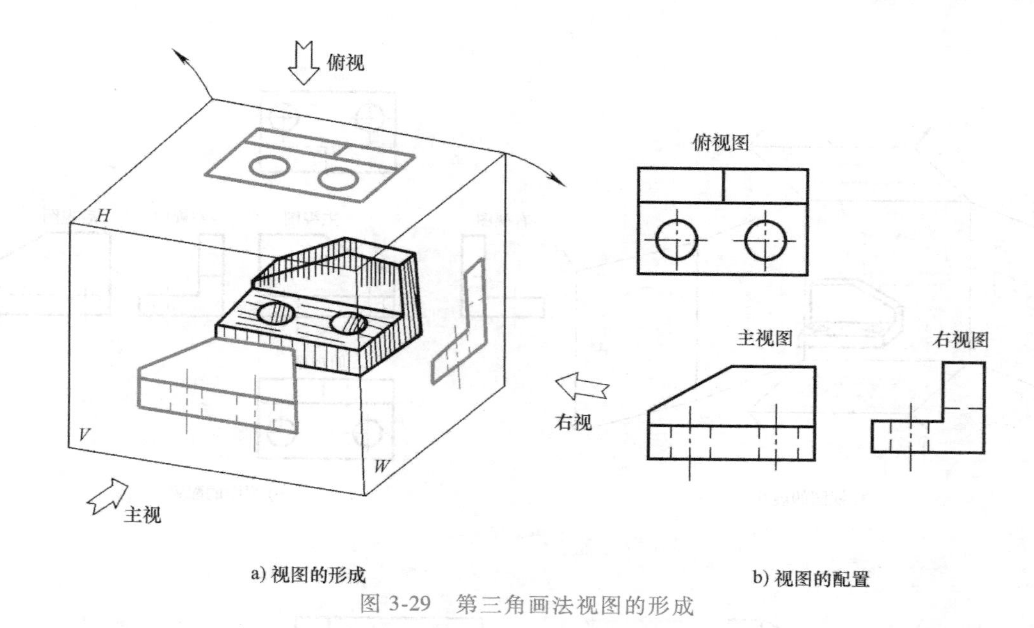

图 3-29　第三角画法视图的形成

发现：六个基本视图放置的位置略有不同，但是，不管是第一角投影，还是第三角的投影，投射后得到的视图形状、线条、大小是不变的。

图 3-32a 表示同一物体采用第一角投影的主、俯、左三个视图。图 3-32b 表示该物体采用第三角投影的主视图、俯视图和右视图，以便使读者在对比中进一步熟悉和了解第三角投影与第一角投影的区别。

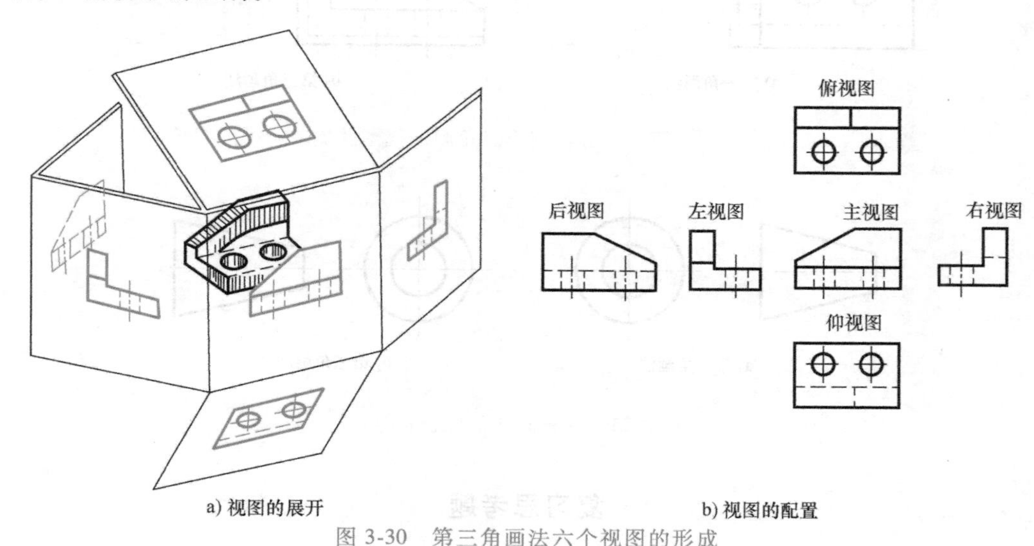

图 3-30　第三角画法六个视图的形成

三、第三角画法的标识

国际标准（ISO）中规定，可以采用第一角投影画法，也可以采用第三角投影画法。为了区别这两种画法，规定在标题栏中专设的框格内用规定的标识符号表示。GB/T 14692—1993 中规定的标识符号，如图 3-33 所示。

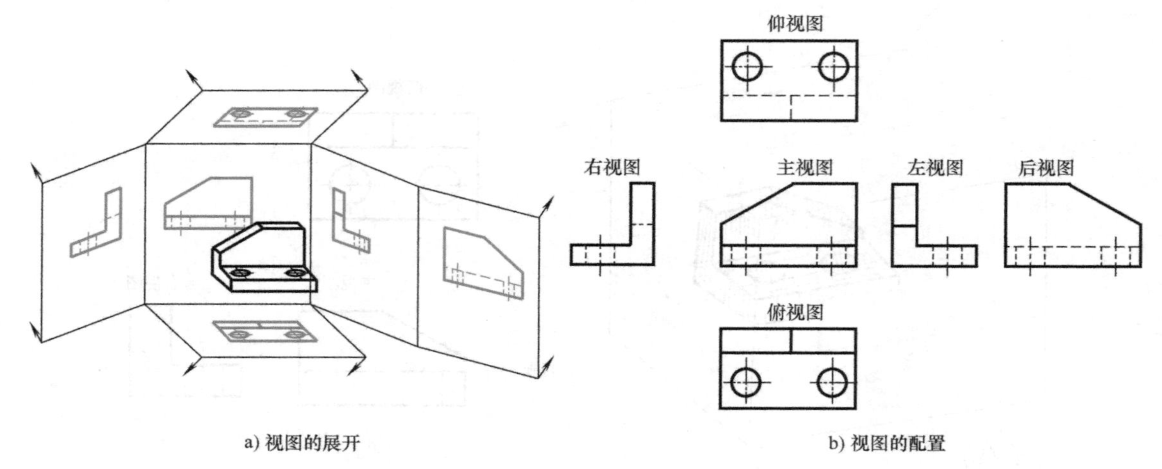

a) 视图的展开　　b) 视图的配置

图 3-31　第一角投影画法六个视图的形成

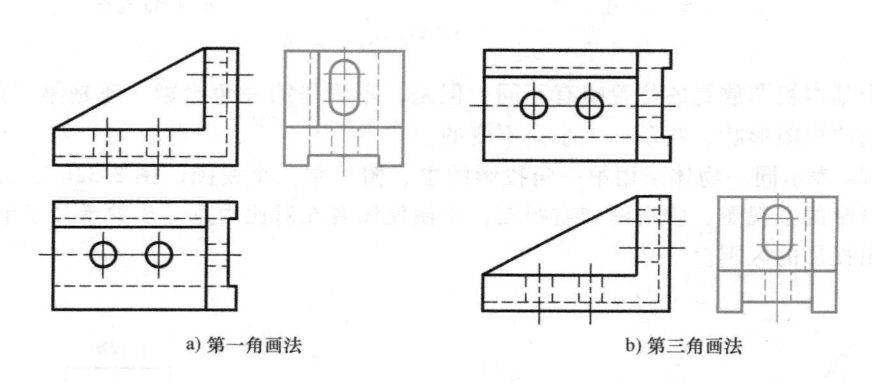

a) 第一角画法　　b) 第三角画法

图 3-32　第一角画法与第三角画法视图的比较

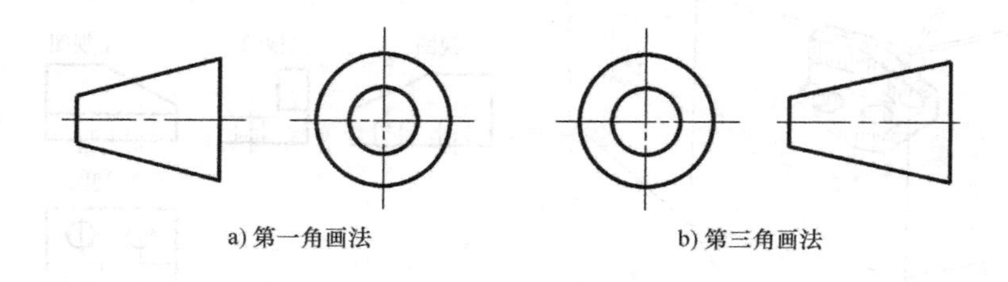

a) 第一角画法　　b) 第三角画法

图 3-33　两种画法的标识符号

复习思考题

一、填空题

1. 基本视图有______个，它们的名称分别是______、______、______、______、______和______。
2. 在基本视图中，______视图应长对正；______视图应高平齐；______视图应宽相等。
3. 剖视图可分为______、______和______三种。
4. 作剖视图的剖切方法有______、______、______、______和______五种。
5. 剖视图中的标注有______、______和______三项内容。

6. 断面图分为______断面和______断面两种。

7. ______断面画在视图轮廓的外面，用______线画出；____________断面画在视图轮廓的里面，用______线画出。

二、作图题

1. 根据主、俯、左视图，补画出另外三个基本视图（见图 3-34）。

2. 根据主、俯视图，画出 *A* 向局部视图和 *B* 向斜视图（见图 3-35）。

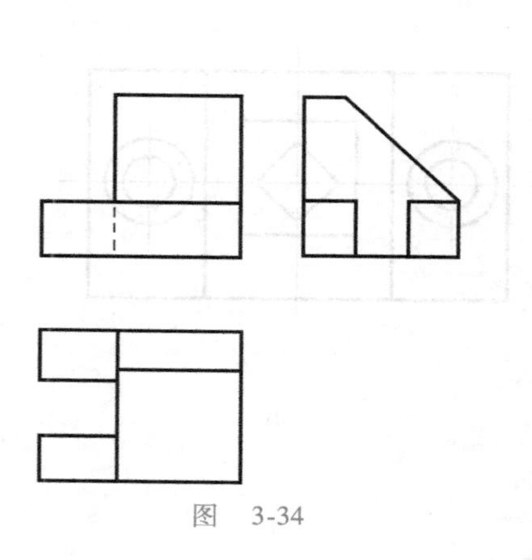

图 3-34

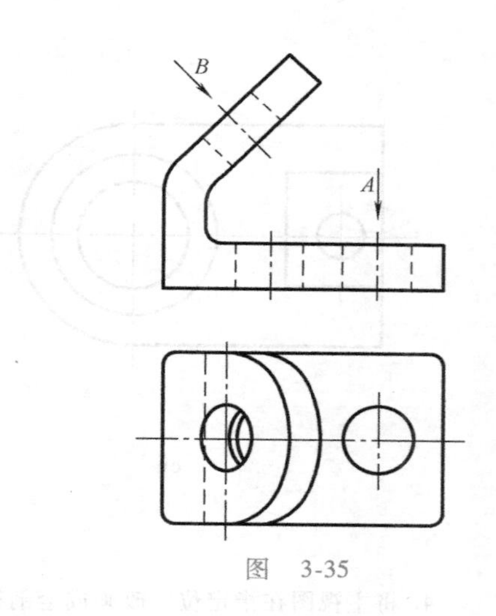

图 3-35

3. 补画剖视图中的缺线（见图 3-36）。

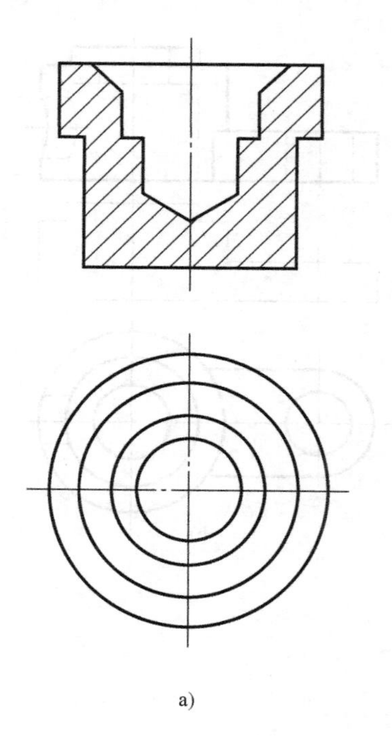

a)

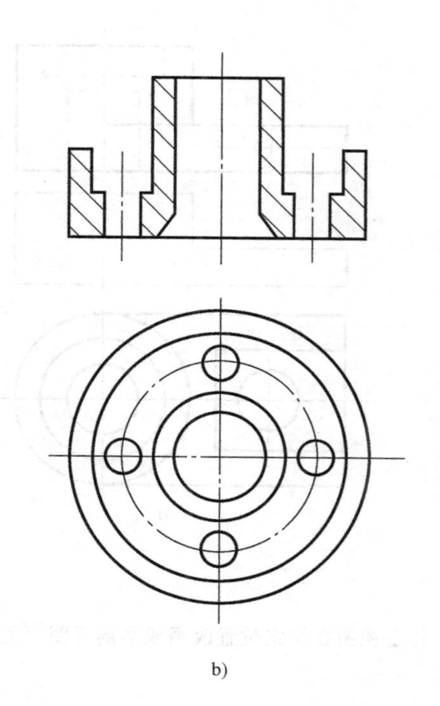

b)

图 3-36

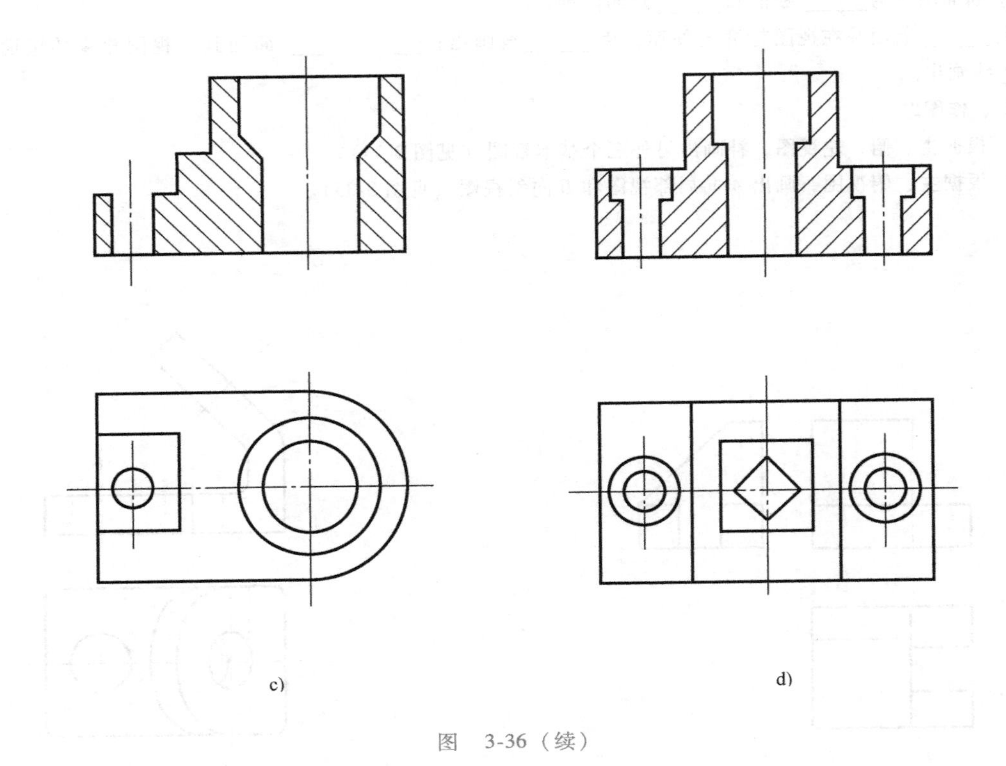

图 3-36（续）

4. 将主视图在指定位置改画成全剖视图（见图 3-37）。

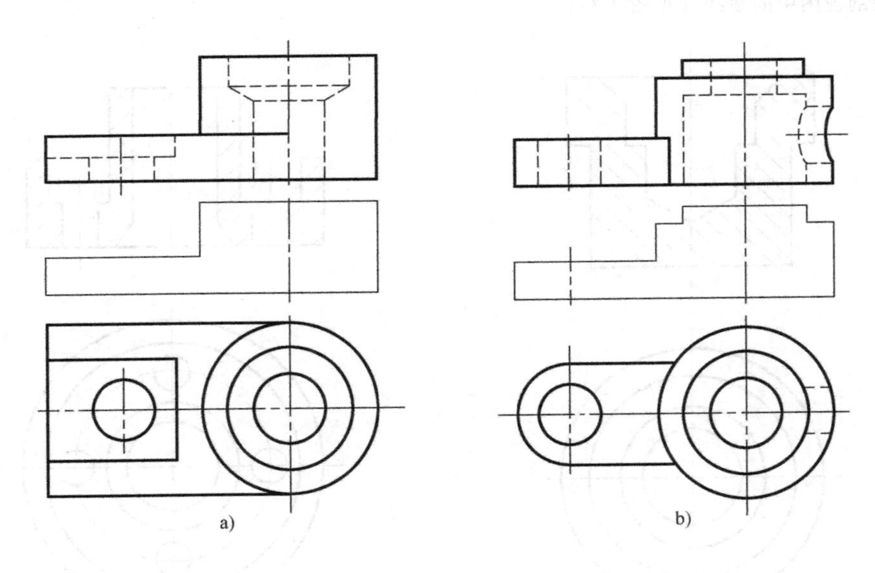

图 3-37

5. 将主视图在指定位置改画成半剖视图（见图 3-38）。

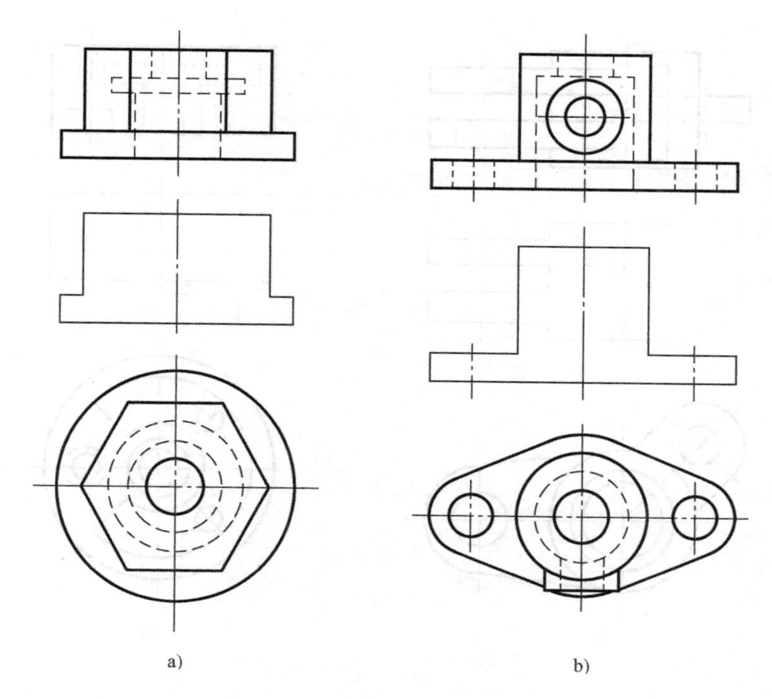

图 3-38

6. 看懂主、俯视图，作适当的局部剖视图（见图 3-39）。

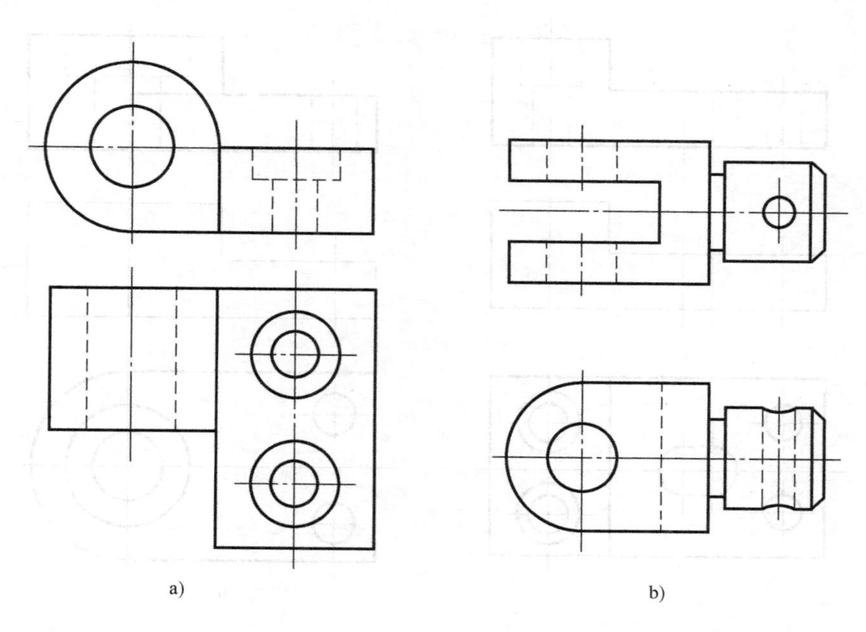

图 3-39

7. 将主视图在指定位置改画成旋转剖的全剖视图（见图 3-40）。

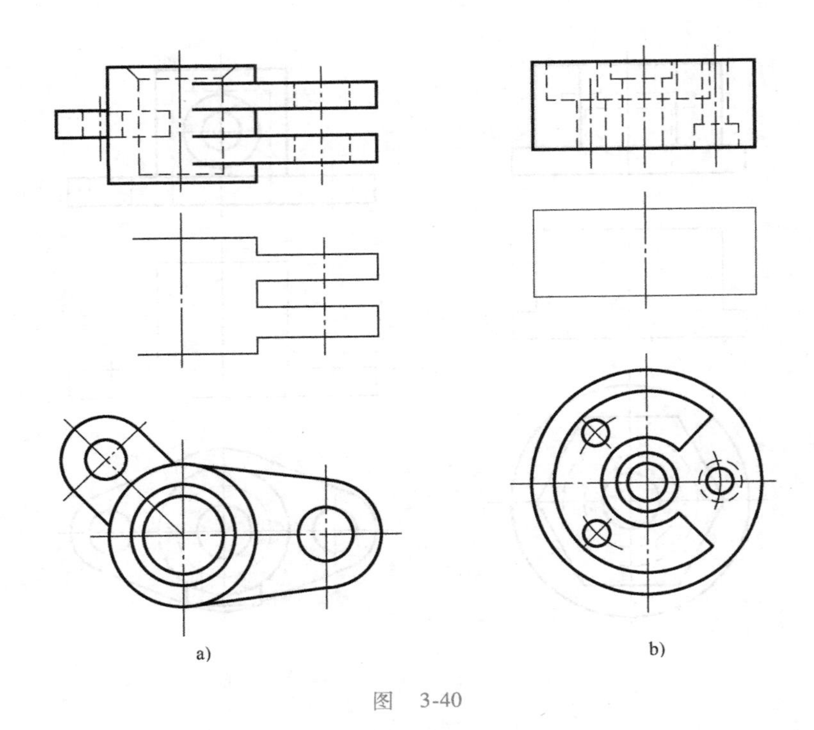

图 3-40

8. 将主视图在指定位置改画成阶梯剖的全剖视图（见图 3-41）。

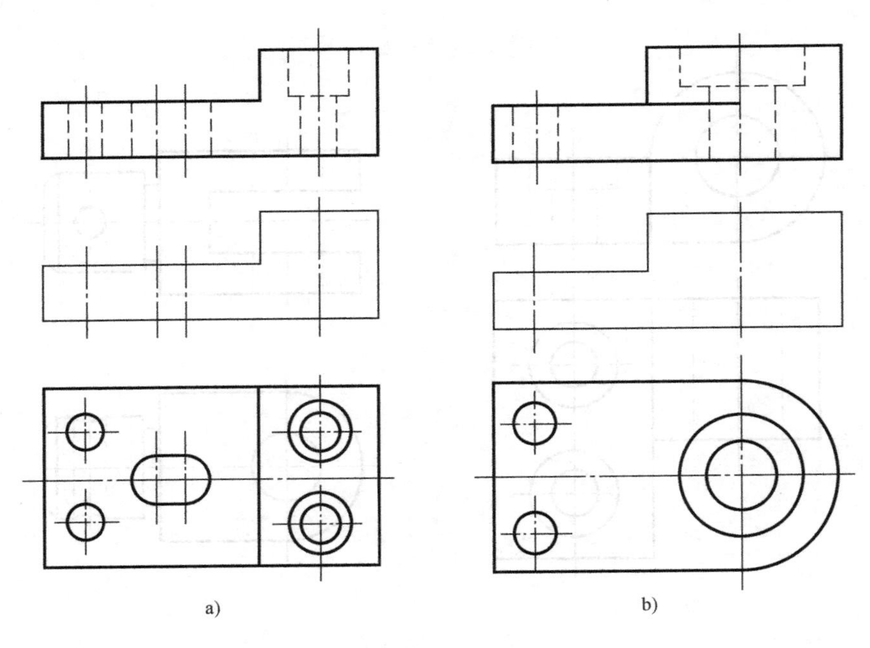

图 3-41

9. 按肋板的简化画法，将主视图在指定位置改画成全剖视图（见图 3-42）。

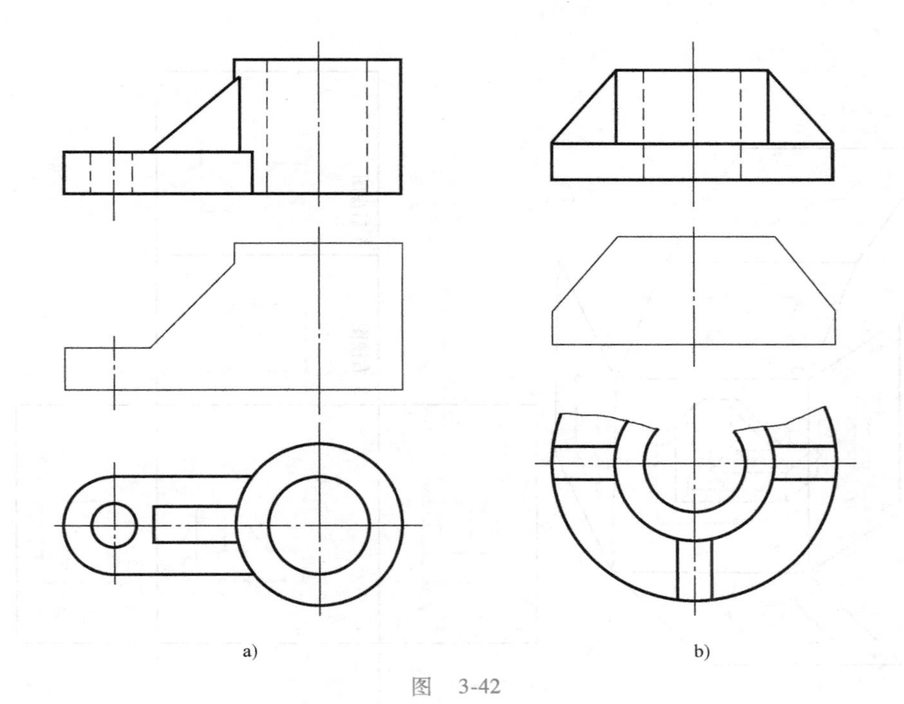

图 3-42

10. 在下列的断面图中，找出 $A—A$、$B—B$ 和 $C—C$ 的正确断面，并在括号中打“√”（见图 3-43）。

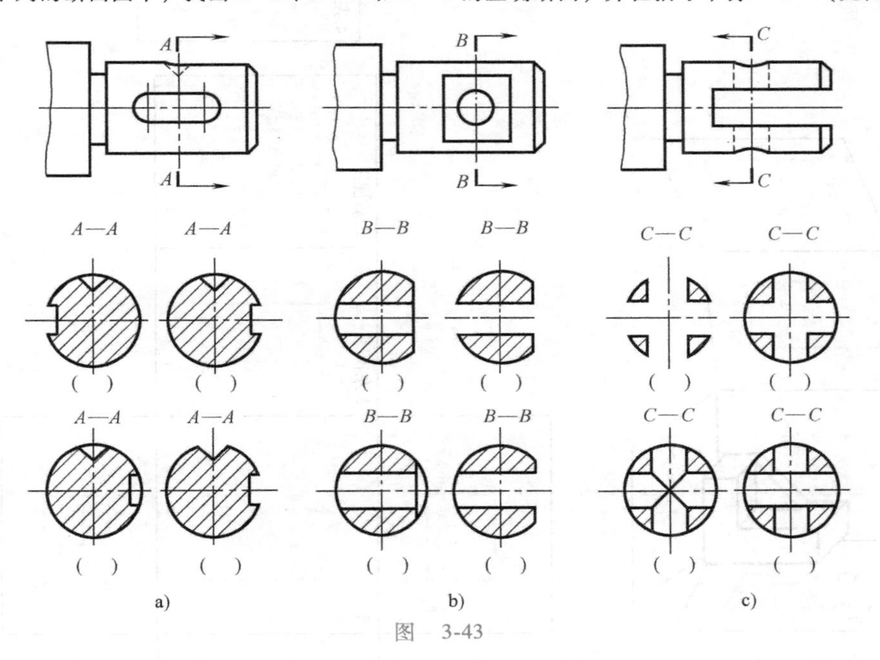

图 3-43

11. 根据第一角投影和第三角投影的规定，在下列两组投影视图中的规定位置上补齐各视图的名称（见图 3-44）。

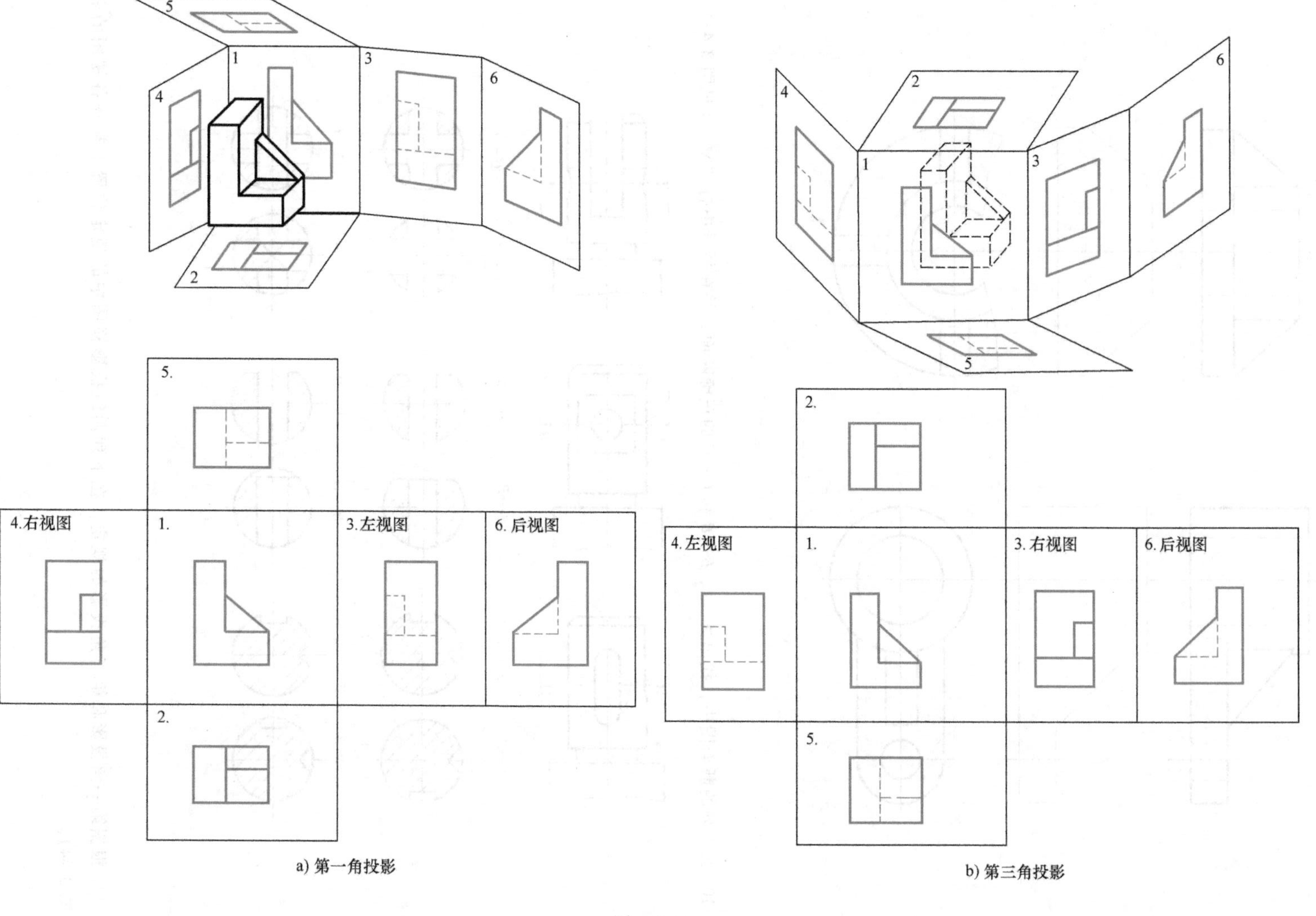

a) 第一角投影　　b) 第三角投影

图　3-44

第四章 怎样识读零件图

培训要求 了解零件图的作用和各项内容，掌握零件图的识读方法并能看懂一般零件图。

第一节 零件图概述

一、零件图的作用和内容

1. 零件图的作用

任何机械都是由许多零件组成的，制造机器就必须先制造零件。零件图是制造和检验零件的依据，它根据零件在机器中的位置和作用，对零件在外形、结构、尺寸、材料和技术要求等方面都提出了一定的要求。

2. 零件图的内容

一张完整的零件图应包括以下内容，如图 4-1 所示。

（1）标题栏 位于图中的右下角，标题栏一般填写零件名称、材料、数量、图样的比例、代号及图样的责任人签名和单位名称等。标题栏的方向与看图的方向应一致。

（2）一组图形 用以表达零件的结构形状，可以采用视图、剖视、断面、规定画法和简化画法等表达方法表达。

（3）必要的尺寸 反映零件各部分结构的大小和相互位置关系，满足零件制造和检验的要求。

（4）技术要求 给出零件的表面粗糙度、尺寸公差、几何公差以及材料的热处理和表面处理等要求。

二、零件图中的技术要求

1. 极限与配合

极限反映的是零件的精度要求，配合反映的是零件之间相互结合的松紧关系。

（1）尺寸公差

1）尺寸。以特定单位表示线性尺寸值的数值，如图 4-2 所示。

2）公称尺寸。设计给定的尺寸。通过它应用上、下极限偏差可算出极限尺寸的尺寸（$\phi 80$）。

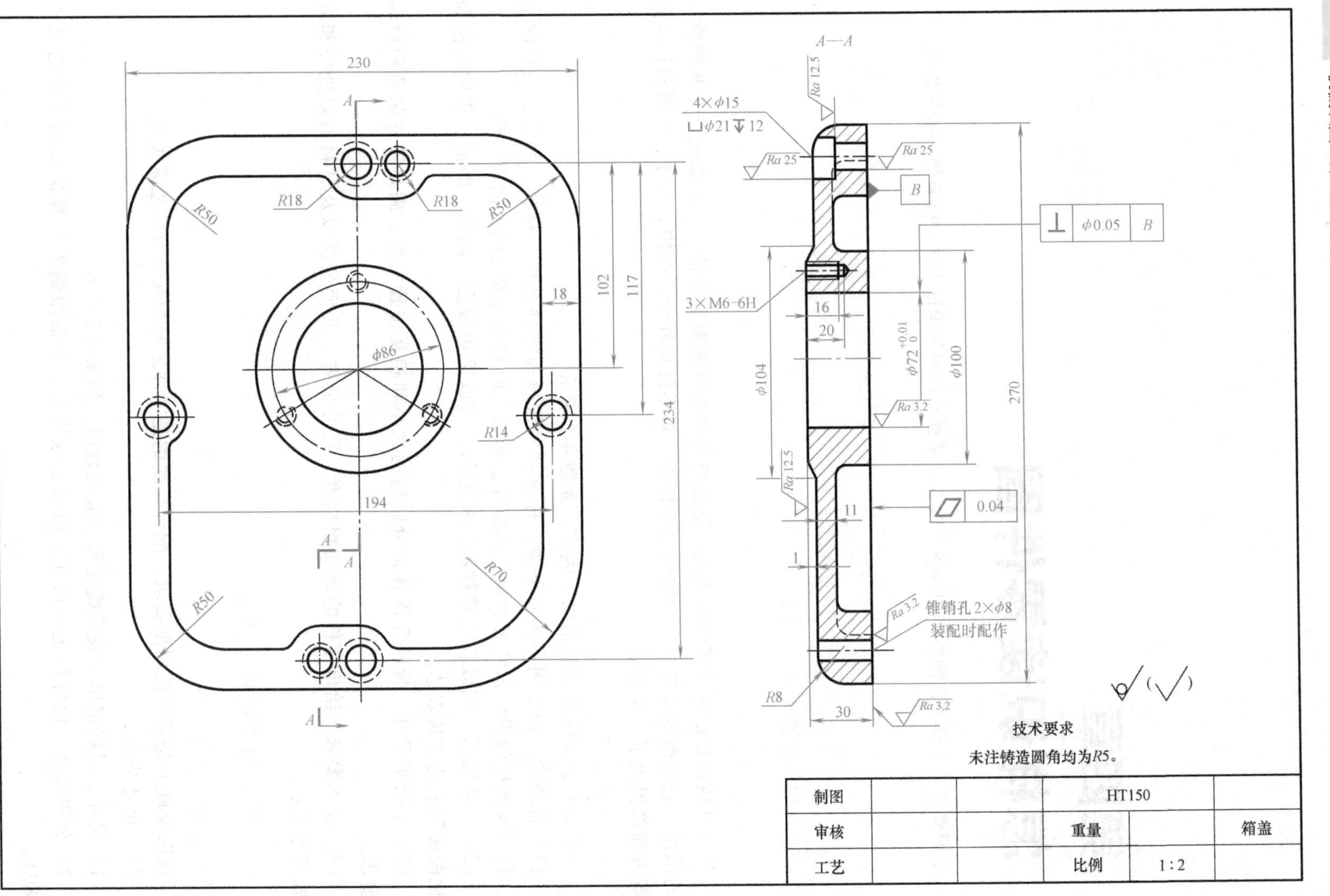

230
A
R18
R18
R50
R50
18
102
117
234
φ86
R14
194
A
A
R70
R50
A
A—A
Ra 12.5
4×φ15
⌴φ21↧12
Ra 25
Ra 25
B
⊥ φ0.05 B
3×M6-6H
16
20
φ72 +0.01 0
φ100
φ104
Ra 3.2
270
Ra 12.5
11
0.04
1
Ra 3.2
锥销孔2×φ8
装配时配作
R8
30
Ra 3.2
技术要求
未注铸造圆角均为R5。
制图
HT150
审核
重量
箱盖
工艺
比例
1:2

图 4-1 箱盖零件图

3）实际尺寸。通过测量获得的某一孔、轴的尺寸。

4）极限尺寸。允许的尺寸的两个极端。其中较大的一个称为上极限尺寸（ϕ80.009）；较小的一个称为下极限尺寸（ϕ79.979）。

5）偏差。某一尺寸减其公称尺寸所得的代数差。上极限尺寸减其公称尺寸所得的代数差称上极限偏差（+0.009）；最小极限尺寸减其公称尺寸所得代数差称下极限偏差（-0.021）。上极限偏差与下极限偏差统称为极限偏差，偏差可以为正、负或零，如图 4-2b 所示。

6）尺寸公差（简称公差）。尺寸允许的变动量（上极限偏差减下极限偏差之差）。尺寸公差永为正值，如图 4-2b 所示。

7）零件。在极限与配合图解中表示公称尺寸的一条直线，以其为基准确定偏差和公差。

8）标准公差。在极限与配合制中，所规定的任一公差。国家标准中规定，对于一定的公称尺寸，其标准公差共有 20 个公差等级。

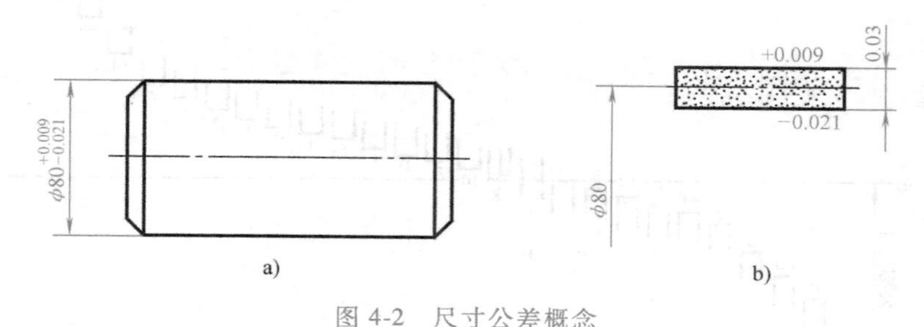

图 4-2　尺寸公差概念

9）基本偏差。在极限与配合制中，确定公差带相对零线位置的那个极限偏差，一般为靠近零线的那个偏差，如图 4-3 所示。国家标准中规定基本偏差代号用拉丁字母表示，大写字母表示孔，小写字母表示轴，对孔和轴的每一基本尺寸段规定了 28 个基本偏差。

（2）配合的概念　公称尺寸相同的，相互结合的孔和轴公差带之间的关系称为配合。

1）间隙配合。具有间隙（包括最小间隙等于零）的配合。孔的公差带在轴的公差带之上，如图 4-4a 所示。

2）过盈配合。具有过盈（包括最小过盈等于零）的配合。孔的公差带在轴的公差带之下，如图 4-4b 所示。

3）过渡配合。一种可能具有间隙或过盈的配合。孔的公差带与轴的公差带部分相叠，如图 4-4c 所示。

（3）基准制　国家标准对孔与轴公差带之间的相互关系，规定了两种制度，即基孔制与基轴制。

1）基孔制。基本偏差为一定的孔的公差带，与不同基本偏差轴的公差带形成各种配合的一种制度。基孔制的孔为基准孔，基本偏差代号为 H。

2）基轴制。基本偏差为一定的轴的公差带，与不同基本偏差孔的公差带形成各种配合的一种制度。基轴制的轴为基准轴，基本偏差代号为 h。

（4）极限与配合在图样中的注法

1）尺寸公差在零件图中的注法。在零件图中标注尺寸公差有三种形式：标注公差带代

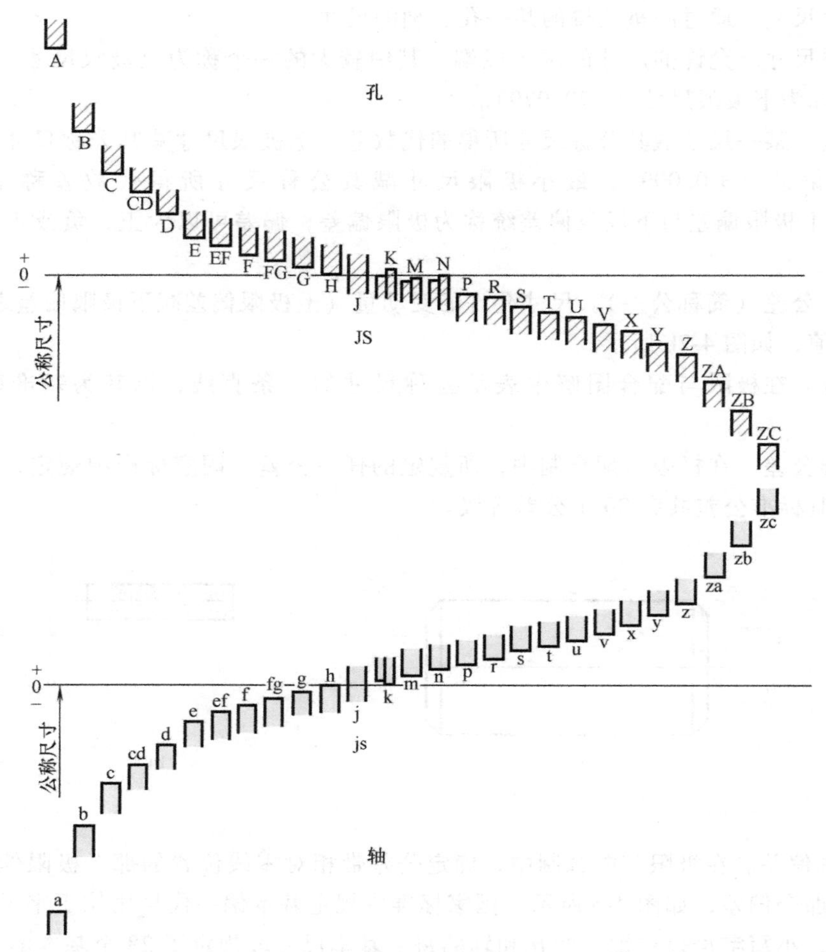

图 4-3 基本偏差系列图

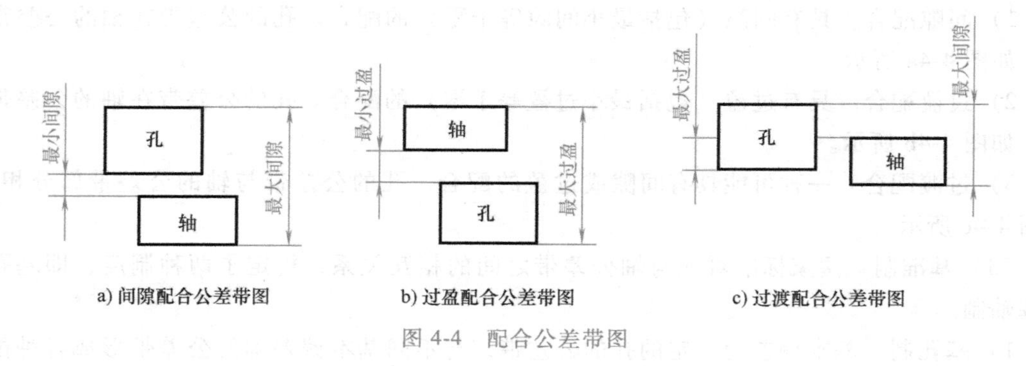

a) 间隙配合公差带图　b) 过盈配合公差带图　c) 过渡配合公差带图

图 4-4 配合公差带图

号；标注极限偏差值；同时标注公差带代号和极限偏差值。这三种标注形式可根据具体需要选用，如图 4-5 所示。

2）配合在装配图中的注法。在装配图中一般标注线性尺寸的配合代号或分别标出孔和轴的极限偏差值。

① 在装配图中标注线性尺寸的配合代号时，可在尺寸线的上方用分数的形式标出，分

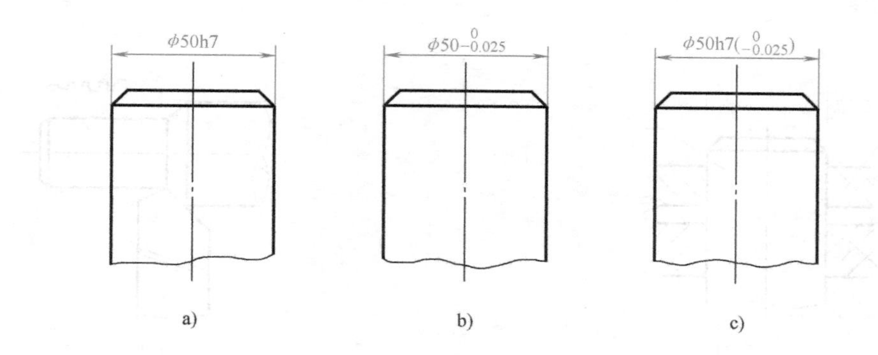

图 4-5 尺寸公差在零件图中的注法

子为孔的公差带代号，分母为轴的公差带代号，如图 4-6a 所示。也可将公称尺寸和配合代号标注在尺寸线中断处，如图 4-6b 所示。或将配合代号写成分子与分母用斜线隔开的形式注在尺寸线的上方，如图 4-6c 所示。

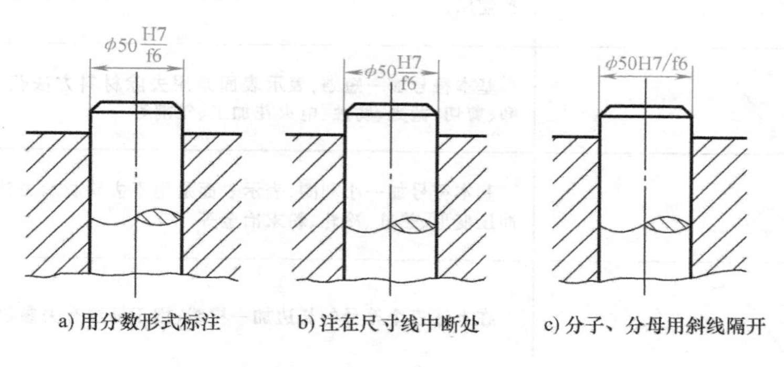

图 4-6 配合代号在装配图中的注法

② 在装配图中标注相配合零件的极限偏差时，一般将孔的公称尺寸和极限偏差注写在尺寸线的上方，轴的公称尺寸和极限偏差注写在尺寸线的下方，如图 4-7a 所示。也允许公称尺寸只注写一次的标注，如图 4-7b 所示。

③ 如同一轴（或孔）和几个零件的孔（或轴）相配合且又是引出标注时，为了明确表达所注配合是哪两个零件的关系，可在图中注出装配件的代号，如图 4-8 所示。

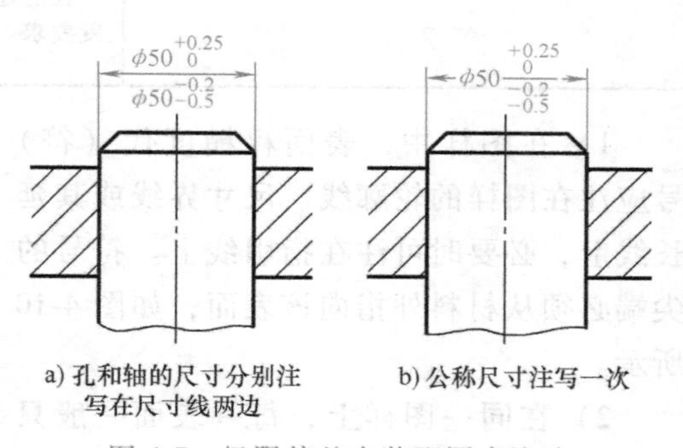

图 4-7 极限偏差在装配图中注法

2. 表面粗糙度

（1）表面粗糙度的概念 表面粗糙度是指零件加工表面上具有较小间距和峰谷所组成的微观几何形状特性，如图 4-9 所示。国家标准中规定评定表面粗糙度的主要参数：轮廓算术平均偏差 *Ra* 和轮廓最大高度 *Rz*。一般常用高度参数 *Ra*，在表面粗糙度代号标注时可以省略 *Ra*。如采用轮廓最大高度时，必须注明“*Rz*”。

（2）表面粗糙度符号 见表 4-1。

（3）表面粗糙度代（符）号在图样中的注法

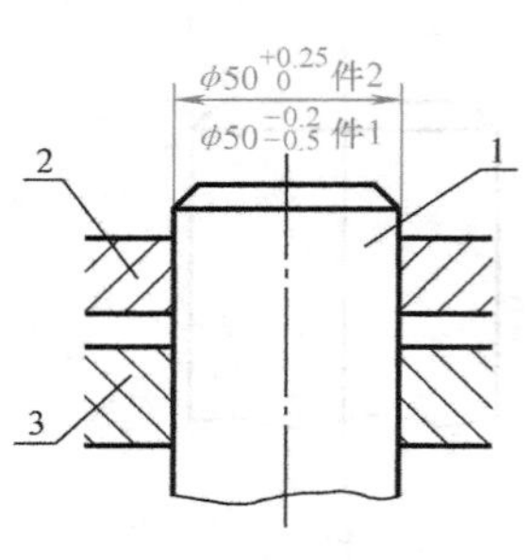

图 4-8　相配合零件的注法

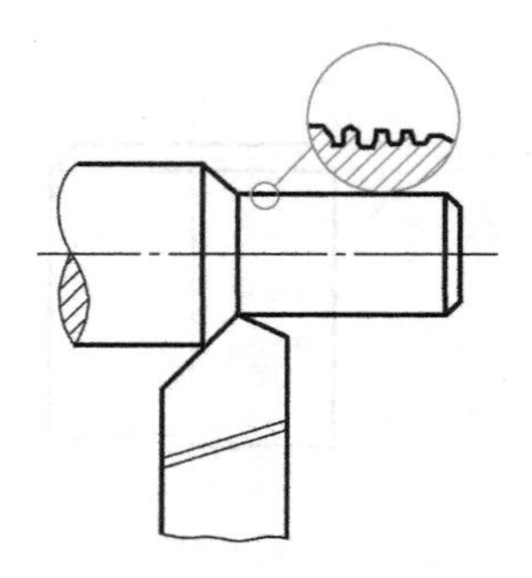

图 4-9　零件加工表面特性

表 4-1　表面粗糙度符号

符号	意义及说明
	基本图形符号，未指定工艺方法的表面。当通过一个注释解释时可单独使用
	基本符号加一短划，表示表面是用去除材料方法获得，例如车、铣、钻、磨、剪切、抛光、腐蚀、电火花加工、气割等
	基本符号加一小圆圈，表示表面是用不去除材料方法获得，例如铸、锻、冲压变形、热轧、冷轧、粉末冶金等
	在上述三个符号的长边加一横线，用于标注有关参数及说明
	在上述三个符号上均可加一小圆，表示所有表面具有相同的表面粗糙度要求

1）在图样中，表面粗糙度代（符）号应注在图样的轮廓线、尺寸界线或其延长线上，必要时可注在指引线上。符号的尖端必须从材料外指向该表面，如图 4-10 所示。

2）在同一图样上，每一表面一般只标注一次代号或符号。为便于看图，最好与有关尺寸标注在一起（或附近），如图 4-10 所示。

3）当零件的所有表面具有相同的表面粗糙度时，可在图样的右下角统一标注，如图 4-11a、b 所示。

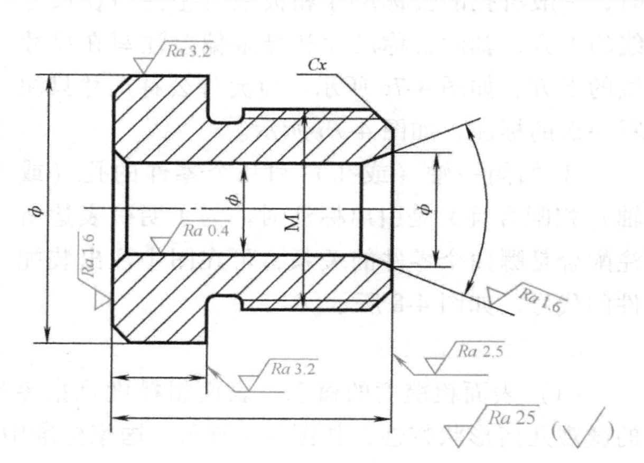

图 4-10　表面粗糙度代（符）号注法

4）当零件的大部分表面具有相同的粗糙度要求时，可以将使用最多的一种符号或代号统一注在图样的右下角，并加注“（√）”，如图 4-12 所示。

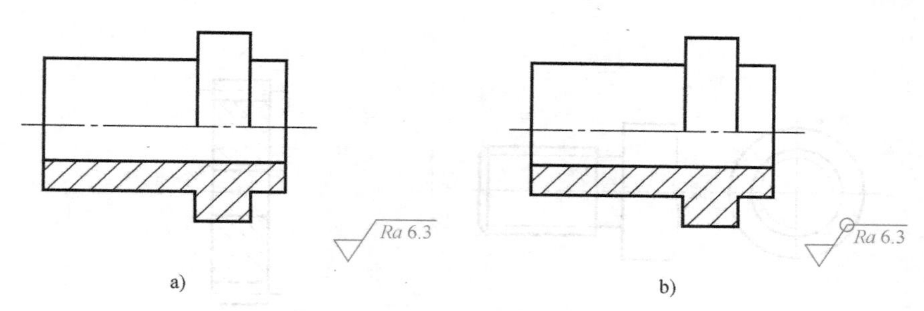

图 4-11 所有表面粗糙度相同的注法

5）对于连续表面（见图 4-13a）或重复要素表面（见图 4-13b），以及用细实线相连的不连续的同一表面（见图 4-12），只需标注一次表面粗糙度代号。

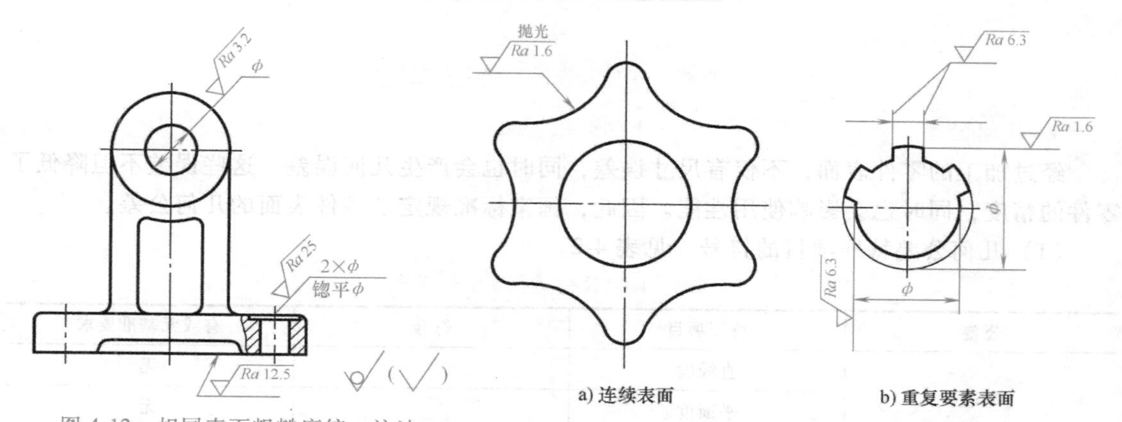

图 4-12 相同表面粗糙度统一注法

图 4-13 连续表面或重复要素表面的注法

6）在同一表面上如要求不同的粗糙度时，应用细实线画出两个不同要求部分的分界线，如图 4-14 所示。

7）中心孔的表面、键槽工作面、倒角、圆角的表面粗糙度代号可以简化标注，如图 4-15 所示。

8）齿轮、花键、螺纹等工作表面没有画出齿形（牙型）时，其表面粗糙度代号可按图 4-16 所示标注。

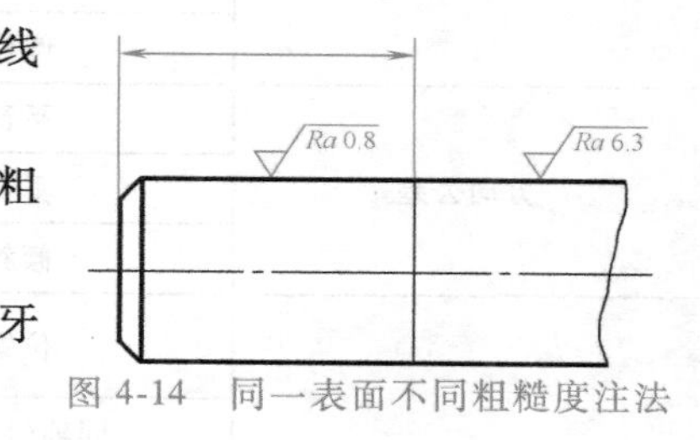

图 4-14 同一表面不同粗糙度注法

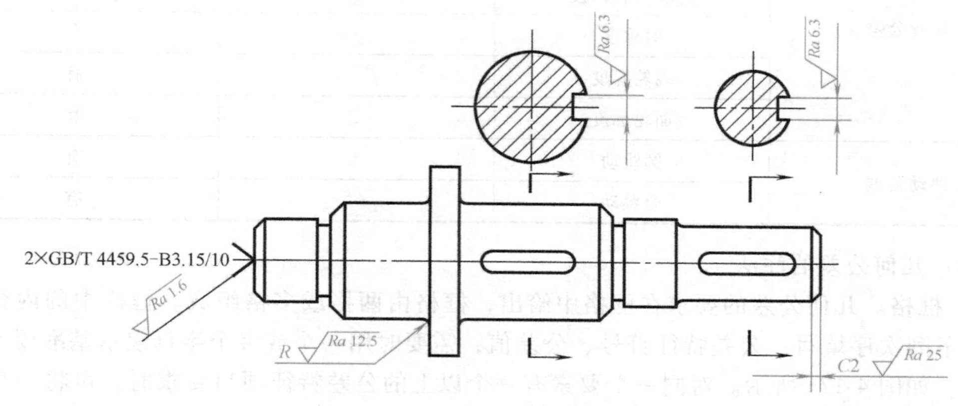

图 4-15 狭小结构表面粗糙度注法

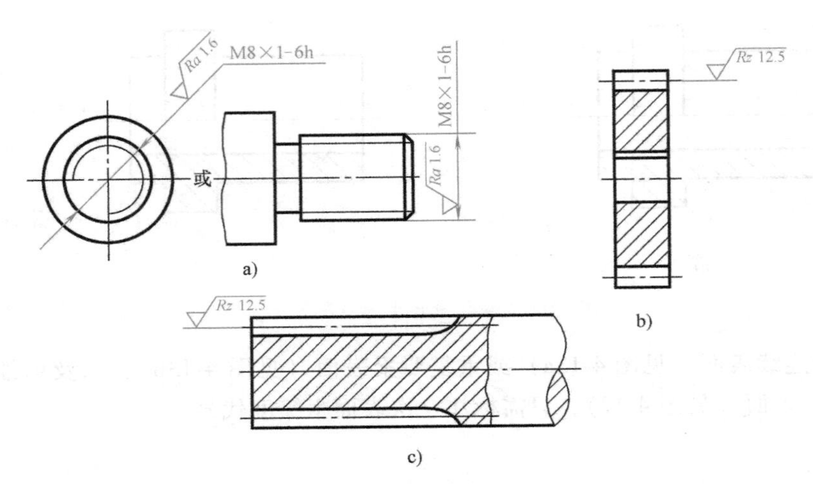

图 4-16 齿轮、花键、螺纹工作表面粗糙度注法

3. 几何公差

经过加工的零件表面，不仅有尺寸误差，同时也会产生几何误差。这些误差不但降低了零件的精度，同时也会影响使用性能。因此，国家标准规定了零件表面的几何公差。

（1）几何公差特征项目的符号 见表 4-2。

表 4-2 几何公差特征项目的符号

公差	特征项目	符号	有或无基准要求
形状公差	直线度	—	无
	平面度	⏥	无
	圆度	○	无
	圆柱度	⌭	无
方向公差	平行度	//	有
	垂直度	⊥	有
	倾斜度	∠	有
位置公差	位置度	⌖	有或无
	同轴（同心）度	◎	有
	对称度	⌯	有
	线轮廓度	⌒	有
	面轮廓度	⌓	有
跳动公差	圆跳动	↗	有
	全跳动	⌰	有

（2）几何公差的注法

1）框格。几何公差的要求在框格中给出，框格由两格或多格组成。框格中的内容从左到右按下列次序填写：公差特征符号、公差值，需要时用一个或多个字母表示基准要素或基准体系，如图 4-17a 所示。对同一个要素有一个以上的公差特征项目要求时，可将一个框格放在另一个框格的下面，如图 4-17b 所示。

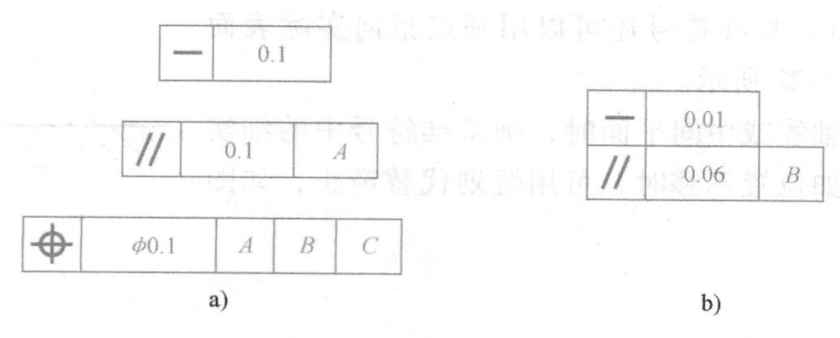

图 4-17 公差框格

2）被测要素。用带箭头的指引线将框格与被测要素相连。除非另有规定，公差带的宽度方向就是给定的方向或垂直于被测要素的方向。

当公差涉及轮廓线或表面时，将箭头置于要素的轮廓线或轮廓线的延长线上（但必须与尺寸线明显地分开），如图 4-18 所示。

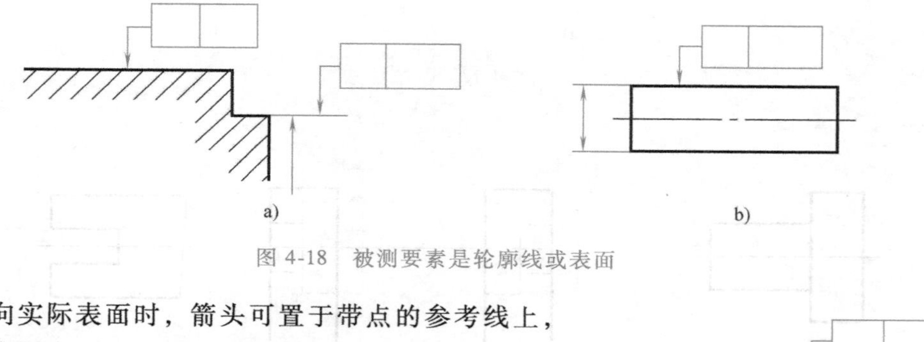

图 4-18 被测要素是轮廓线或表面

当指向实际表面时，箭头可置于带点的参考线上，该点指在实际表面上，如图 4-19 所示。

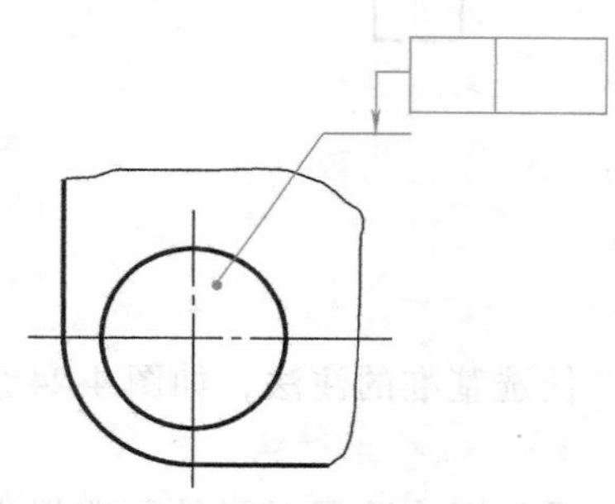

图 4-19 指向实际表面

当公差涉及轴线、中间平面或由尺寸要素确定的点时，则带箭头的指引线应与尺寸线的延长线重合，如图 4-20 所示。

3）基准。被测要素的位置公差总是对某一基准要素而定的。基准要素在图样上用符号表示。基准符号为一涂黑或空白三角形并用带基准方框的大写字母与三角形相连（无论基准符号在图中的位置如何，框中的字母一律水平书写）。基准要素用代号标注时，在框格中一定要写上相同的字母，如图 4-21 所示。

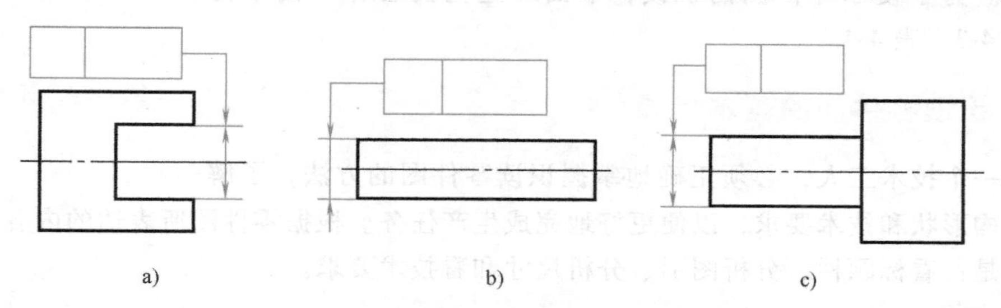

图 4-20 被测要素为轴线、中间平面

当基准要素是轮廓线或表面时，基准应置于要素的外轮廓上或它的延长线上（但应与尺寸线明显地错开），基准符号还可以用圆点指向实际表面的参考线上，如图 4-22 所示。

当基准要素是轴线或中间平面时，则基准符号中的细实线与尺寸线对齐。如位置不够时，可用短划代替箭头，如图 4-23 所示。

图 4-21 基准

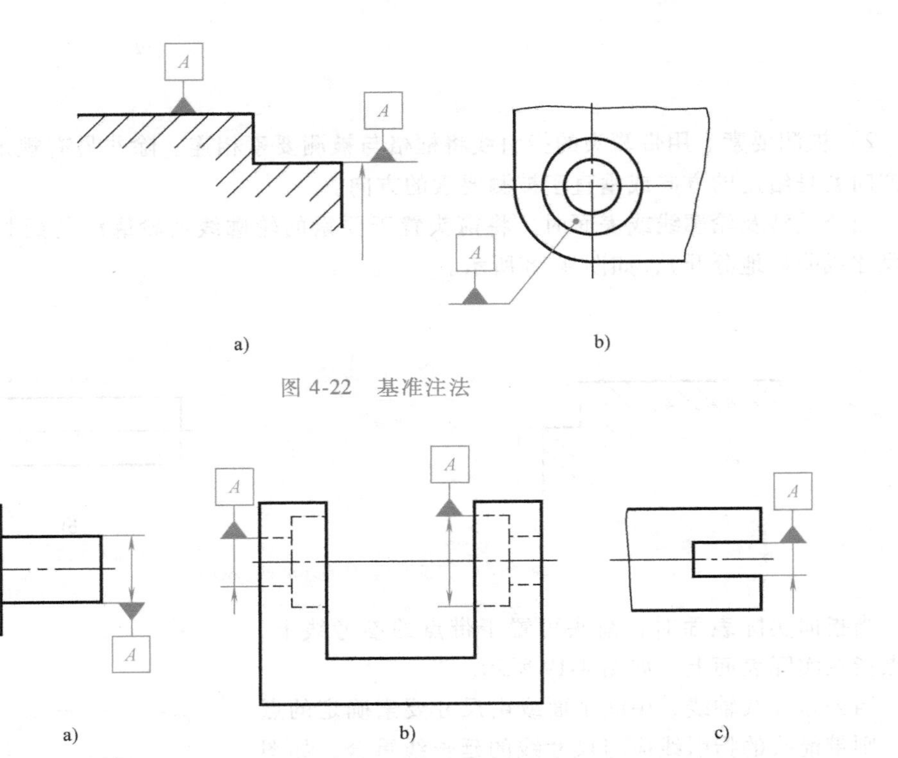

图 4-22 基准注法

图 4-23 基准是轴线、中间平面

任选基准的注法，如图 4-24 所示。

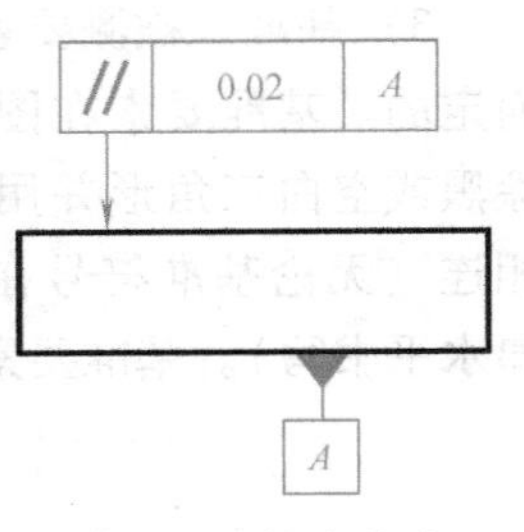

图 4-24 任选基准

4. 其他技术要求

零件图中除了对零件制造提出尺寸公差、表面粗糙度、几何公差等技术要求外，还给出了零件的材料、表面硬度以及热处理等方面的要求。为了便于零件图的识读，下面对这些内容作一简单介绍，见表 4-3、表 4-4。

三、识读零件图的基本步骤

作为一个技术工人，必须正确地掌握识读零件图的方法，了解零件的结构形状和技术要求，以便更好地完成生产任务。根据零件图所表达的内容，看图的基本步骤是：看标题栏、分析图形、分析尺寸和看技术要求。

1. 看标题栏

通过标题栏可以知道零件的名称、比例、材料等，以便确定加工方法和想象出零件的实际大小。

2. 分析图形

先看主视图，再联系其他视图，分析图中采用了哪些表达方法，如剖视、断面及规定画法等。然后通过对图形的投影分析，想象出零件的结构形状。

表 4-3 常用材料及硬度

内容	名称	牌号	说明
常用材料	碳素结构钢	Q195	用于载荷较小的零件,铁丝、垫圈、开口销、拉杆等
		Q215	用于拉杆、套圈、垫圈、渗碳零件的焊接件
		Q235	金属结构件、心部强度要求不高的渗碳或氧化零件、拉杆、连杆、吊钩、螺栓、螺母、套筒等
		Q255	转轴、心轴、吊钩、拉杆、摇杆等
		Q275	轴类、链轮、齿轮、吊钩等强度要求较高的零件
	优质碳素钢	30、35、40 45、45、55	属中碳钢,强度、硬度较高、塑性、韧性随含碳量增加而降低,有良好的切削性能,常用于制作受力较大的零件,如连杆、曲轴、齿轮、联轴器
	铸钢	ZG200-400	有良好的塑性和焊接性,用于各种机座、变速箱壳等
		ZG230-450	有良好的塑性、韧性和焊接性,切削性尚好,用于铸造平坦零件,如机座、工作温度 450℃以下的管路附件
	铸铁	HT200 HT250	有较好的耐热性和良好的减震性,铸造性好,用于受力较大的零件,如气缸、齿轮、底架、机体、凸轮、轴承座
	球墨铸铁	QT400-18 QT400-15	有较好的塑性和韧性,焊接和切削性也好,用于汽车的轮毂、变速器壳体、阀、阀盖、齿轮箱等
	铸造黄铜	ZCuZn38	具有良好的铸造性能和较好的力学性能,切削性好,可焊接,常用于耐蚀零件,如法兰、阀座等
		ZCuZn40Mn2	具有较高的力学性能和耐蚀性能,受热时组织稳定,用于各种液体燃料和蒸汽中工作的零件
硬度	布氏硬度	HBW	用来测定硬度中等以下的金属材料,如铸铁、非铁金属及其合金等
	洛氏硬度	HRA HRB HRC	用来测定硬度较高的金属材料,如淬火钢、调质钢等
	肖氏硬度	HS	主要用来测定表面光滑的精密量具或不易搬动的大型机件

表 4-4 常用热处理方法

名称	说明
退火	可以降低钢的硬度,提高塑性,消除内应力,改善加工性能和钢的力学性能
正火	对低碳钢提高硬度,改善切削性能
淬火	可以提高钢的硬度和耐磨性。由于淬火后会使钢的韧性变坏、淬火后要进行回火,以获得良好的综合力学性能
回火和调质	回火可以改善钢淬火后的韧性,稳定内部组织,保持形状尺寸和消除内应力。将淬火后的钢进行高温回火的热处理方法称为调质,它可以获得强度、硬度、塑性、韧性都较好的综合力学性能

3. 分析尺寸

对零件的结构基本了解清楚之后，再分析零件的尺寸。首先确定零件各部分结构形状的大小尺寸，再确定各部分结构之间的位置尺寸，最后分析零件的总体尺寸。同时分析零件长、宽、高三个方向的尺寸基准，找出图中的重要尺寸和主要定位尺寸。

4. 看技术要求

对图中出现的各项技术要求，如尺寸公差、表面粗糙度、几何公差以及热处理等加工方面的要求，要逐个进行分析，弄清楚它们的含义。

通过上述步骤的分析，力求对零件有一个正确的全面了解。应注意的是上述步骤仅供初学者参考，在实际看图时不要机械照搬，而应结合具体情况具体分析，逐步提高识图能力。

第二节 零件图的识读

在实际生产中遇到的零件种类繁多，结构多样，形状各异。为了便于初学者学习，现根据零件的形状结构、加工方法、视图表达和尺寸标注等方面的特点，可以把零件归纳为轴套类、轮盘类、叉架类和箱体类四种类型，见表4-5。

表4-5 零件的分类

类别	图例		特点
轴套类	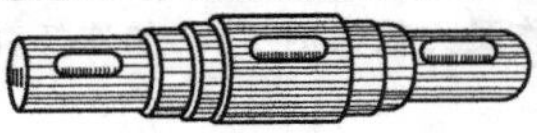 轮轴	 套筒	大部分表面为圆柱面，其上有键槽、销孔、退刀槽、倒角、螺纹等结构
轮盘类	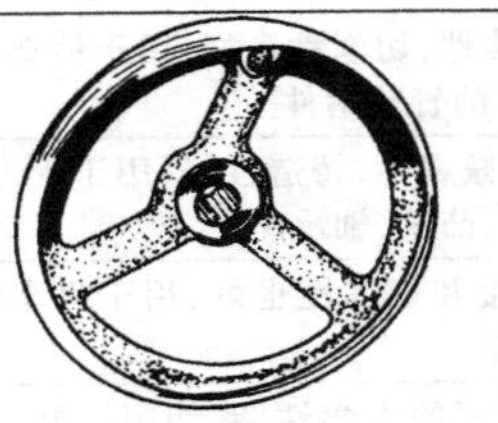 手轮	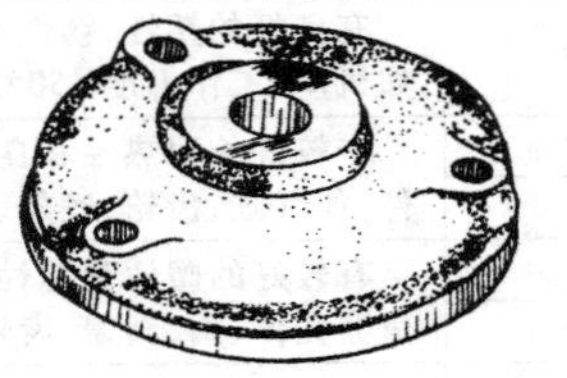 端盖	多数形状为短粗回转体，一般为铸锻毛坯加工而成，其上常有轮辐、轴孔、键槽、螺孔等结构
叉架类	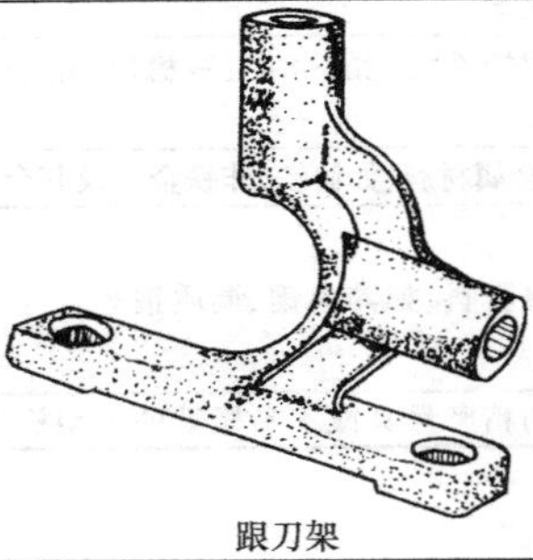 跟刀架	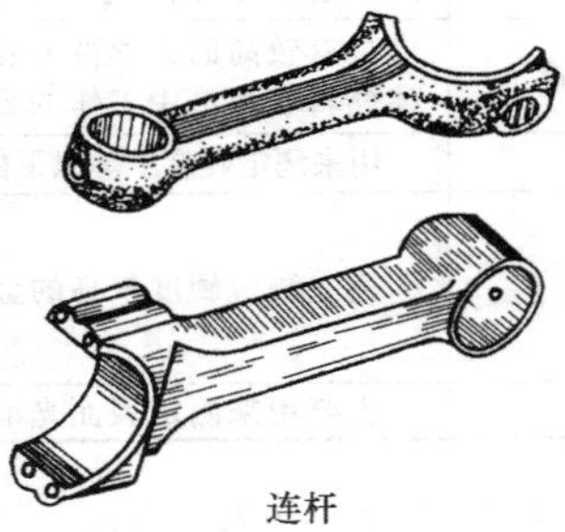 连杆	形状复杂多样，多为铸锻毛坯加工而成，主体为各种断面的肋板，工作部分常为孔、叉结构
箱体类	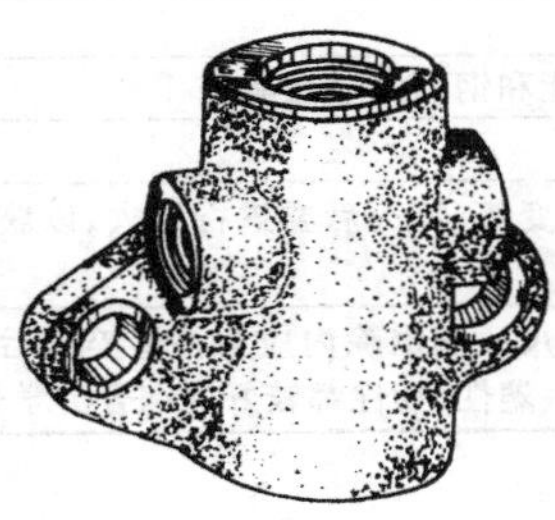 泵体	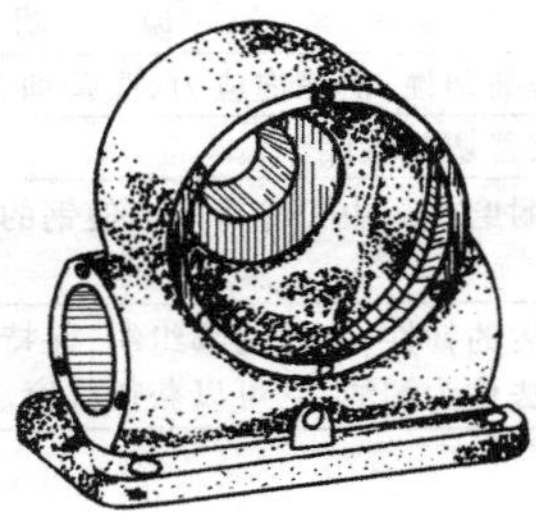 箱壳	一般为空心铸件毛坯加工而成，其上常有轴孔、螺孔、凸台、凹坑、肋板等结构

一、识读轴套类零件图

轴套类零件的主要工序是在车床和磨床上进行的。选择主视图时，一般将其轴线水平放置，使其符合加工位置，并将先加工的一端放在右边。

轴套类零件的主要结构是回转体，一般只用一个基本视图来表示其主要结构形状，常用局部剖视、移出断面、局部视图和局部放大图等表示零件的内部结构和局部结构形状。对于形状有规律变化且较长的轴套类零件，常采用折断画法。

例 1 读顶杆帽零件图，如图 4-25 所示。

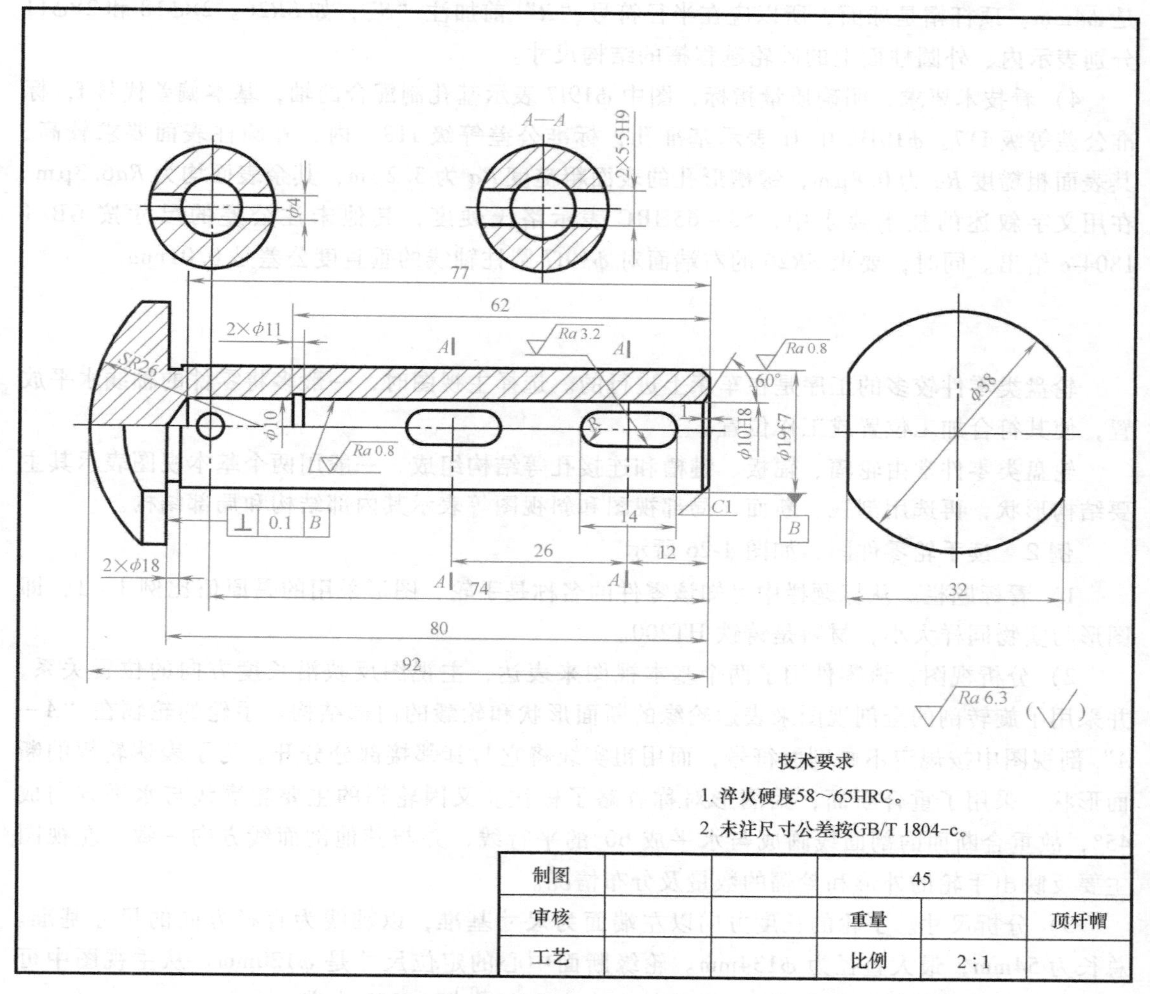

图 4-25 顶杆帽零件图

1）看标题栏，了解情况。从标题栏中可知该零件的名称是顶杆帽，采用 2∶1 放大的比例绘制，所用的材料为 45 优质碳素钢。

2）分析图形，想形状。该零件用了四个图形表达。主视图反映了该零件的基本形状，它的主体是外径为 ϕ19mm 的空心圆柱，其上有相距 26mm 的两键槽形的通孔和一个 ϕ4mm 的小圆孔，左端为球形的杆帽。为了表达顶杆帽的内部结构，主视图采用了半剖视。左视图主要反映顶杆帽头部的形状，为一球面并前后对称地切去了一块。*A—A* 移出剖面是分别用剖切平面在两处剖开零件，由于得到的剖面完全相同，所以只画出一个图形。因为 *A—A* 剖切平面通过非圆孔会导致出现完全分离的两个剖面图形，所以剖面按剖视绘制。图样左端移出剖面的剖切平面因为是通过回转面形成的孔的轴线，则该结构也按剖视绘制。

3）分析尺寸，定大小。该零件以右端面为长度方向的尺寸基准，公共轴线为直径方向的尺寸基准。总长是 92mm，总宽是 32mm，总高是 ϕ38mm。两键槽形通孔的定位尺寸分别是 12mm 和 26mm，孔长是 14mm，宽是 5.5mm。当需要指明半径尺寸是由其他尺寸所确定时，用尺寸线和符号“*R*”标出，但不填写尺寸数值。左端圆孔的定位尺寸是 74mm，直径是 ϕ4mm。顶杆帽是球面，所以应在半径符号“*R*”前加注“*S*”，如 *SR*26。2×ϕ18 和 2×ϕ11 分别表示内、外圆柱面上的砂轮越程槽的结构尺寸。

4）看技术要求，明确质量指标，图中 ϕ19f7 表示基孔制配合的轴，基本偏差代号 f，标准公差等级 IT7。ϕ10H8 中 H 表示基准孔，标准公差等级 IT8。内、外圆柱表面要求较高，其表面粗糙度 *Ra* 为 0.8μm，键槽形孔的表面粗糙度 *Ra* 为 3.2μm，其余表面均为 *Ra*6.3μm。在用文字叙述的技术要求中，58～65HRC 表示洛氏硬度，其他未注公差的尺寸按 GB/T 1804-c 给出。同时，要求 *SR*26 的右端面对 ϕ19f7 圆柱轴线的垂直度公差是 0.01mm。

二、识读轮盘类零件图

轮盘类零件较多的工序是在车床上进行的。选择主视图时，一般多将零件的轴线水平放置，使其符合加工位置或工作位置。

轮盘类零件常由轮辐、辐板、键槽和连接孔等结构组成，一般用两个基本视图表示其主要结构形状，再选用剖视、断面、局部视图和斜视图等表示其内部结构和局部结构。

例 2 读手轮零件图，如图 4-26 所示。

1）看标题栏。从标题栏中可知该零件的名称是手轮，图形采用的是原值比例 1∶1，即图形与实物同样大小，材料是铸铁 HT200。

2）分析视图。该零件用了两个基本视图来表达，主视图反映沿长度方向的位置关系，并采用了旋转剖的全剖视图来表达轮缘的断面形状和轮毂的内部结构。手轮的轮辐在“*A—A*”剖视图中按规定不画剖面符号，而用粗实线将它与其邻接部分分开。为了表达轮辐的断面形状，采用了重合断面，因图形对称省略了标注。又因轮辐的主要轮廓线与水平方向成 45°，故重合断面的剖面线画成与水平成 60°的平行线，并与其他剖面线方向一致。左视图主要反映出手轮的外形和轮辐的数量及分布情况。

3）分析尺寸。手轮的长度方向以左端面为尺寸基准，以轴线为直径方向的尺寸基准。总长为 54mm，最大直径为 ϕ134mm。轮缘断面中心的定位尺寸是 ϕ120mm。从主视图中可知，轮辐与水平轴线倾斜成 45°。键槽的大小由 $20.8^{+0.1}_{0}$ 和 6JS9 决定。

4）看技术要求。轮毂的长度尺寸为（24±0.26）mm，轴孔直径为 ϕ18H9，是基准孔，公差等级为 IT9，其表面粗糙度为 *Ra*3.2μm，为零件上要求最高的表面。轮毂两个端面的表面粗糙度要求为 *Ra*12.5μm，其他没有标注表面粗糙度的表面均为用不去除材料的方法获得，代号是 ✓。在文字叙述的技术要求中说明了未标注的圆角半径是 *R*3，未标注的尺寸公差按标准公差 IT16 要求确定。

三、识读叉架类零件图

叉架类零件的形状一般较为复杂且不太规则，常具有不完整和歪斜的几何形体。其加工工序较多，主要加工位置不明显，所以一般是按它的工作位置来选择主视图，或使主要孔的轴线水平或垂直放置。

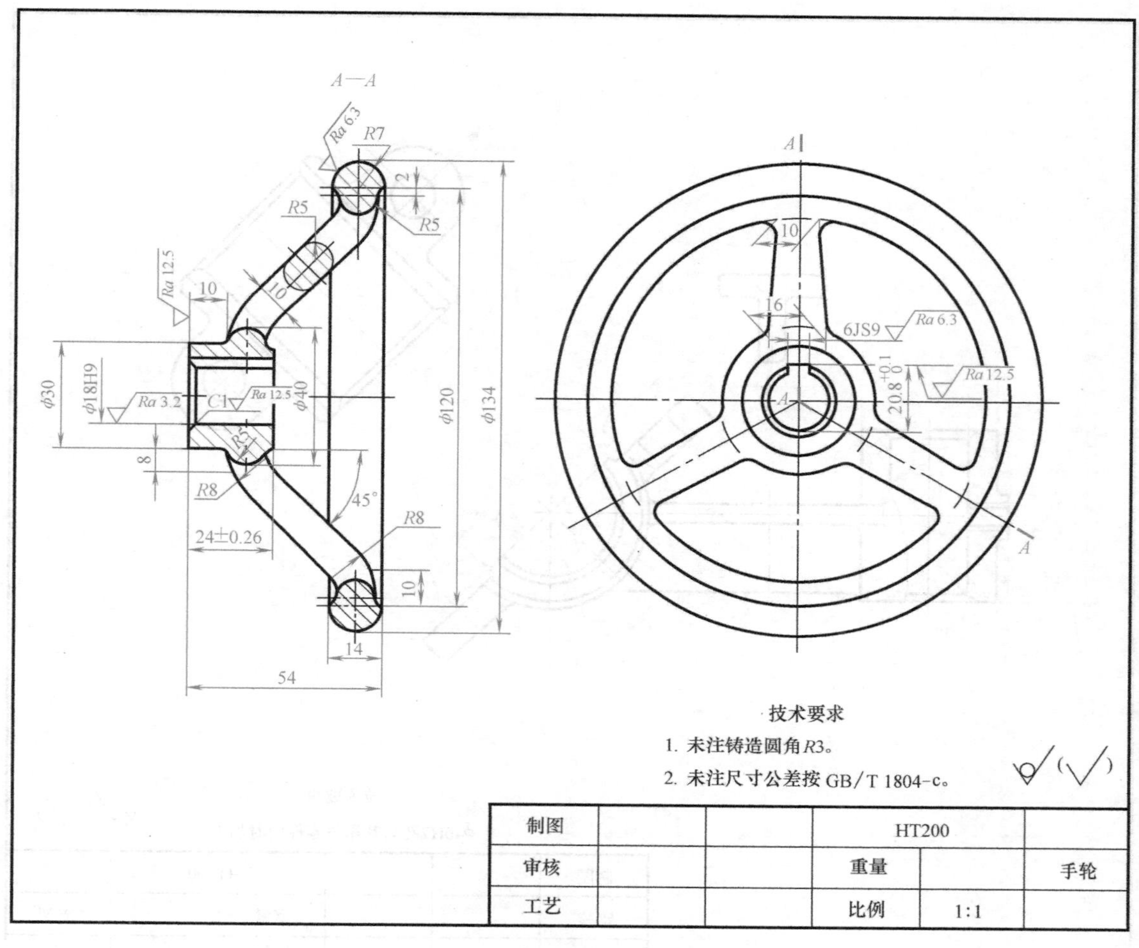

图 4-26 手轮零件图

叉架类零件一般用两个以上的基本视图表示其主要结构形状，而用局部视图和斜视图等来表示其不完整的歪斜的外部形体结构，常选用局部剖视、斜剖视和断面等表示其内部结构和断面形状。

例 3 读支架零件图，如图 4-27 所示。

从标题栏中可知该零件是支架，采用的是原值比例 1∶1，材料是铸铁 HT200。

该零件用了三个图形表达，主视图表达出零件的整体结构形状和相互间的位置关系，同时采用了两处局部剖视分别表达 ϕ25H11 孔、M6 螺纹孔的内部结构和 2×ϕ13mm 孔的结构。零件的主要结构是左边为 ϕ40mm 的空心圆柱体和右边为 R30mm 的倾斜空心半圆柱体，两者之间由肋板连接，肋板的 T 形断面由移出断面表达。斜视图是为了反映倾斜部分的形状。

图中的定位尺寸 115 和 45°确定右端倾斜空心半圆柱体的位置，ϕ40H7 孔要求与其相关的零件同时加工。ϕ25H11 孔的轴线可作为长度方向的尺寸基准，宽度方向以前后对称平面为基准，高度方向以 ϕ40H7 孔的轴线为基准。

零件的所有加工表面上都给出了表面粗糙度的要求，其中要求最高的是 Ra3.2μm，最低的是 Ra12.5μm。零件的其他表面不需机械加工，其代号是 $\varnothing\!\!\surd$。

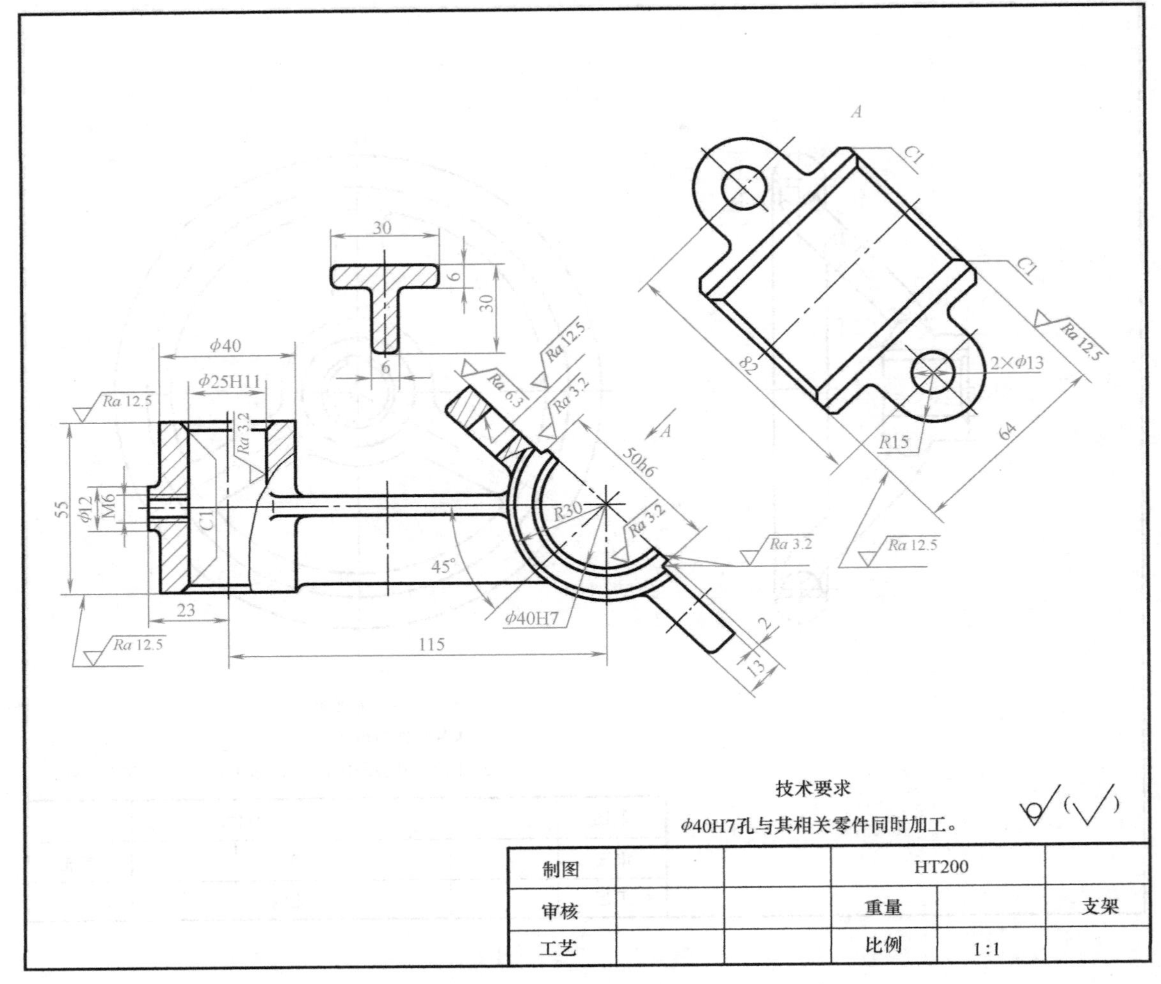

图 4-27 支架零件图

四、识读箱体类零件图

箱体类零件的毛坯多为铸件，加工工序较多，一般是按它的工作位置选择主视图。

箱体类零件的结构形状较为复杂，一般需要三个以上的基本视图表示其内、外结构形状，另外常选用一些局部剖视图或其他视图表示其局部结构形状。

例 4 读支座零件图，如图 4-28 所示。

该零件是一个支座，图样采用的是原值比例，材料是铸铝 ZL102。整个零件用了三个基本视图和一个 *A* 向局部视图。主视图和左视图由于图形对称，均采用了半剖视，这样既反映了内部结构又保留了外形。俯视图主要是反映顶部的凸台和底板的结构形状。*A* 向局部视图主要是表达底部凹进去部分的结构形状。整个零件可以分为四大部分：下方为长方形底板，定形尺寸为 90mm、65mm 和 13mm。上方为一空心圆柱体，圆柱的定形尺寸为 ϕ42mm 和 80mm，中间台阶孔的直径分别为 ϕ24H7 和 ϕ30mm。底板与空心圆柱体由中间的支承块连接，从左视图和 *A* 向局部视图可知，支承块的形状为中间是空腔的长方体，长方体的长为65mm，宽为24mm，高度由底板和空心圆柱的相对位置确定；空腔的形状也是长方体，长为55mm，宽为14mm。为加固连接，在底板与空心圆柱的中间有一肋板，从左视图中可知，肋板上部与空心圆柱相切，肋板的厚度为6mm。然后通过综合分析，支座的内、外形状基本都能看懂了。

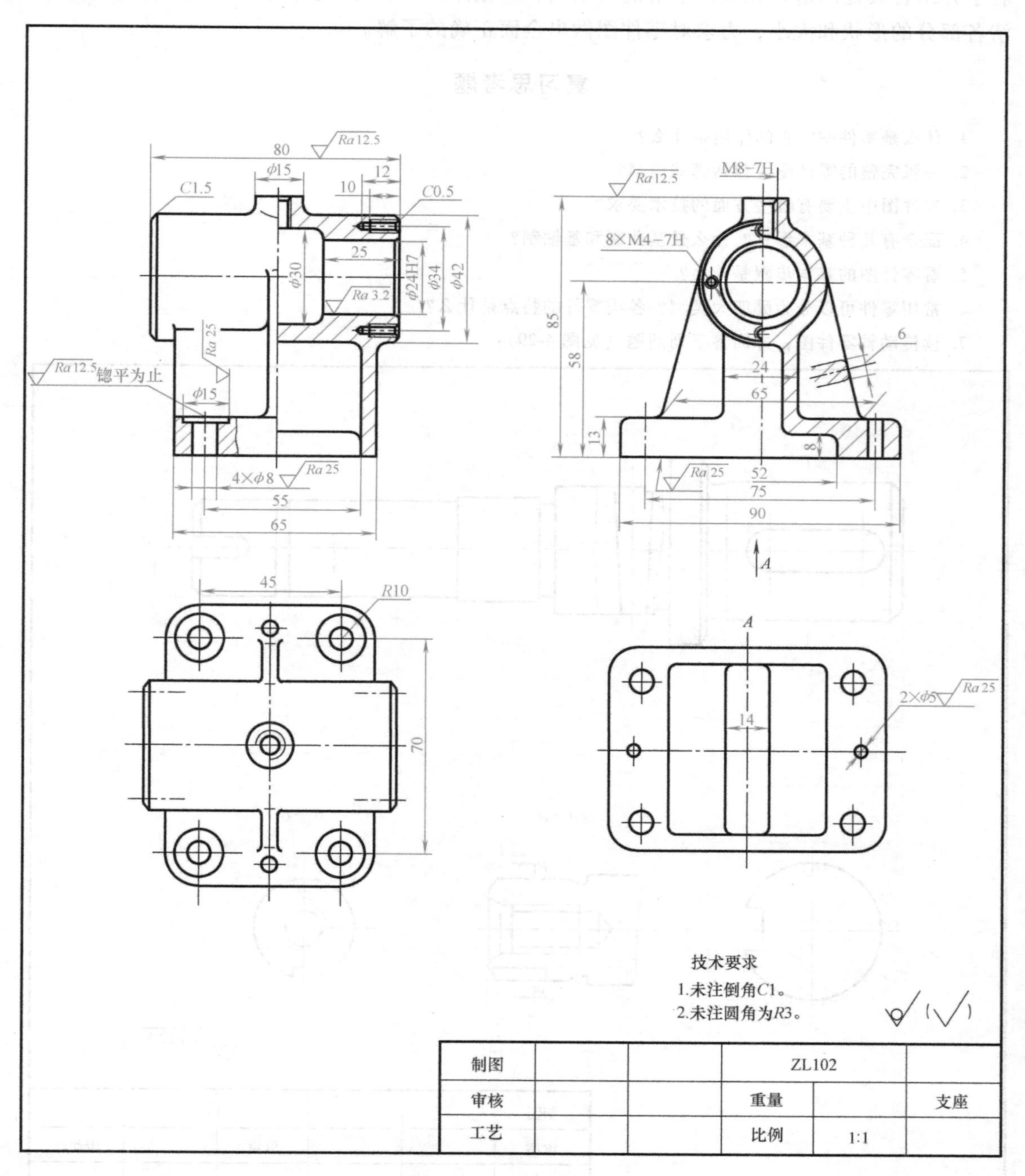

图4-28 支座零件图

该支座的长和宽均以中间平面为尺寸基准，高度方向以底板的底面为尺寸基准，圆柱的轴线到底面的高度是重要的定位尺寸。

从对上述四类零件的分析中可以看出，要读懂零件图，必须充分利用前面所学的知识，结合自己的生产实践经验及所掌握的机械加工方面的知识，根据零件的结构特点，从主视图着手并结合其他图形，在概括了解的基础上，再做深入细致的投影分析、尺寸分析、逐步弄清各部分的形状和大小，力求对零件图做出全面正确的了解。

复习思考题

1. 什么是零件图？它的作用是什么？
2. 一张完整的零件图应包括哪些内容？
3. 零件图中主要有哪些方面的技术要求？
4. 配合有几种基本形式？什么是基孔制和基轴制？
5. 看零件图的基本步骤是什么？
6. 常用零件可以分为哪四大类型？各类零件的特点是什么？
7. 读传动轴零件图，并回答下列问题（见图 4-29）：

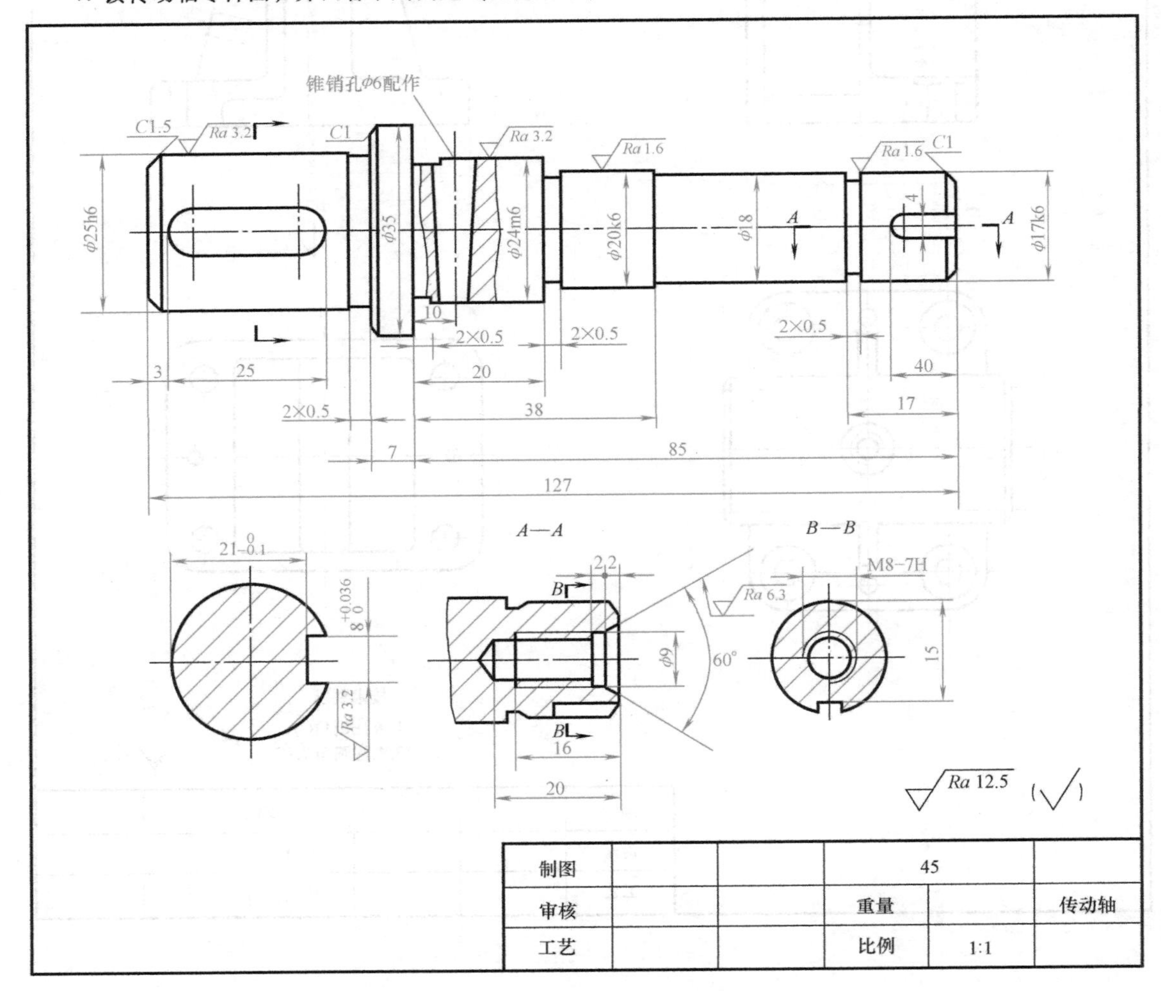

制图			45		
审核			重量		传动轴
工艺			比例	1:1	

图 4-29

（1）该传动轴采用了哪些视图表达？它们的名称分别是________________。

（2）主视图中采用了________剖视，是为了表达________________的结构形状。

（3）图中“A—A”是____________图，是为了表达________________的结构形状。

（4）在图中指出长度方向和径向的尺寸基准。

（5）“锥销孔 $\phi6$ 配作”的含义是：________，它的定位尺寸是________。

（6）尺寸 2×0.5 表示____________。

（7）轴的最大直径是________，它的表面粗糙度是________。

（8）$\phi25h6$ 上键槽的定形尺寸是________，定位尺寸是________；$\phi17k6$ 上键槽的定形尺寸是________。

8. 读法兰盘零件图，并回答下列问题（见图 4-30）：

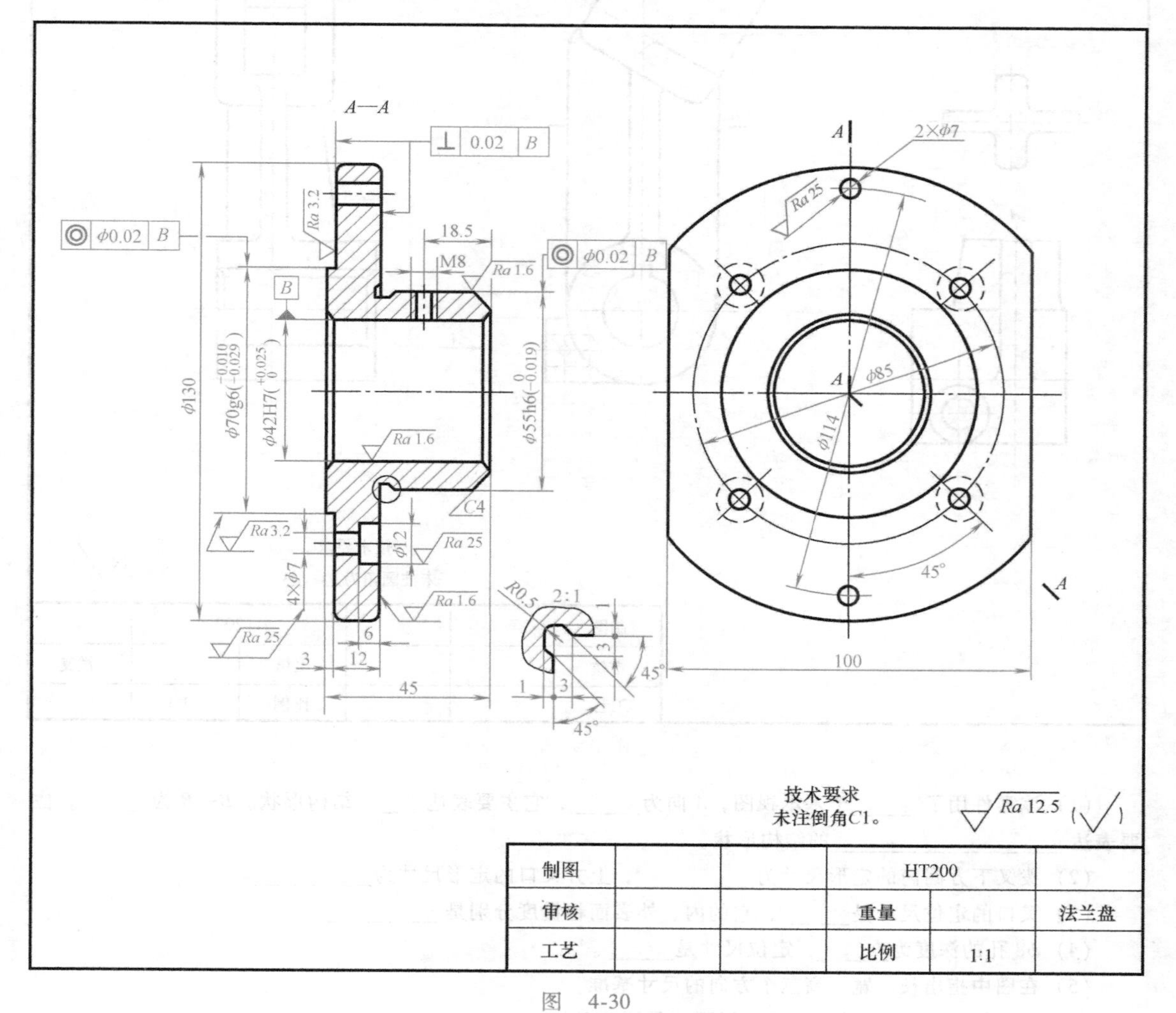

图 4-30

（1）该零件采用了________、________两个基本视图和一个________来表达。

（2）“A—A”是________图，主要是为了表达________________等结构。

（3）在图中指出长度方向的尺寸基准。

（4）4×$\phi7$ 孔的定位尺寸是________，它的表面粗糙度是________。

（5）$\phi42H7$ 孔的倒角尺寸是________。

（6）解释 ◎ | ϕ0.02 | B 的含义：________________________________。

解释 ⊥ | 0.02 | B 的含义：________________________________。

9. 读拨叉零件图，并回答下列问题（见图 4-31）：

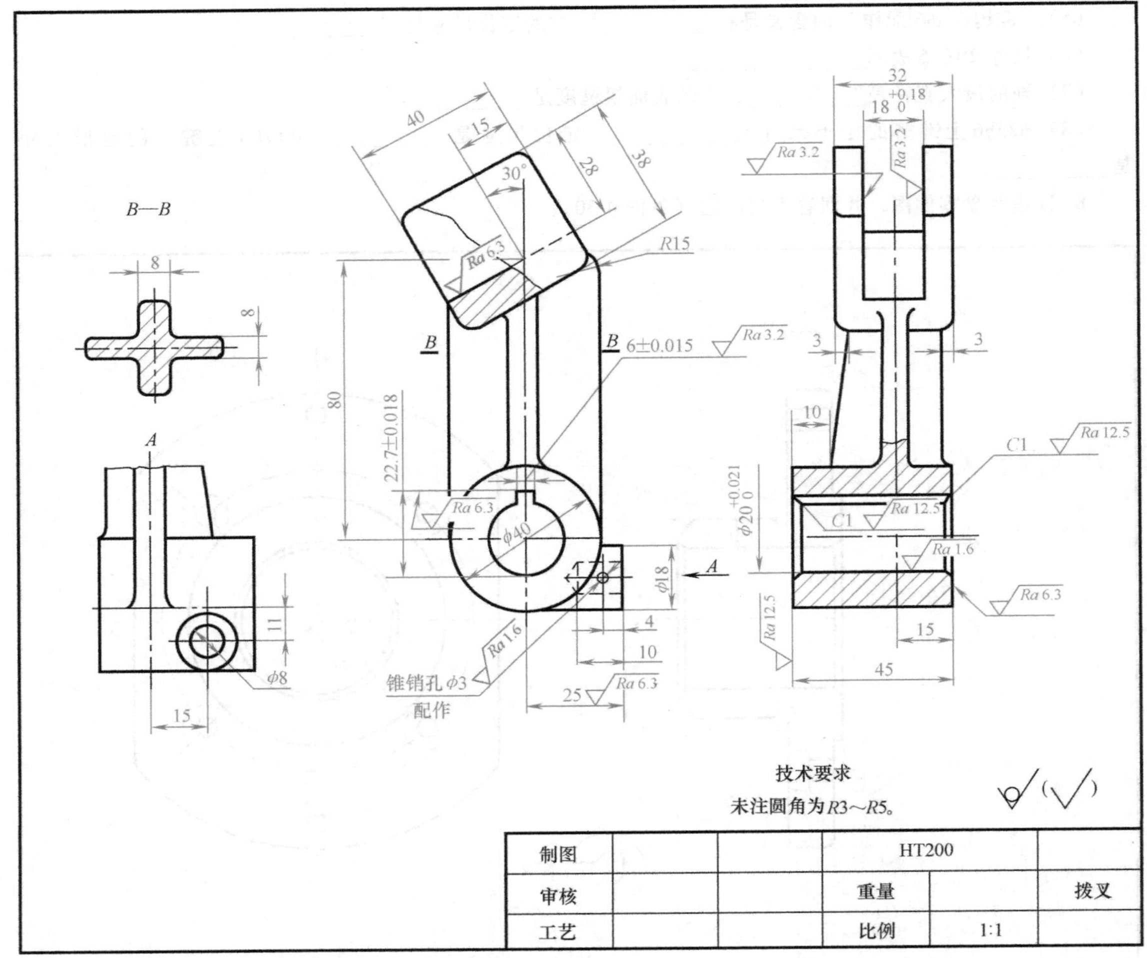

图 4-31

（1）该零件用了______个基本视图，*A* 向为______，它主要表达______结构形状。*B—B* 为______，主要表达____________________的结构形状。

（2）拨叉下方圆筒的定形尺寸为__________，上方叉口的定形尺寸为__________。

（3）叉口的定位尺寸是______，它的内、外表面粗糙度分别是__________。

（4）ϕ8 孔的深度为______，定位尺寸是______。

（5）在图中指出长、宽、高三个方向的尺寸基准。

10. 读轴承座零件图，并回答下列问题（见图 4-32）：

（1）该零件用了______、______、______三个基本视图表达，并在______图和______图上分别作了______和______剖视。

（2）该零件的材料是______，所采用的比例是________________。

（3）2×ϕ11 的定位尺寸是__________。

（4）轴承座中有______处螺纹，其规格尺寸是__________。

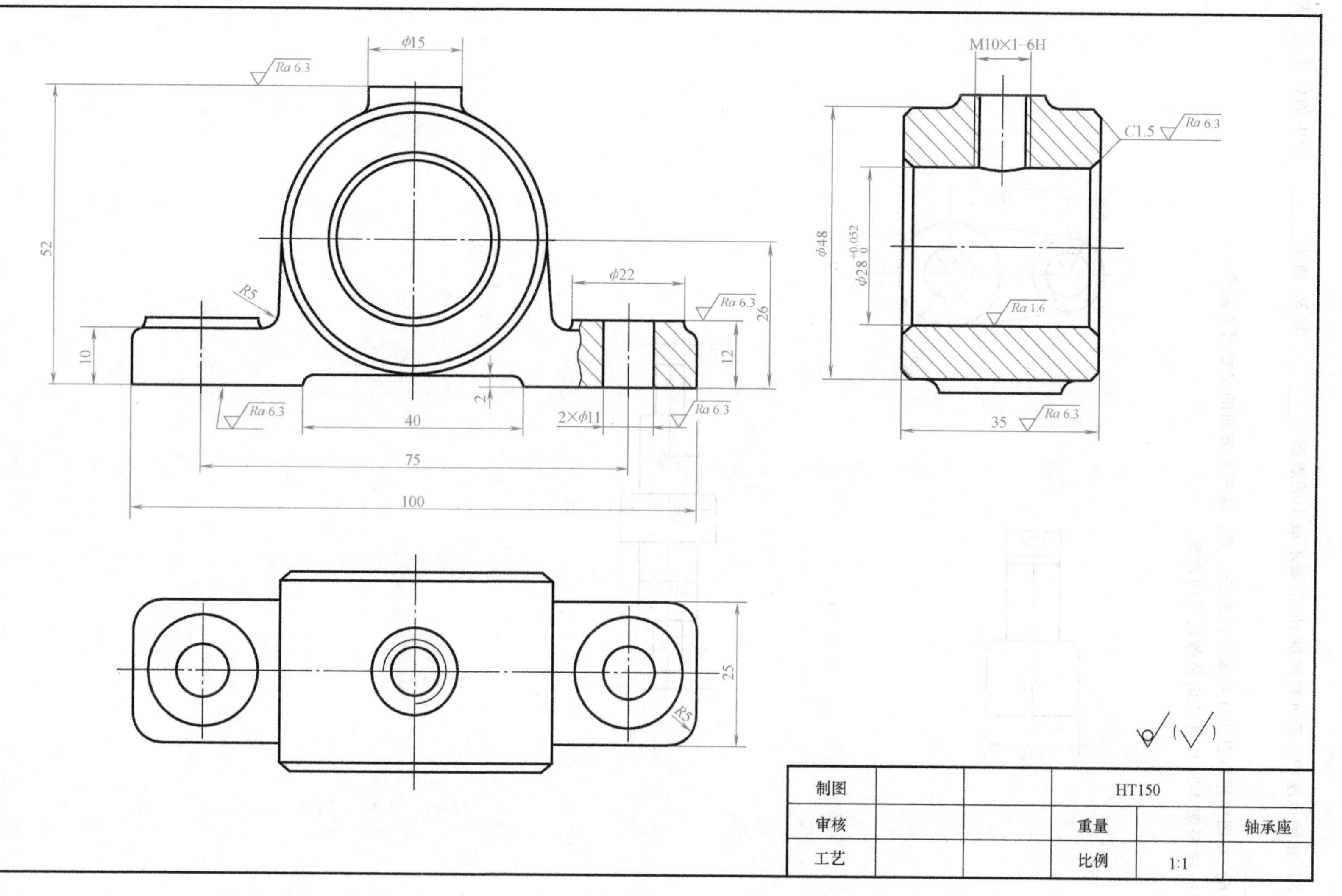
φ15
Ra 6.3
52
R5
10
2
40
75
100
φ22
26
12
2×φ11
M10×1-6H
C1.5
φ48
φ28 +0.052 0
Ra 1.6
35
25
制图
审核
工艺
HT150
重量
比例
1:1
轴承座

图 4-32

（5）在轴承座中，表面粗糙度 *Ra* 值要求最小的表面是______，其 *Ra* 值为______。图中的代号 表示______。

（6）在图中用指引线标明该零件的长、宽、高三个方向的主要尺寸基准。

11. 解释图 4-33 中各几何公差代号的含义。

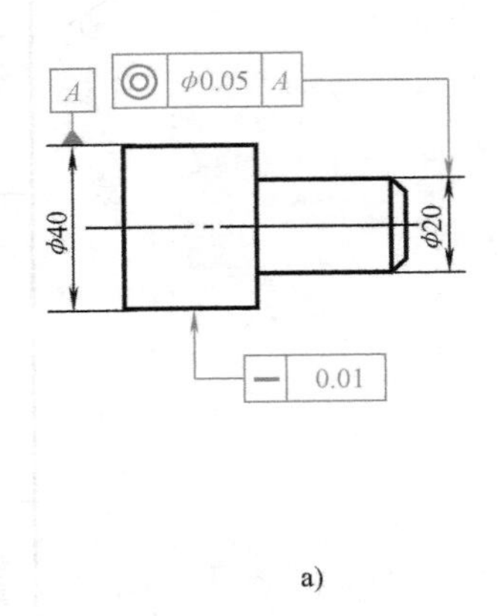

a)

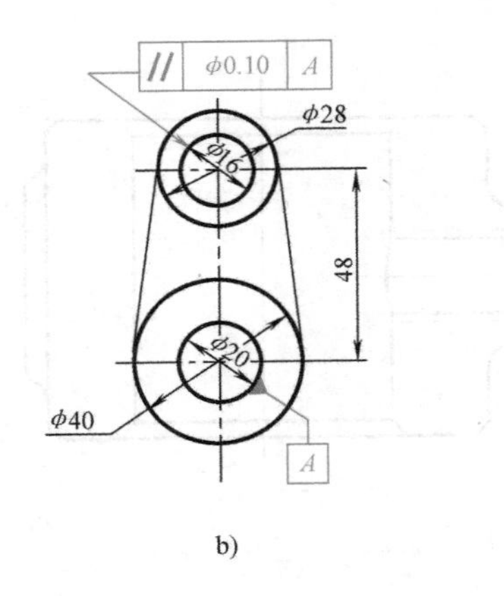

b)

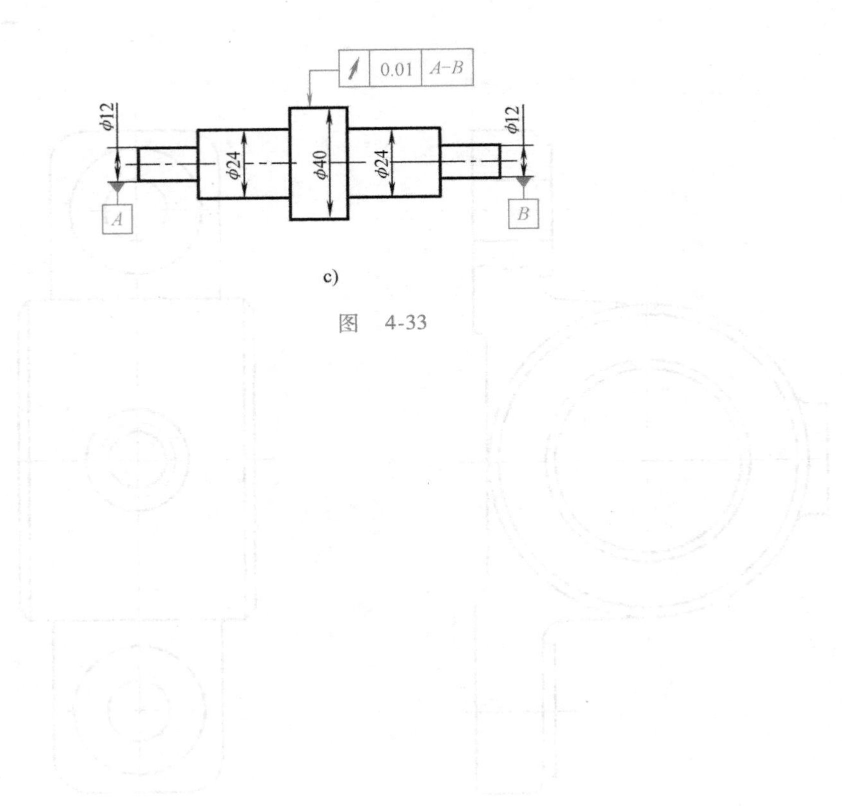

c)

图　4-33

第五章
怎样识读常用零件画法

培训要求 熟悉各种常用零件的规定画法，理解各种标记的含义以及在图样中的注法。

第一节 螺纹及螺纹紧固件

在各种机器和设备中，经常用到的螺栓、螺母、垫圈、齿轮、键、销、弹簧和轴承等零件通称为常用件。这些零件都已标准化，它们的画法、代号和标记等在国家标准中都已作了明确的规定。作为技术工人，必须熟悉这些常用零件的规定画法、代号和标记才能看懂各种机械图样。

一、螺纹的基本知识

螺纹在机器设备中应用很普遍，经常用来作为零件之间的联接和传动。螺纹有内螺纹和外螺纹两种，在圆柱和圆锥外表面上加工出来的螺纹叫外螺纹，在圆柱和圆锥孔内表面上加工出来的螺纹叫内螺纹。

1. 螺纹的形成

在车床上车削螺纹是螺纹形成的方法之一，如图 5-1a 所示。对于直径较小的内、外螺纹，也可以用丝锥或板牙加工而成，如图 5-1b 所示。

2. 螺纹的要素

（1）螺纹牙型　通过螺纹轴线剖面上的螺纹轮廓形状称为牙型。螺纹的牙型有三角形、梯形和锯齿形等各种形状。常用的标准螺纹牙型及符号见表 5-1。

（2）螺纹直径　大径（D、d）是与外螺纹牙顶或内螺纹牙底相切的假想圆柱面的直径。小径（D_1、d_1）是与外螺纹牙底或内螺纹牙顶相切的假想圆柱面的直径。中径（D_2、d_2）是一个假想圆柱的直径，该圆柱的母线通过牙型上沟槽和凸起宽度相等的地方，此假想圆柱的直径称为中径，如图 5-2 所示。

（3）螺距（P）　相邻两牙在中径线上对应两点的轴向距离，如图 5-2 所示。

（4）导程（Ph）　同一条螺旋线上的相邻两牙在中径线上对应两点间的轴向距离，如图 5-3b 所示。

（5）线数（n）　形成螺纹的螺旋线的条线，螺纹有单线和多线之分。

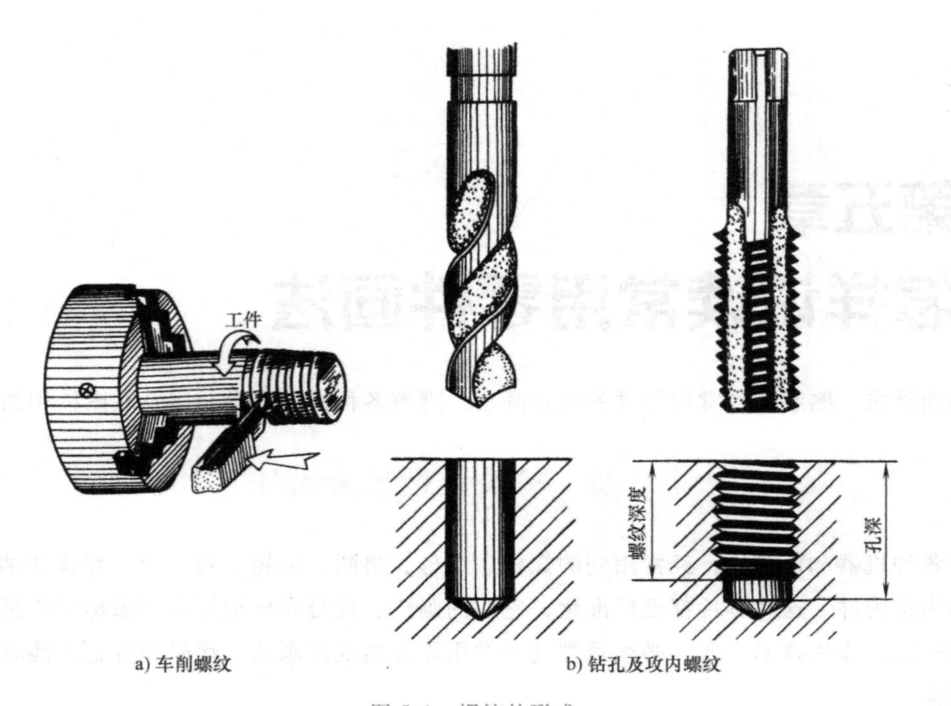

a) 车削螺纹　　b) 钻孔及攻内螺纹

图 5-1 螺纹的形成

表 5-1 常用的标准螺纹牙型及符号

螺纹种类及牙型符号		外形图	牙型图	说明
联接螺纹	普通螺纹 M		60°	分粗牙和细牙两种，粗牙用于一般机件的联接，细牙用于薄壁或紧密联接的零件
	55°非密封管螺纹 G		55°	螺纹牙的大小以每英寸内的牙数表示，用于管路零件的联接
	55°密封管螺纹 圆锥外螺纹 R_1、R_2 圆锥内螺纹 Rc 圆柱内螺纹 Rp		55°	用于高温、高压系统和润滑系统，适用于管子、管接头、旋塞、阀门等
	60°密封管螺纹 圆锥管螺纹 NPT 圆柱内螺纹 NPSC		60° φ	用于汽车、拖拉机、机床等水、油、汽输送系统的管联接

（续）

螺纹种类及牙型符号		外形图	牙型图	说明
传动螺纹	梯形螺纹 Tr		30°	用于传递运动或动力
	锯齿形螺纹 B		30° 3°	用于传递单向动力

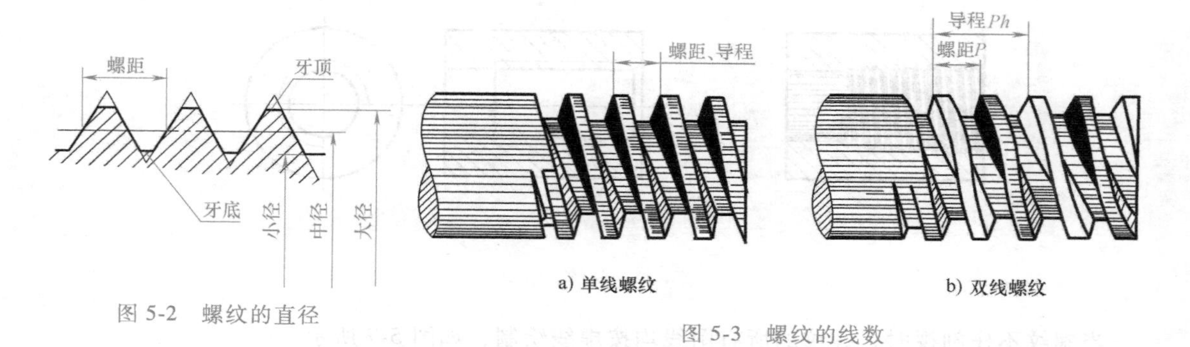

图 5-2　螺纹的直径

a) 单线螺纹　b) 双线螺纹

图 5-3　螺纹的线数

（6）旋向　螺旋线有左旋和右旋之分。按顺时针方向旋进的螺纹称为右旋螺纹，按逆时针方向旋进的螺纹称为左旋螺纹。也可以用左、右手来判别其旋向，如图 5-4 所示。

二、螺纹的规定画法

螺纹牙型如按其实际形状来画是十分繁杂的，同时也没有必要。对于标准件，可以按《机械制图》国家标准中的规定画法来表达，这对画图和看图都很方便。

1. 外螺纹的画法

螺纹的牙顶和螺纹终止线用粗实线表示，牙底用细实线表示，并画到倒角处。在垂直螺杆轴线投影的视图中，表示牙底的细实线圆只画约 3/4 圈，同时，表示倒角的粗实线圆省略不画，如图 5-5 所示。

2. 内螺纹的画法

在螺孔作剖视的图中，牙顶和螺纹终止线用粗实线表示，牙底为细实线。在垂直螺孔轴线的视图中，表示牙底的细实线

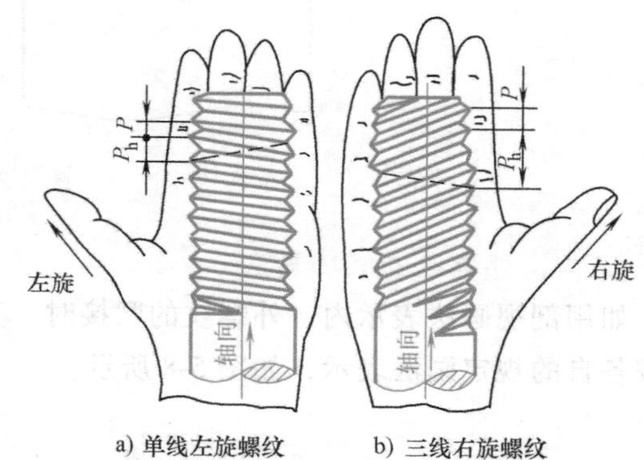

a) 单线左旋螺纹　b) 三线右旋螺纹

图 5-4　螺纹旋向的判别

圆只画约 3/4 圈。同时，表示倒角的粗实线圆省略不画，如图 5-6 所示。

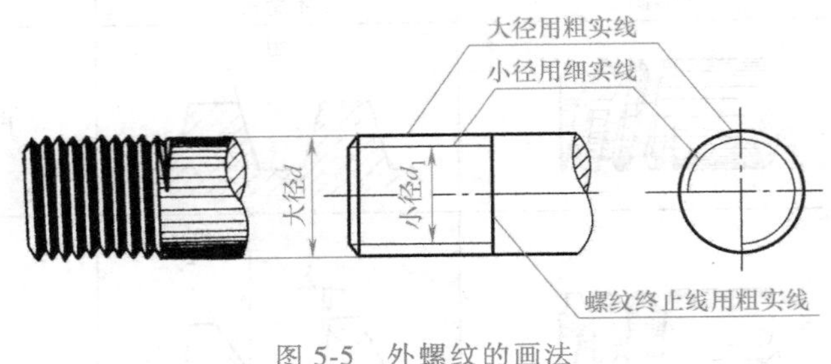

图 5-5 外螺纹的画法

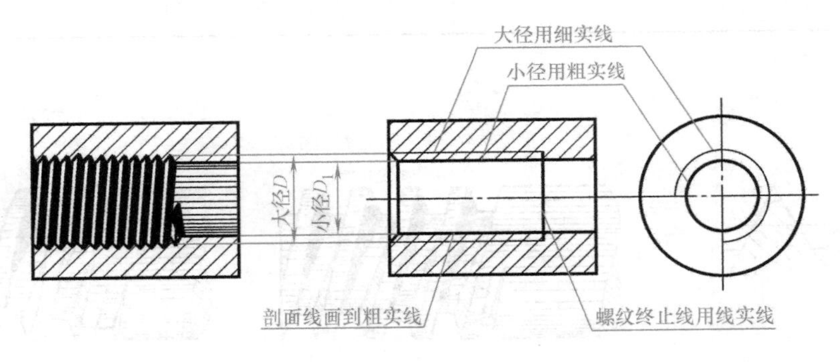

图 5-6 内螺纹的画法

当螺纹不作剖视时，螺纹的所有图线均按虚线绘制，如图 5-7 所示。

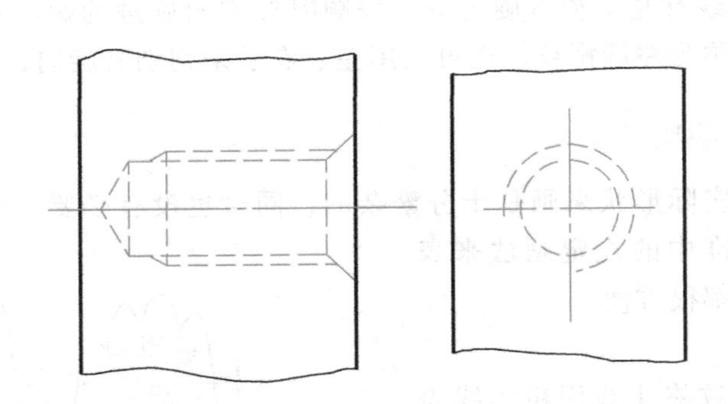

图 5-7 螺纹未剖时的画法

3. 内、外螺纹的联接画法

如用剖视画法表示内、外螺纹的联接时，其旋合部分应按外螺纹的画法绘制，其余部分仍按各自的规定画法表示，如图 5-8 所示。

三、螺纹的规定标记及其注法

1. 螺纹的标记

螺纹的完整标记由螺纹特征代号、螺纹公差带代号和螺纹旋合长度代号三项内容组成。

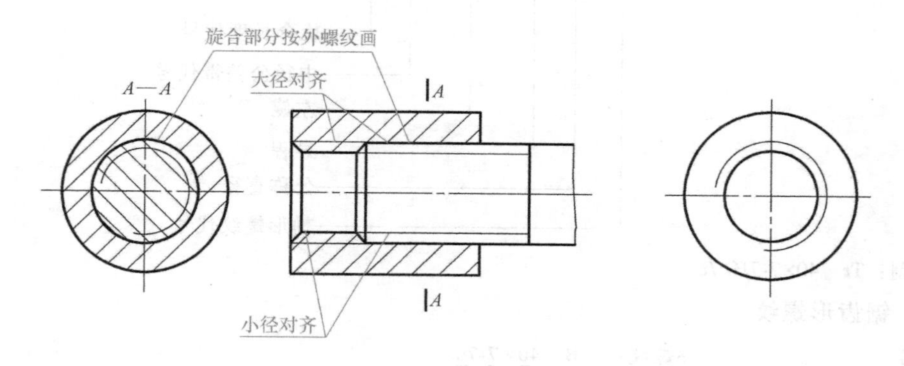

图 5-8 螺纹联接画法

（1）普通螺纹 粗牙普通螺纹的代号用字母“M”及“公称直径”表示，如 M10。细牙普通螺纹的代号用字母“M”及“公称直径×螺距”表示，如 M16×1.5。

螺纹的公差带代号包括中径公差带代号和顶径公差带代号，如两者公差带代号相同，则只注一个公差带代号；如两者不同，则需分别注出。

螺纹的旋合长度代号有三种：长旋合长度（L）、中等旋合长度（N）、短旋合长度（S）。常用的中等旋合长度可以省略标注。

例 1

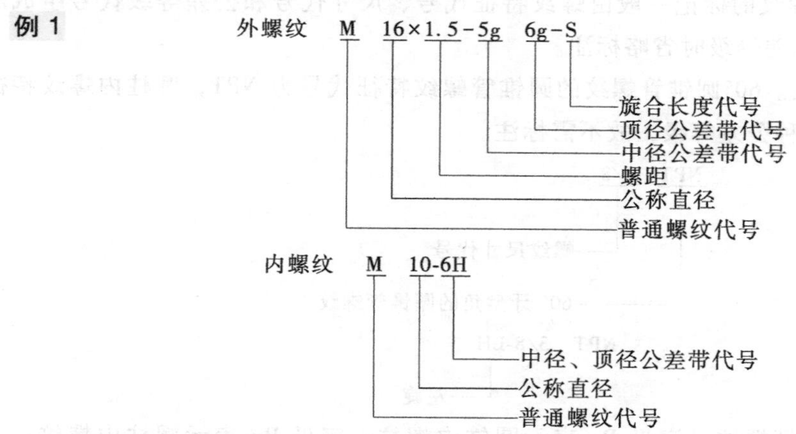

螺纹副 M 20×2-6H/6g

（2）梯形螺纹 梯形螺纹中的单线螺纹只标螺距，多线螺纹标注导程并在括号中给出螺距来体现出线数。右旋及中等旋合长度省略标注，左旋用符号“LH”表示。为保证传动的平稳性，旋合长度不能太短，所以没有短旋合长度（S 组）。

例 2

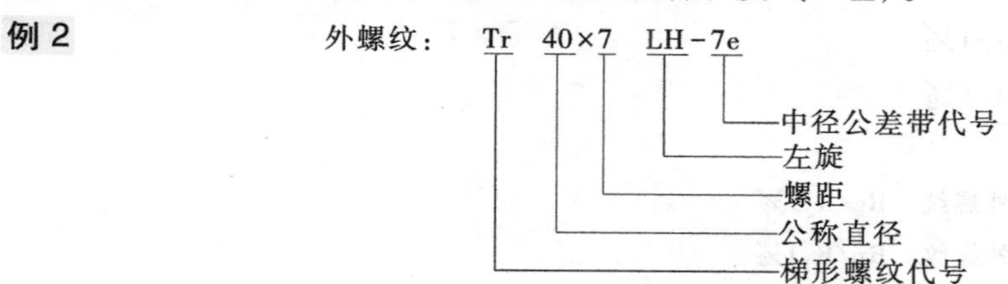

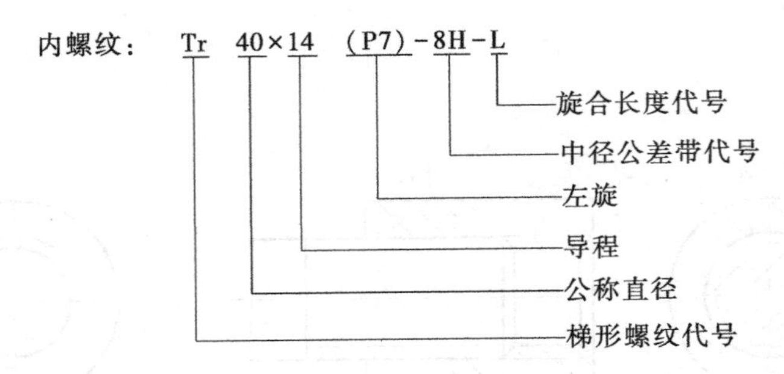

螺纹副：Tr　40×7-7H/7e

（3）锯齿形螺纹

例 3　　外螺纹：B　40×7-7c

- B：锯齿形螺纹代号
- 40：公称直径
- 7：螺距
- 7c：中径公差带代号

内螺纹：B40×7-7H

螺纹副：B40×7-7H/7e

多线螺纹：B40×14（P7）-8e-L

（4）管螺纹　管螺纹的标记一般由螺纹特征代号、尺寸代号和公差等级代号组成。当内、外螺纹只有一种公差等级时省略标注。

1）60°圆锥管螺纹。60°圆锥管螺纹的圆锥管螺纹特征代号为 NPT，圆柱内螺纹特征代号为 NPSC。且只有一种公差等级，故不需标注。

例 4

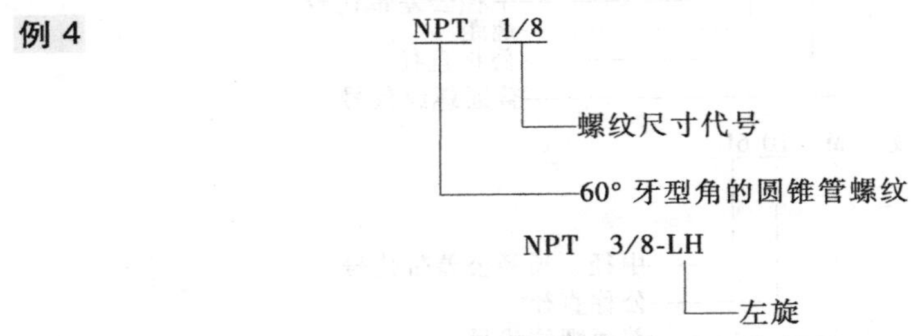

2）用螺纹密封的管螺纹。字母 Rc 表示圆锥内螺纹；字母 Rp 表示圆柱内螺纹；字母 R_1 表示与圆柱内螺纹相配合的圆锥外螺纹，字母 R_2 表示与圆锥内螺纹相配合的圆锥外螺纹。因内、外螺纹只有一种公差等级，故不需标注。

例 5　圆锥内螺纹　Rc1½

圆柱内螺纹　Rp1½

圆锥外螺纹　$R_1$1½

螺纹副：

圆锥内螺纹与圆锥外螺纹　Rc/$R_2$1½

圆柱内螺纹与圆锥外螺纹　Rp/$R_1$1½

3）非螺纹密封的管螺纹。外螺纹公差等级有 A、B 两级，内螺纹公差等级只有一种，不需标注。

例 6 外螺纹

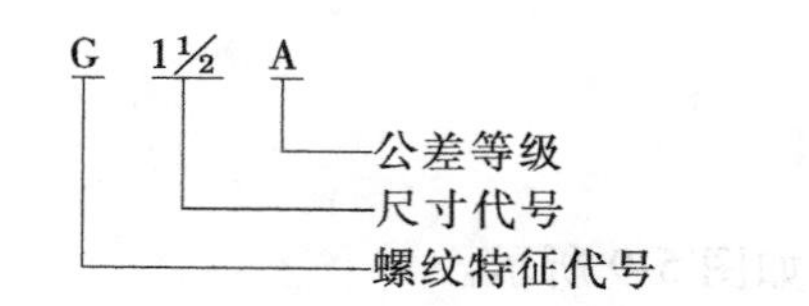

内螺纹 G1½

螺纹副：G1½A

2. 螺纹的标记在图样上的注法

对公称直径以毫米为单位的螺纹，其标记应直接注在大径的尺寸线上或注在其引出线上。管螺纹的标记一律注在引出线上，引出线应由大径处引出，见表 5-2。

表 5-2 常用螺纹标注示例

螺纹类别	牙型代号	标注示例	标注的含义
普通螺纹	M	M20-5g6g-S	粗牙普通螺纹，公称直径 20mm、螺距 2.5mm，右旋，中径公差带代号 5g，顶径公差带代号 6g，短旋合长度
	M	M36×2-6g	细牙普通螺纹，公称直径 36mm，螺距 2mm，右旋，中径和顶径公差带代号同为 6g，中等旋合长度
	M	M24×1-6H	细牙普通螺纹，公称直径 24mm，螺距 1mm，右旋，中径和顶径的公差带代号同为 6H，中等旋合长度
梯形螺纹	Tr	Tr40×14(P7)-7H	梯形螺纹，公称直径 40mm，导程 14mm，螺距 7mm，双线，右旋，中径公差带代号 7H
锯齿形螺纹	B	B32×6LH-7e	锯齿形螺纹，公称直径 32mm，单线，螺距 6mm，左旋，中径公差带代号 7e
55°非密封管螺纹	G	G1A　G1	非螺纹密封的管螺纹，尺寸代号 1，外螺纹公差等级为 A 级
55°密封管螺纹	R_1、R_2 Rc Rp	Rc3/4　$R_2$3/4	用螺纹密封的管螺纹，尺寸代号 3/4，内、外均为圆锥螺纹

四、识读螺纹零件图

识读差动螺钉零件图，如图 5-9 所示。

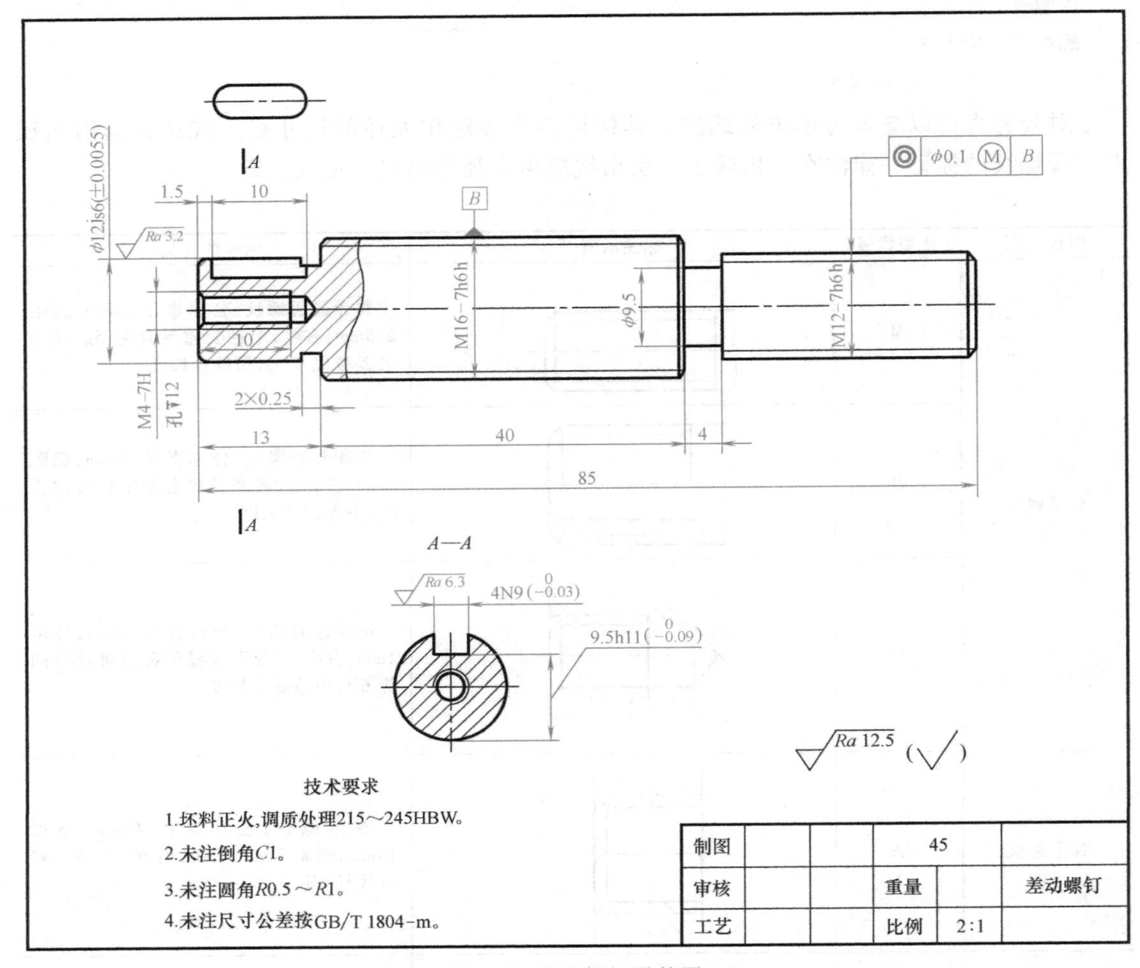

图 5-9 差动螺钉零件图

从图中可以看出，该零件是一个差动螺钉。主视图表达它的整体结构形状，局部视图和移出剖面都是为了表达左端键槽的结构形状和便于标注尺寸。零件中共有三处螺纹，左端螺孔 M4-7H 说明是粗牙普通螺纹，公称直径 4mm，中径和顶径公差带代号均为 7H，孔深 12mm，螺纹深 10mm；中间是粗牙普通外螺纹 M16-7h6h，中径公差带代号 7h，顶径公差带代号 6h；右端是粗牙普通外螺纹 M12-7h6h，中径公差带代号 7h，顶径公差带代号 6h。由于两段螺纹的直径不同，螺距也不同，可以实现差动螺旋传动。同时要求 M12 螺纹对 M16 螺纹同轴度公差为 ϕ0. 1mm。

五、螺纹紧固件及其联接

常用的螺纹紧固件有螺栓、双头螺柱、螺钉、螺母和垫圈等，在国家标准中都制订了相应的标准，其具体结构和标记见表 5-3。

1. 螺栓联接

螺栓用于联接厚度不大的两零件。被联接零件上的通孔直径稍大于螺纹的公称直径，将螺栓穿入两零件的通孔，在螺杆的一端套上垫圈，再拧紧螺母使之紧固。其联接画法如图 5-10 所示。

表 5-3 常用螺纹紧固件及其标记

名称	图例	标记示例
六角头螺栓	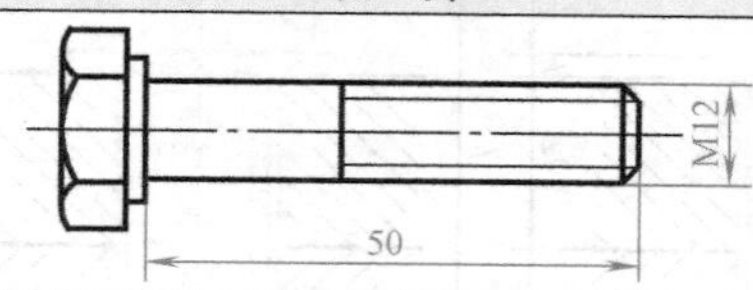 M12 50	螺栓 GB/T 5782 M12×50
开槽沉头螺钉	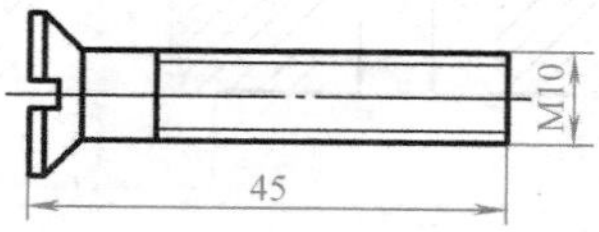 M10 45	螺钉 GB/T 68 M10×45
双头螺柱	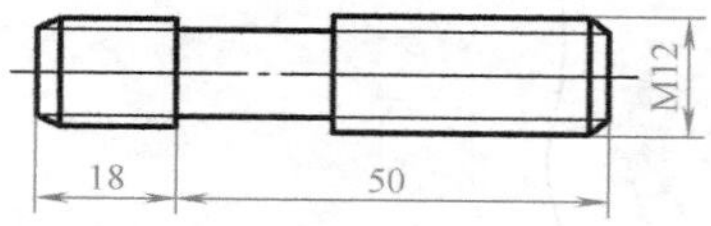 M12 18 50	螺柱 GB/T 899 M12×50
六角螺母	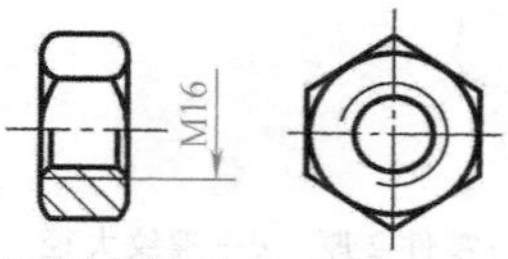 M16	螺母 GB/T 6170 M16
平垫圈	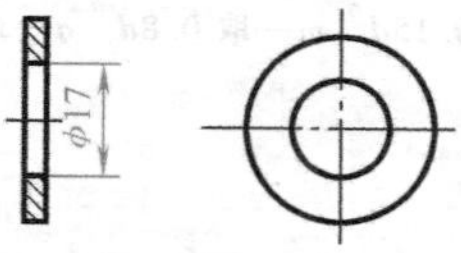 ϕ17	垫圈 GB/T 97.1 16

2. 双头螺柱联接

双头螺柱用于被联接零件之一较厚或不便钻通孔的地方。双头螺柱的一端旋入较厚零件的螺纹孔中，称为旋入端，旋入端的长度根据螺孔零件材料的不同而不同。双头螺柱的另一端穿过较薄零件上的通孔，再套上垫圈，拧紧螺母，此端称为紧固端。其联接画法如图 5-11 所示。

3. 螺钉联接

螺钉联接主要用于受力不大且需要经常拆卸的场合，它仅靠螺钉头部和螺钉与零件上的螺孔旋紧联接。螺钉的种类较多，常见的螺钉联接画法如图 5-12 所示。螺钉头部的一字槽或十字槽可以画成（1.5~2）d 宽的单线（d 为粗实线宽，约等于 0.5~2mm）。对一字槽螺钉，在平行于轴线投影面上的视图中，按槽与投影面垂直的位置画出；在垂直于轴线投影面上的视图中，画成与水平成 45°的斜线。对于十字槽，仍按 45°方向投影画出，如图 5-12 所示。

在识读螺纹紧固件的联接画法时，应注意下列事项：

1）相邻两零件的接触表面画一条线，不接触表面画两条线。

2）表示相邻两零件的剖面线应方向相反，或方向一致、间隔不等。同一个零件在不同的视图中，剖面线的方向和间隔应保持一致。

3）当剖切平面通过螺栓、螺母、垫圈等标准件的轴线时，这些零件均按不剖绘制，即仍按外形画出。

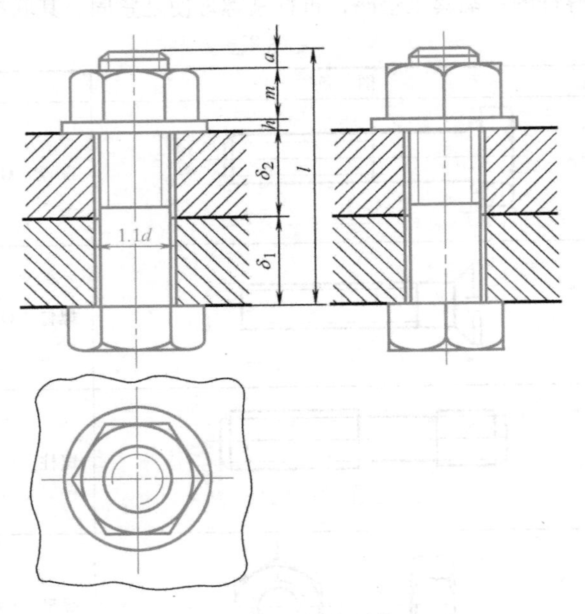

图 5-10 螺栓联接

δ_1—零件 1 厚 δ_2—零件 2 厚 d—螺纹大径 $l \geqslant \delta_1+\delta_2+h+m+a$ h—取 0.15d m—取 0.8d a—取 0.3d

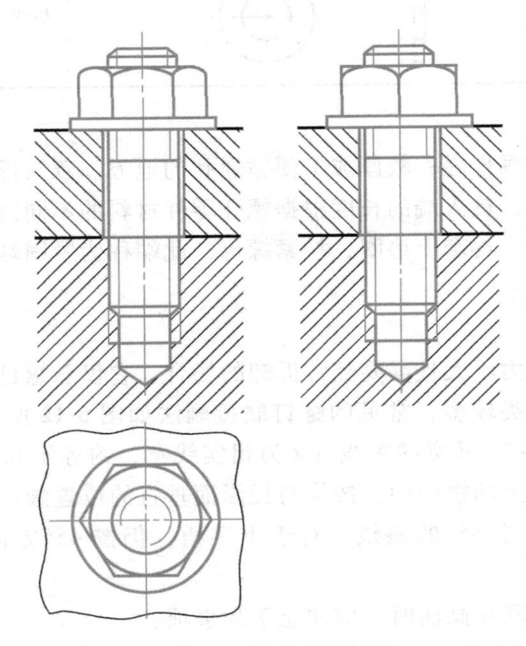

图 5-11 双头螺柱联接

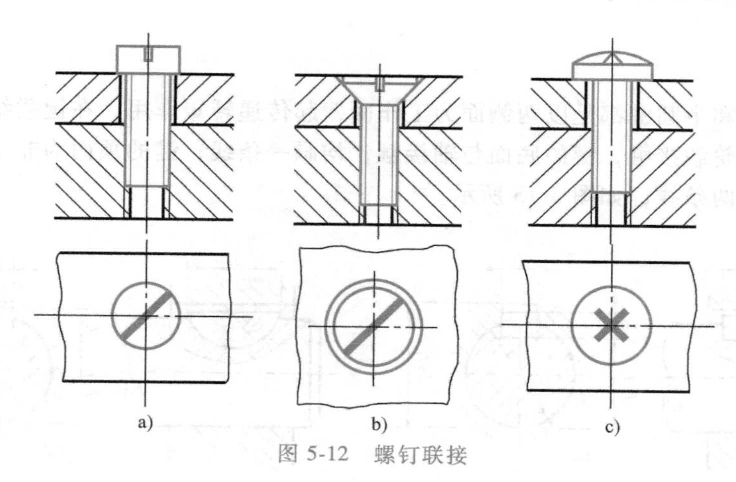

图 5-12 螺钉联接

第二节 键、销及其联接

键和销都是常用的标准件。键主要用于轴与轴上零件的联结，使之不产生相对运动，以传递转矩。销主要起定位作用，也可以用于联接和定位。

一、键及其联结

1. 键的种类及标记

键的种类较多，常见形式有普通平键、半圆键、钩头楔键和花键等，其结构形式和标记见表 5-4。

表 5-4 常用键的形式和标记示例

名 称	图例	标记示例
普通型 平键	Cx, h, R=0.5b, b, L	$b=8$mm, $h=7$mm, $L=25$mm GB/T 1096 键 8×7×25（圆头普通平键 A 型可不标 A，B 型、C 型必须在键宽 b 前加注 B 或 C）
普通型 半圆键	b, D, h, Cx	$b=6$mm, $h=10$mm, $D=25$mm GB/T 1099.1 键 6×10×25
钩头型 楔键	45°, h, 1∶100, b, L	$b=6$mm, $h=6$mm, $L=25$mm GB/T 1565 键 6×25

2. 键联结画法

普通型平键和半圆键都是以两侧面为工作面，起传递转矩作用。在键联结画法中，键的两个侧面与轴和轮毂接触，键的底面与轴接触，均画一条线；键的顶面为非工作面，与轮毂有间隙，应画成两条线，如图 5-13 所示。

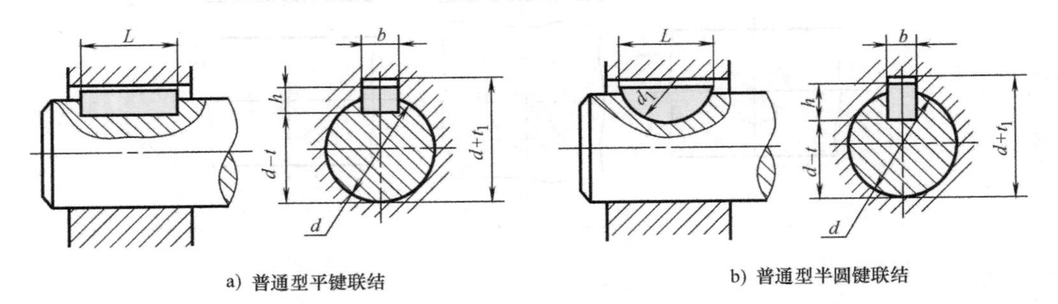

图 5-13 普通型平键、半圆键联结画法

钩头楔键的顶面为 1∶100 的斜面，用于静联结，利用键的顶面与底面使轴上零件固定，同时传递转矩和承受轴向力。在联结画法中，钩头楔键的顶面和底面分别与轮毂和轴接触，均应画成一条线；而两个侧面有间隙，应画出两条线，如图 5-14 所示。

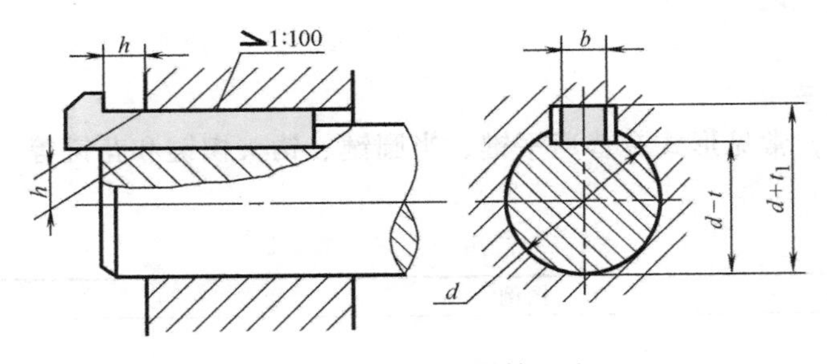

图 5-14 钩头楔键联结画法

3. 花键联结画法

花键的结构尺寸也已标准化。常用的花键齿形有矩形和渐开线两种，本节只介绍矩形花键的画法及其代号注法。

在轴上制成的花键称为外花键，这种轴也称为花键轴；在孔内制成的花键称为内花键，这种孔也称为花键孔，如图 5-15 所示。

（1）外花键的画法　在平行于轴线的外形视图中，大径用粗实线、小径用细实线绘制，并用移出剖面画出其全部或部分齿形，在花键的尾部画成与轴线成 30°的斜线，尾部的两端分别用两条与轴线垂直的细实线画出，以表示其范围，如图 5-16 所示。

（2）内花键的画法　在平行于轴线的剖视图中，大径及小径均用粗实线绘制，并用局部视图画出全部或部分齿形，如图 5-17 所示。

（3）花键的联结画法　花键联结常用剖视画法，其联结部分按外花键来画，如图 5-18 所示。

（4）花键的代号标注　如图 5-19a、b、c 所示。⊓ $6\times23\dfrac{H7}{f7}\times26\dfrac{H10}{a11}\times6\dfrac{H11}{d11}$中：⊓是矩

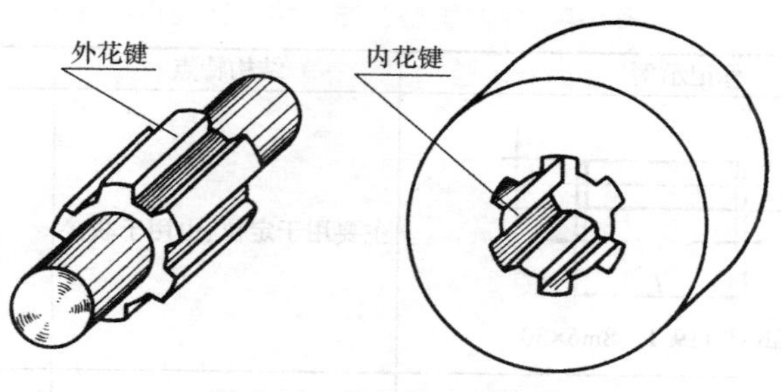

图 5-15 外花键和内花键

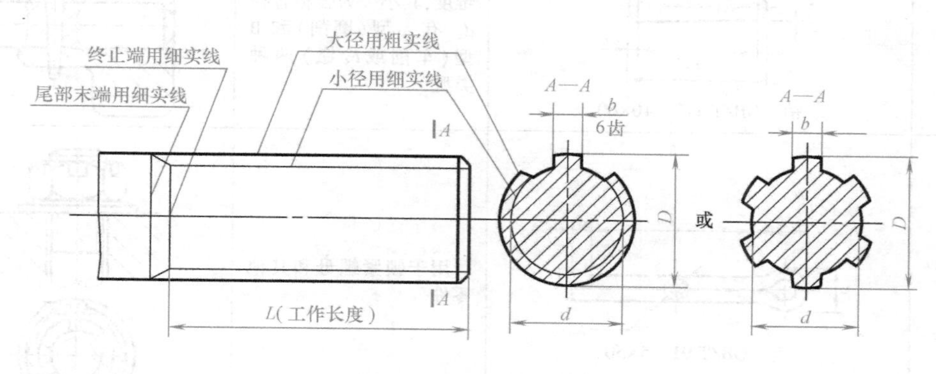

图 5-16 外花键的画法

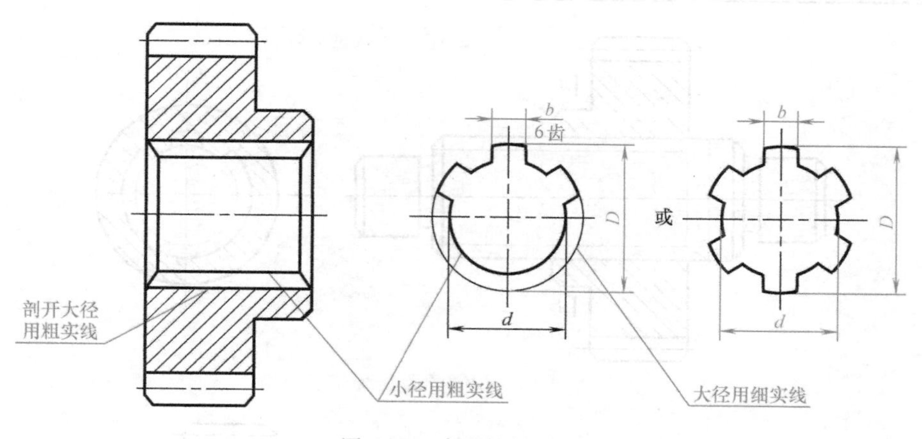

图 5-17 内花键的画法

形花键的图形符号，6 表示 6 个齿，26 $\frac{H10}{a11}$表示大径及配合代号，26 $\frac{H7}{f7}$表示小径及配合代号，6 $\frac{H11}{d11}$表示齿宽及配合代号，定心方式为小径定心。

二、销及其联接

销的类型很多，常用的有圆柱销、圆锥销、开口销等。销的主要类型、结构特点及应用见表 5-5。

表 5-5 销的类型、结构特点及应用

类型	标记示例	结构特点	应用举例
圆柱销	≈15°、c、c、d、l 销 GB/T 119.1 8m6×30	主要用于定位、也用于联接	
圆锥销	1:50、R_2、R_1、d、c、c、l 销 GB/T 117 10×60	圆锥销上有 1 : 50 的锥度，其小头为公称直径 d。有 A 型（磨削）和 B 型（车削或冷镦）两种类型	
开口销	b、l、a、c、d 销 GB/T 91 5×50	用于锁紧螺母和其他零件	

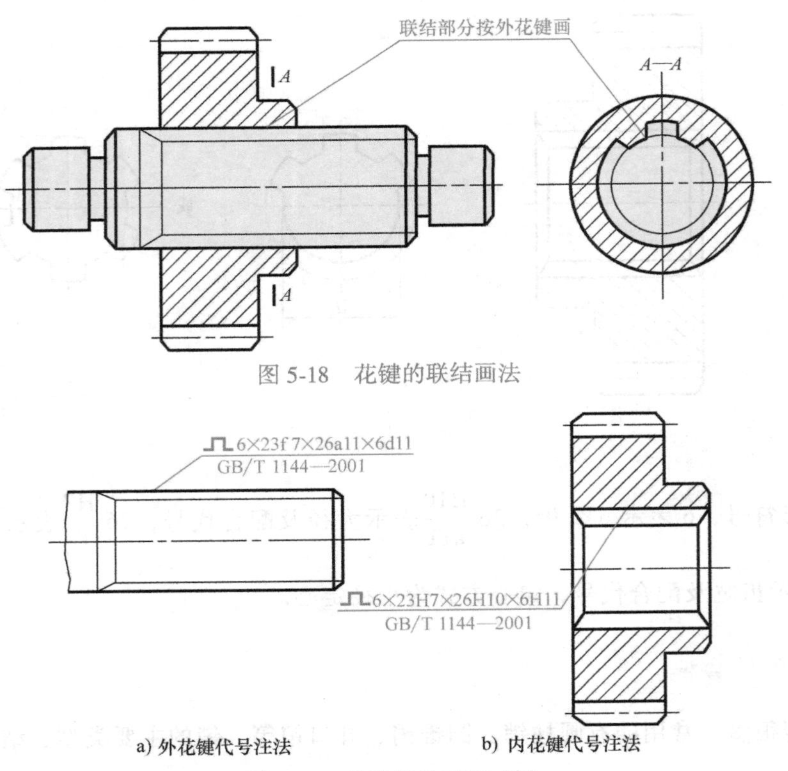

图 5-18 花键的联结画法

a) 外花键代号注法　b) 内花键代号注法

图 5-19 花键代号标注示例

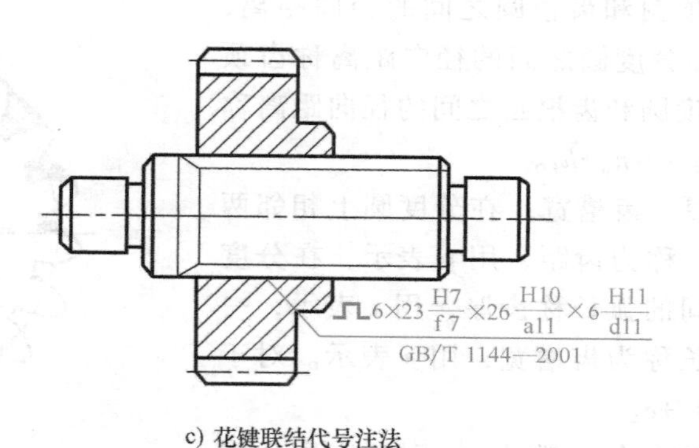

c) 花键联结代号注法

图 5-19 花键代号标注示例（续）

第三节 齿 轮

一、齿轮的基本知识

齿轮是机械设备中常见的传动零件，它可用于传递动力、改变运动速度或旋转方向。常见的齿轮种类有圆柱齿轮、锥齿轮和蜗轮蜗杆，如图 5-20 所示。

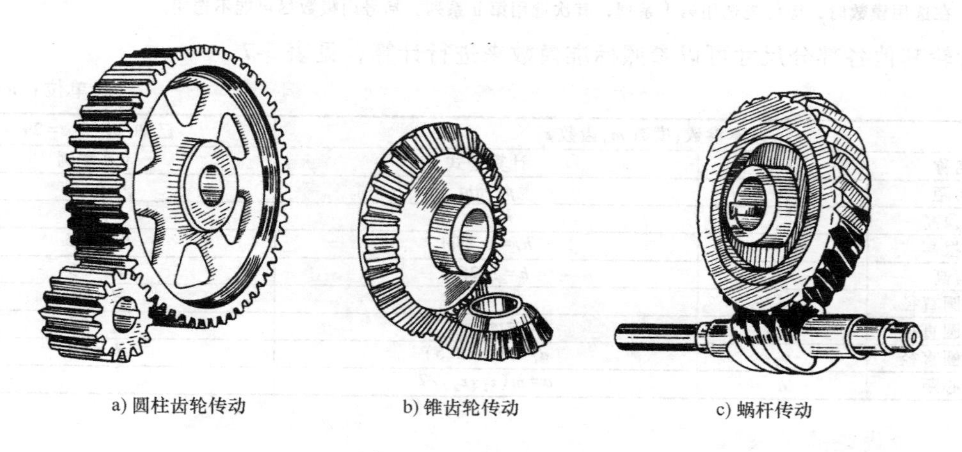

a) 圆柱齿轮传动 b) 锥齿轮传动 c) 蜗杆传动

图 5-20 齿轮传动类型

二、圆柱齿轮的画法

1. 齿轮各部分名称和尺寸关系（见图 5-21）

（1）齿顶圆 通过轮齿顶部的圆；其直径用 d_a 表示。

（2）齿根圆 通过轮齿根部的圆，其直径用 d_f 表示。

（3）分度圆 在齿顶圆和齿根圆之间。对于标准齿轮，在此圆上的齿厚 s 与槽宽 e 相等，其直径用 d 表示。

(4) 齿高　齿顶圆和齿根圆之间的径向距离，用 h 表示。齿顶圆和分度圆之间的径向距离称齿顶高，用 h_a 表示。分度圆和齿根圆之间的径向距离称齿根高，用 h_f 表示。$h=h_a+h_f$。

(5) 齿距、齿厚、齿槽宽　在分度圆上相邻两齿对应点之间的弧长称为齿距，用 p 表示，在分度圆上一个轮齿齿廓间的弧长称齿厚，用 s 表示；一个齿槽齿廓间的弧长称为齿槽宽，用 e 表示。对于标准齿轮，$s=e$，$p=s+e$。

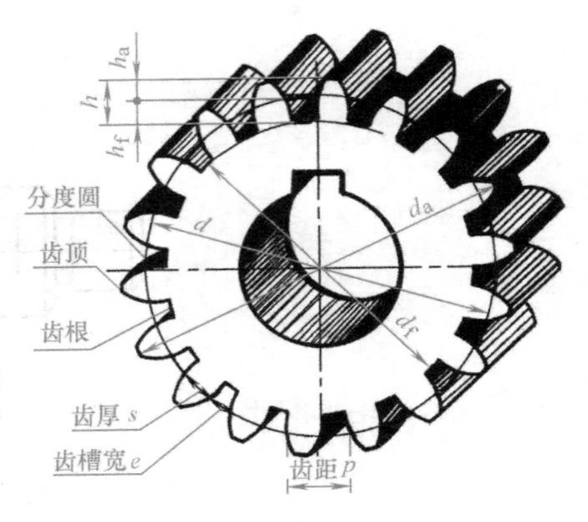

图 5-21　齿轮各部分名称

(6) 模数　当齿轮的齿数为 z，则分度圆的周长 $=zp=\pi d$。

所示　$d=zp/\pi$

令　　$m=p/\pi$

则　　$d=mz$

m 称为模数，单位是毫米。它是齿距与 π 的比值。为了便于齿轮的设计和加工，在国家标准中对模数做出了统一的规定，见表 5-6。

表 5-6　标准模数（GB/T 1357—2008）　（单位：mm）

第Ⅰ系列	1　1.25　1.5　2　2.5　3　4　5　6　8　10　12　16　20　25　32　40　50
第Ⅱ系列	1.125　1.375　1.75　2.25　2.75　3.5　4.5　5.5　(6.5)　7　9　11　14　18　22　28　35　45

注：在选用模数时，应优先选用第Ⅰ系列，其次选用第Ⅱ系列，括号内模数尽可能不选用。

齿轮其他各部分尺寸可以参照标准模数来进行计算，见表 5-7。

表 5-7　标准齿轮各部分尺寸计算举例　（单位：mm）

基本参数;模数 m,齿数 z			已知:$m=2,z=29$
名称	符号	计算公式	计算举例
齿距	p	$p=\pi m$	$p=6.28$
齿顶高	h_a	$h_a=m$	$h_a=2$
齿根高	h_f	$h_f=1.25m$	$h_f=2.5$
齿高	h	$h=2.25m$	$h=4.5$
分度圆直径	d	$d=mz$	$d=58$
齿顶圆直径	d_a	$d_a=m(z+2)$	$d_a=62$
齿根圆直径	d_f	$d_f=m(z-2.5)$	$d_f=53$
中心距	a	$a=m(z_1+z_2)/2$	

2. 单个齿轮的画法

对于单个齿轮，一般用两个视图或一个视图加一个局部视图表达。在平行于齿轮轴线的方向可以画成视图、全剖视图或半剖视图。若为斜齿轮或人字齿轮，则用三条与齿线方向一致的细实线表示轮齿的方向，如图 5-22 所示。

在外形视图中，齿轮的齿顶圆和齿顶线用粗实线表示；分度圆和分度线用细点画线表示；齿根圆用细实线表示，但一般可以省略不画。在剖视图中，齿根线用粗实线表示，齿顶线与齿根线之间的区域表示轮齿部分，按不剖处理。

3. 齿轮的啮合画法

表达齿轮的啮合，一般采用两个视图。一个是垂直于齿轮轴线方向的视图，而另一个常画成剖视图，如图 5-23 所示。

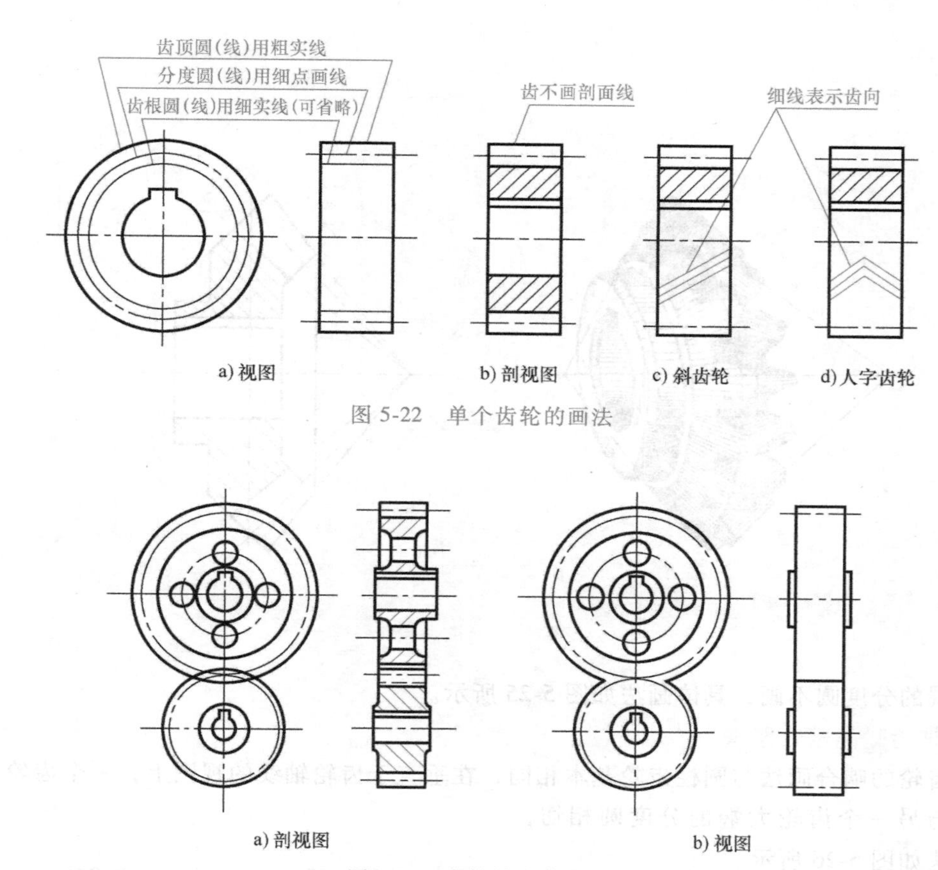

图 5-22 单个齿轮的画法

图 5-23 齿轮的啮合画法

在垂直于齿轮轴线方向的视图中，它们的分度圆（啮合时称节圆）成相切关系。齿顶圆有两种画法，一种是将两齿顶圆用粗实线分别完整画出，如图 5-23a 所示；另一种是将两个齿顶圆重叠部分的圆弧省略不画，如图 5-23b 所示。齿根圆则和单个齿轮的画法相同。

在剖视图中，规定将啮合区内一个齿轮的轮齿用粗实线画出，另一个齿轮的轮齿被遮挡的部分用虚线画出，也可省略不画，如图 5-23a 所示。

在平行于齿轮轴线的视图中，啮合区的齿顶线不必画出，只在节线位置画一条粗实线，如图 5-23b 所示。

三、锥齿轮的画法

锥齿轮用于相交两轴间的传动，常见的是两轴相交成 90°。由于锥齿轮的轮齿分布在圆锥面上，所以轮齿的厚度、高度都沿着齿宽的方向逐渐地变化，即模数是变化的。为了计算和制造方便，规定以大端的模数为标准模数，并以它来决定其他各部分的尺寸，如图 5-24 所示。

1. 单个锥齿轮的画法

在平行于齿轮轴线的视图上作剖视时，轮齿应按不剖处理。在垂直于齿轮轴线的视图上，规定用粗实线画出大端和小端的齿顶圆，用点画线画出大端的分度圆，大、小端的齿根

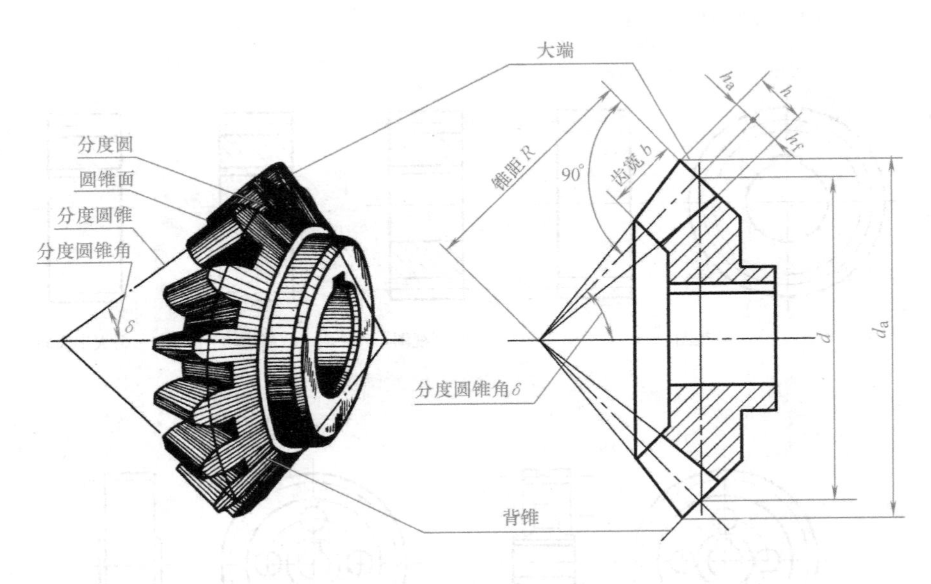

图 5-24 锥齿轮

圆和小端的分度圆不画，具体画法如图 5-25 所示。

2. 锥齿轮的啮合画法

锥齿轮的啮合画法与圆柱齿轮基本相同，在垂直于齿轮轴线的视图上，一个齿轮大端的分度线与另一个齿轮大端的分度圆相切，具体画法如图 5-26 所示。

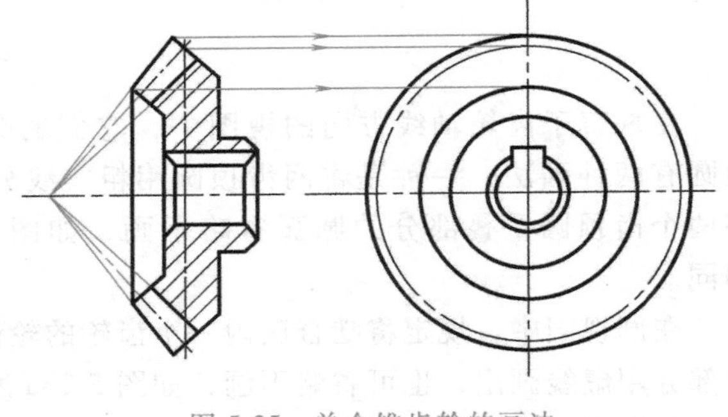

图 5-25 单个锥齿轮的画法

四、蜗轮、蜗杆的画法

蜗轮、蜗杆通常用于两轴垂直交叉的传动。蜗杆有单头和多头之分。蜗轮与圆柱斜齿轮相似，但其齿顶面制成环面。在蜗杆传动中，蜗杆是主动件，蜗轮是从动件。

1. 蜗杆的画法

其画法基本与圆柱齿轮相同，在两面视图中，齿根线和齿根圆均可省略不画，如图 5-27 所示。

2. 蜗轮的画法

在垂直于蜗轮轴线的视图中，只画出分度圆和最大圆，齿顶圆和齿根圆不画，如图 5-28 所示。

3. 蜗轮、蜗杆的啮合画法

在蜗轮、蜗杆的啮合画法中，可以采用两个视图表达，如图 5-29a 所示。也可以采用全剖视图和局部剖视图，如图 5-29b 所示。全剖视图中蜗轮在啮合区被遮挡部分的虚线可省略不画，局部剖视中啮合区内蜗轮的齿顶圆和蜗杆的齿顶线也可省略不画。

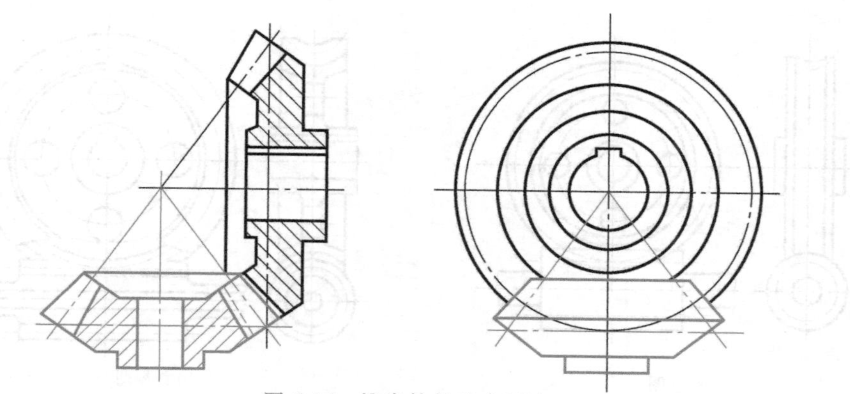

图 5-26　锥齿轮的啮合画法

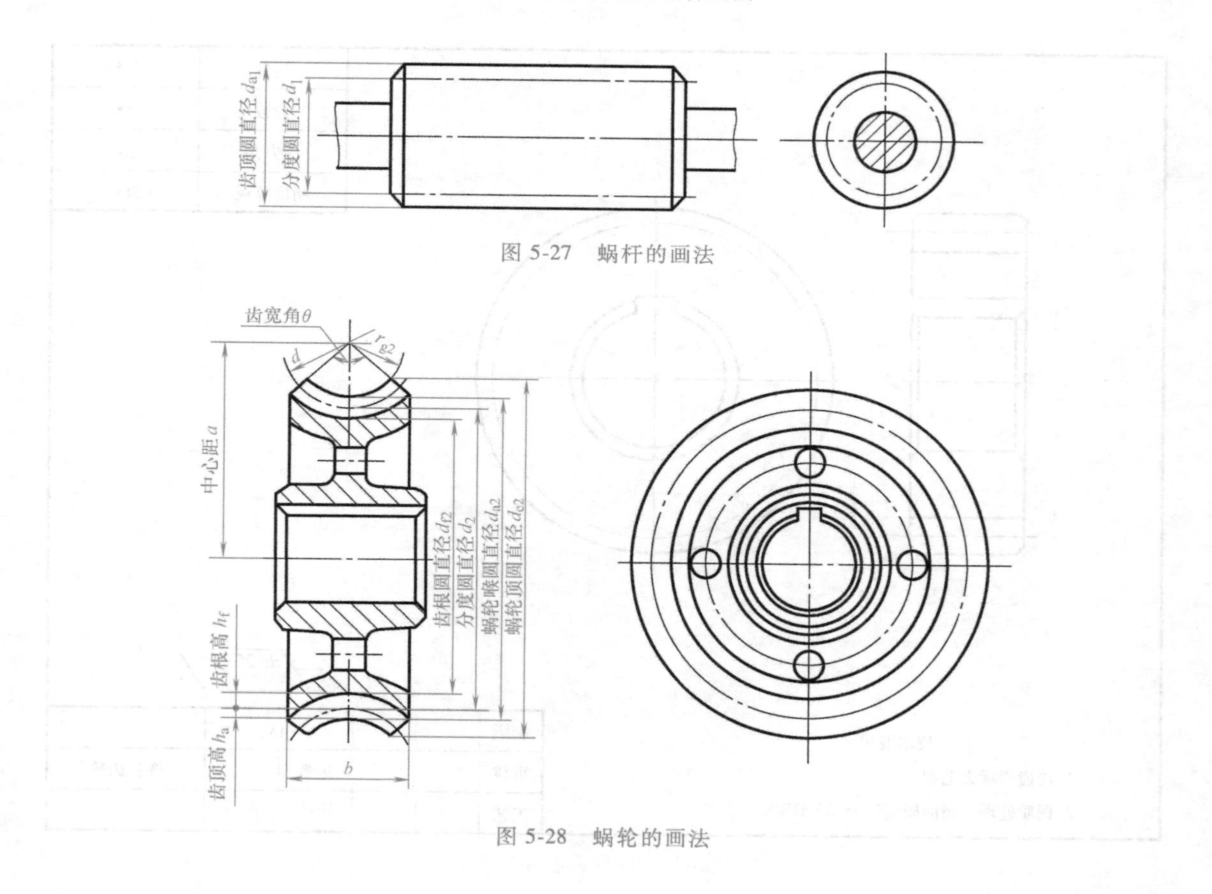

图 5-27　蜗杆的画法

图 5-28　蜗轮的画法

五、齿轮零件图的识读

在齿轮的零件图中，除具有一般零件的内容外，还应在图的右上角参数表中注写模数、齿数、齿形角等基本参数，如图 5-30 所示。

齿轮的零件图，主视图一般采用剖视画法，而左视图可根据需要画成完整的视图或只画出轴孔的局部视图。齿轮的齿顶圆、分度圆及齿轮的有关尺寸必须直接注出，而齿根圆直径规定不必标注。

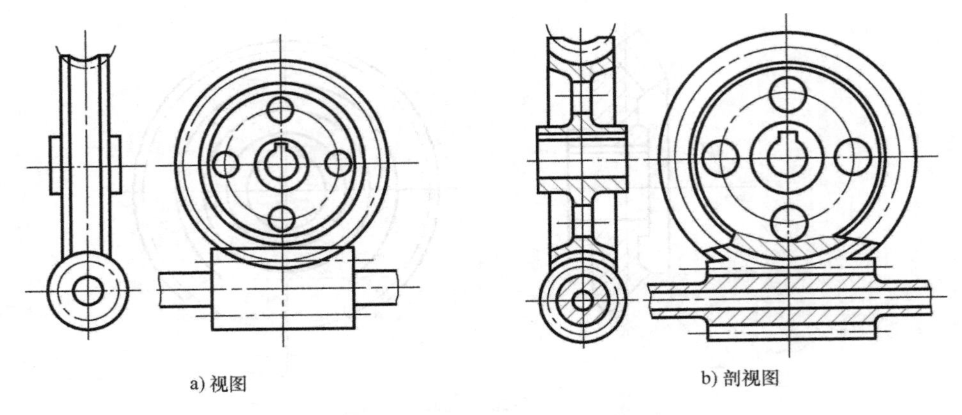

图 5-29 蜗轮、蜗杆的啮合画法

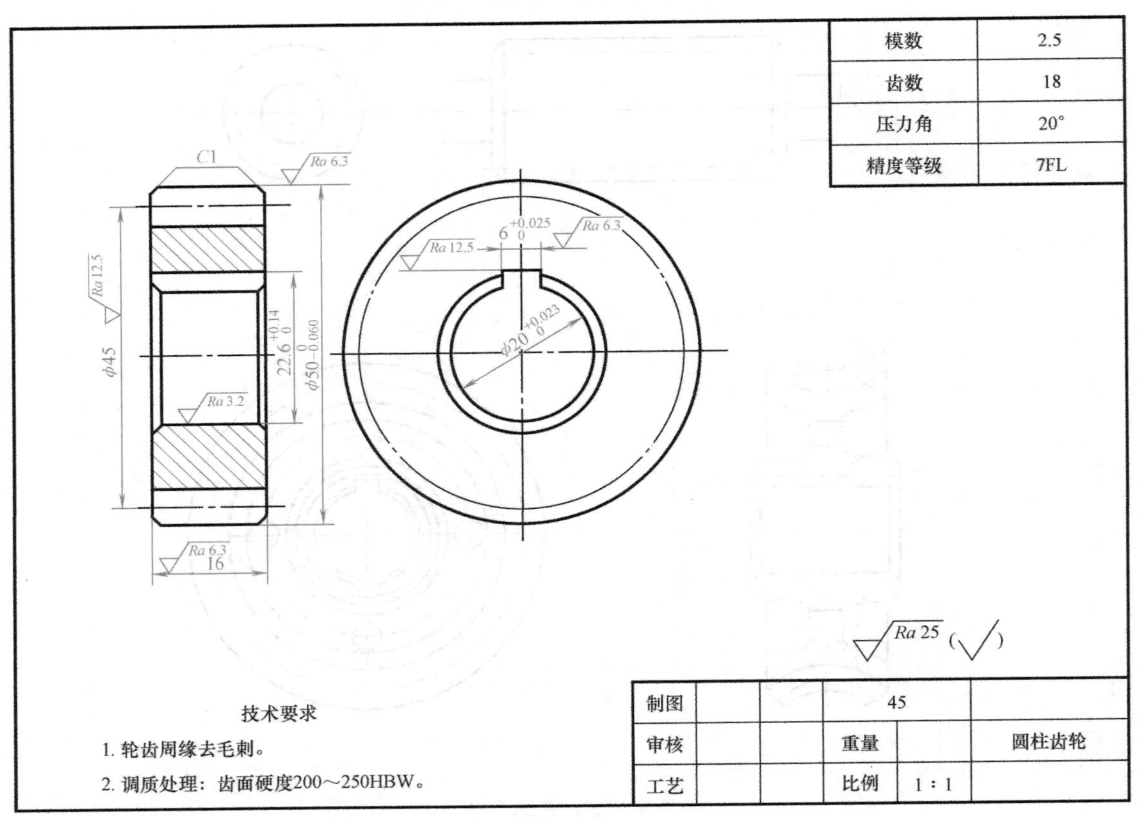

图 5-30 圆柱齿轮零件图

第四节 滚动轴承

滚动轴承作为标准件，广泛地应用于各种机械、仪表和设备中。为了清晰、简便地表示它们，国家标准中规定了滚动轴承的简化画法和示意画法。常用滚动轴承的类型、结构、代号和画法见表 5-8。

轴承代号由基本代号、前置代号和后置代号构成，其排列如图 5-31 所示。基本代号表示轴承的基本类型、结构和尺寸，是轴承代号的基础。前置、后置代号是轴承在结构开状、尺寸、公差、技术要求等有改变时，在其基本代号左右添加的补充代号，在一般情况下，可不必标注。

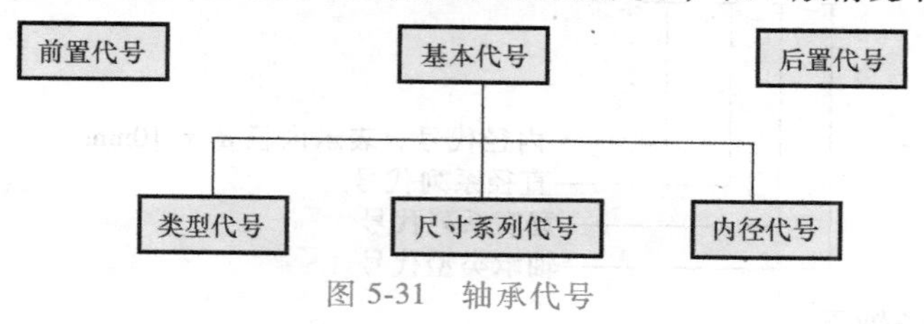

图 5-31 轴承代号

表 5-8 常用滚动轴承类型、画法及结构

轴承类型	结构形式	画法及尺寸比例		图示符号
		简化画法	示意画法	
深沟球轴承 60000		B/2, A/2, A, A/2, d, 60°, D, B	A/3, A, d, D, B	
圆锥滚子轴承 30000		T, C, A/2, A, A/4, 15°, T/2, A/2, D, d, B	T, C, A/4, A/3, A, 15°, T/2, d, A/2, D, B	
推力球轴承 50000		H/2, 60°, A, H/2, A/2, d, D, H	H/3, d, D, H	

基本代号中的类型代号用阿拉伯数字或大写拉丁字母表示，尺寸系列代号和内径代号都用数字表示。表示轴承公称内径的内径代号见表 5-9。

滚动轴承标记示例：

例 1 深沟球轴承

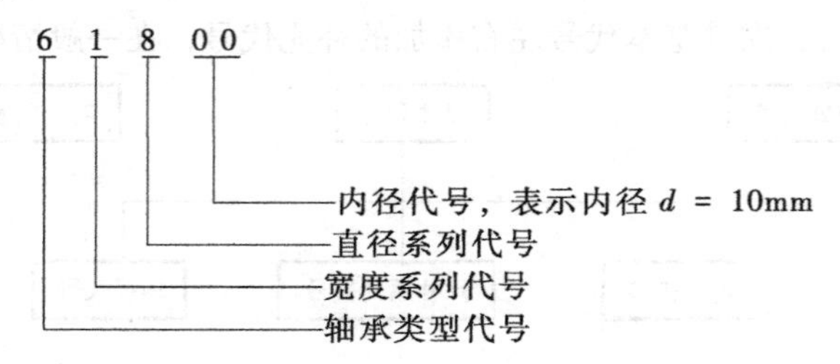

例 2 圆锥滚子轴承

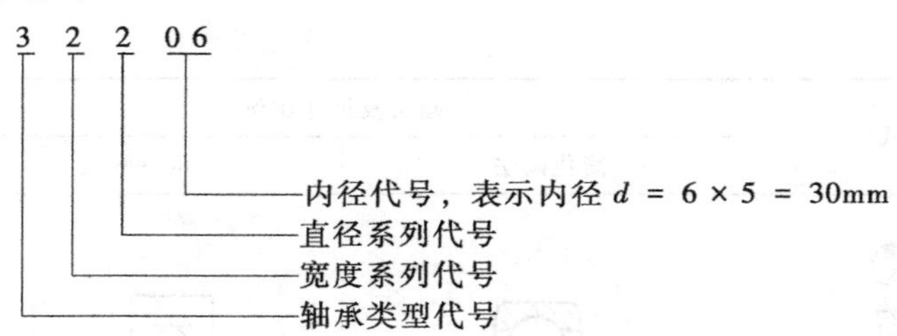

例 3 推力球轴承

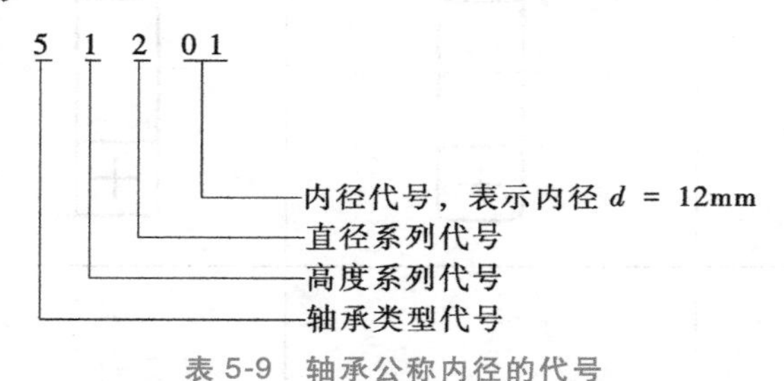

表 5-9 轴承公称内径的代号

轴承公称内径 /mm		内径代号	示例
0.6 到 10(非整数)		用公称内径毫米数直接表示，在其与尺寸系列代号之间用“/”分开	深沟球轴承 618/2.5 d=2.5mm
1 到 9(整数)		用公称内径毫米数直接表示，对深沟及角接触球轴承 7,8,9 直径系列，内径与尺寸系列代号之间用“/”分开	深沟球轴承 625 618/5 d=5mm
10 到 17	10	00	深沟球轴承 6200 d=10mm
	12	01	
	15	02	
	17	03	
20 到 480 (22,28,32 除外)		公称内径除以 5 的商数，商数为个位数，需在商数左边加“0”，如 08	调心滚子轴承 23208 d=40mm
大于和等于 500 以及 22,28,32		用公称内径毫米数直接表示，但在与尺寸系列之间用“/”分开	调心滚子轴承 230/500 d=500mm 深沟球轴承 62/22 d=22mm

复习思考题

1. 补齐螺纹及螺纹联接图中所缺的图线（见图 5-32）。

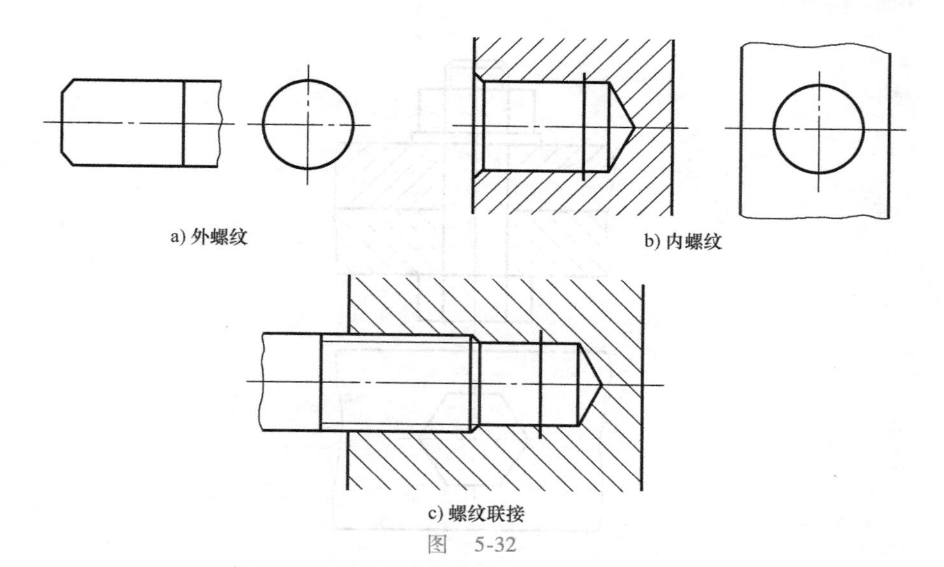

a) 外螺纹 b) 内螺纹

c) 螺纹联接

图 5-32

2. 根据给出的螺纹特征代号，在图中进行标注（见图 5-33）。

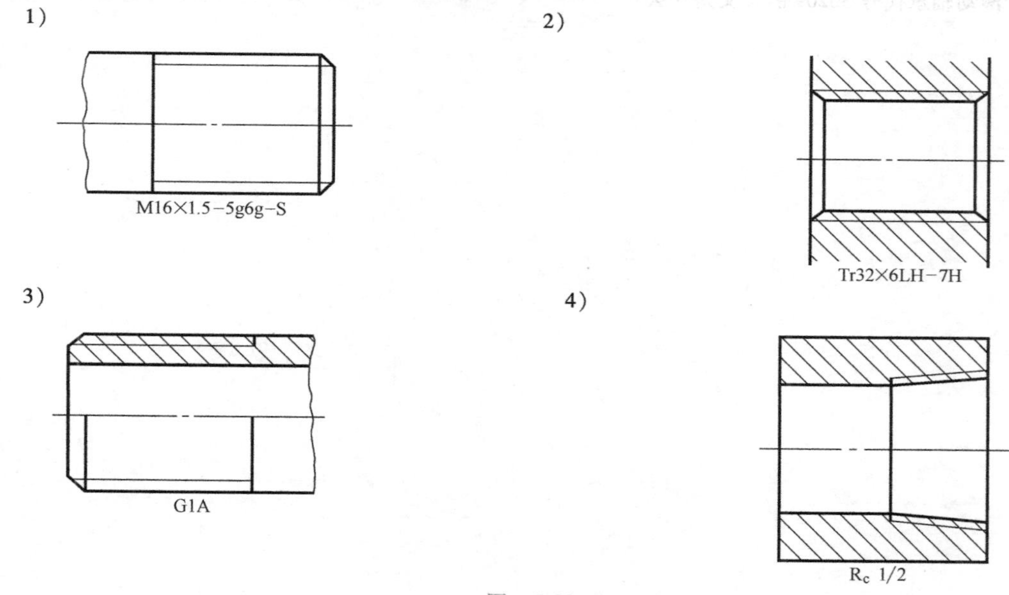

图 5-33

3. 螺纹导程、螺距和线数之间的关系如何？
4. 螺纹的旋合长度有几种？哪一种旋合长度可以省略标注？
5. 补齐螺栓联接图中所缺的图线（见图 5-34）
6. 普通平键和钩头楔键联结有什么不同？
7. 花键的工作长度和尾部长度用什么图线绘制？用剖视图表示时，联结部分如何绘制？
8. 常见的销有几种形式？它们的主要作用是什么？
9. 什么是模数？其单位是什么？
10. 锥齿轮的模数沿齿宽方向变化，规定以哪个模数为标准值？
11. 在圆柱齿轮的画法中，如何表示斜齿和人字齿？
12. 滚动轴承的代号能反映出它的哪些性质？

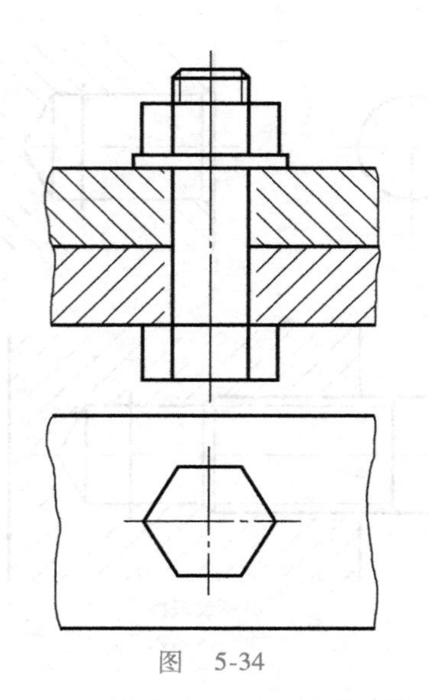

图　5-34

13. 滚动轴承代号 30209 的含义是什么？

第六章

怎样识读装配图

培训要求 了解装配图的作用和内容，熟悉装配图的表达方法；掌握装配图的识读方法和步骤，并能看懂一般的装配图。

第一节 装配图概述

一、装配图的作用

装配图是表达机器或部件的整体结构形状、工作原理以及零件之间的装配联接关系的图样。

在机械设计过程中，设计者首先要画出装配图，以表达所设计的机器或部件的工作原理和结构形状，然后根据装配图分别绘制零件图。在机械制造过程中，首先要根据零件图加工出零件，然后按装配图组装成机器或部件。在机械设备的使用或维修中，也需要通过装配图来了解机械设备的性能、传动路线和操作方法，以便做到操作使用正确，维护保养合理等。因此，装配图是反映设计构思、指导生产、交流技术的重要工具。装配图和零件图一样，都是生产中的重要技术文件。

二、装配图的内容

图 6-1 是螺旋千斤顶的装配图，参照图 6-2 所示螺旋千斤顶的分解立体图，可知一张完整的装配图应包括以下几方面的内容：

1. 一组视图

采用必要的视图、剖视、剖面和其他各种表达方法，用来说明机器或部件的工作原理、传动路线、结构特点以及各零件之间的相对位置和装配联接关系。

图 6-1 所示的螺旋千斤顶装配图用了主、俯两个基本视图。主视图采用了全剖视的画法，用以表达主要零件的结构形状和装配联接关系。俯视图画成 *A—A* 剖视图并采用了省略画法，用以表达螺旋千斤顶下部螺套和底座的形状。*B—B* 断面图和 *C* 向局部视图分别补充说明螺杆和顶垫的内、外结构形状。

2. 必要的尺寸

装配图上的尺寸与零件图上的尺寸标注不同。装配图中主要标注机器或部件的规格（性能）尺寸、各零件之间的装配尺寸、安装尺寸、外形尺寸和其他重要尺寸等。

如图 6-1 所示螺旋千斤顶装配图中的规格（性能）尺寸为 225mm 和 275mm，说明螺旋千斤顶的顶举高度为 50mm。图中 ϕ65H9/h8 为配合尺寸，外形尺寸为 135mm×135mm、225mm 等。

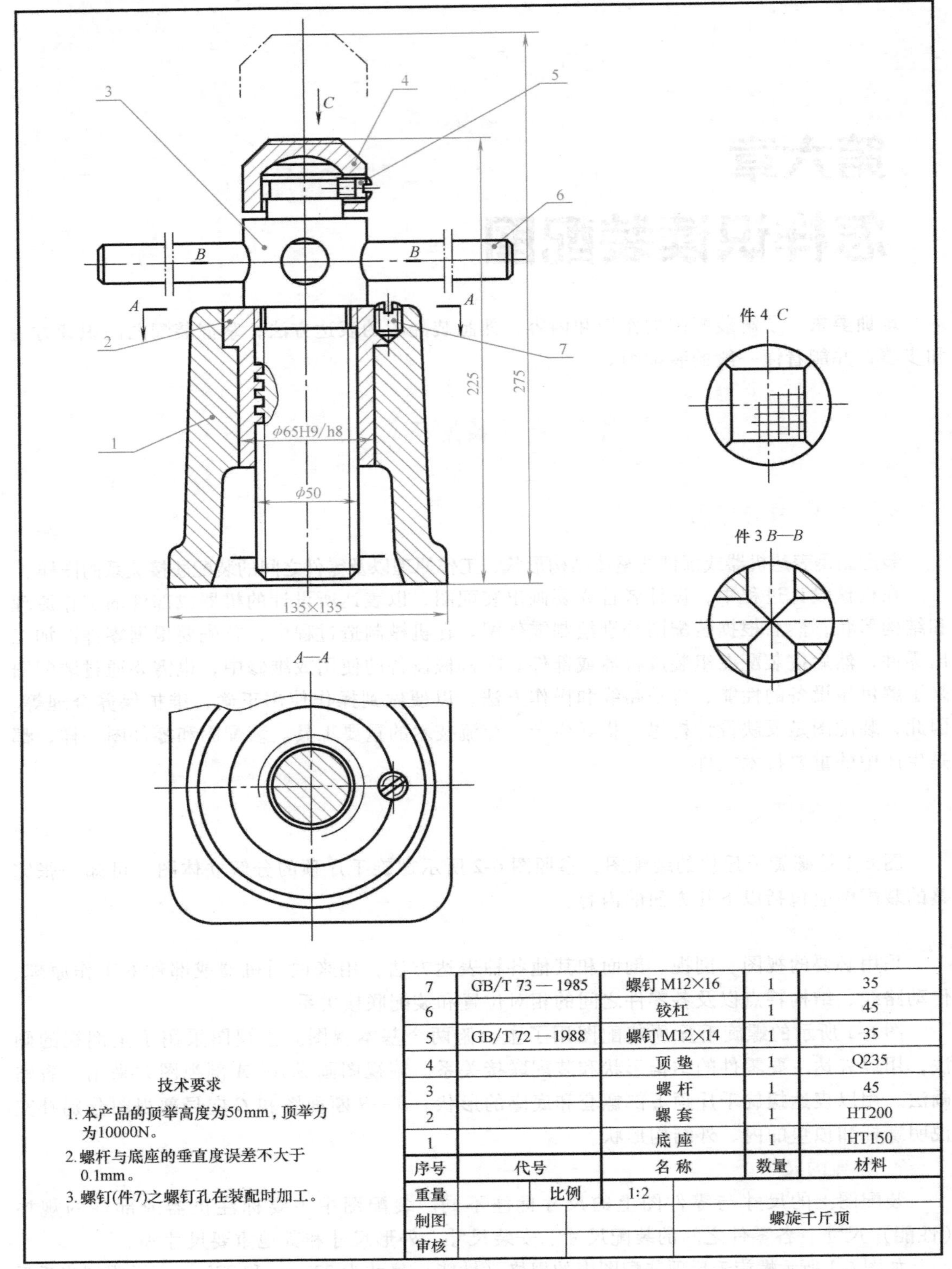

技术要求

1. 本产品的顶举高度为50mm，顶举力为10000N。
2. 螺杆与底座的垂直度误差不大于0.1mm。
3. 螺钉(件7)之螺钉孔在装配时加工。

序号	代号	名称	数量	材料
7	GB/T 73—1985	螺钉 M12×16	1	35
6		铰杠	1	45
5	GB/T 72—1988	螺钉 M12×14	1	35
4		顶垫	1	Q235
3		螺杆	1	45
2		螺套	1	HT200
1		底座	1	HT150

重量		比例	1:2	
制图				螺旋千斤顶
审核				

图 6-1　螺旋千斤顶装配图

3. 技术要求

说明机器或部件的性能，以及在装配、调试、检验、安装和使用中必须满足的各种技术要求。在装配图中一般用文字或符号注写在适当位置。

从图 6-1 的技术要求中知道，千斤顶的顶举力为 10000N，顶举高度为 50mm 以及一些其他装配要求。

4. 零件序号和明细栏

为了便于读图和组织生产，装配图中对每种零件都要编写序号，并编制相应的零件明细栏，以说明零件的名称、材料、数量等。

5. 标题栏

主要说明机器或部件的名称、图样代号、绘图比例、厂名等。

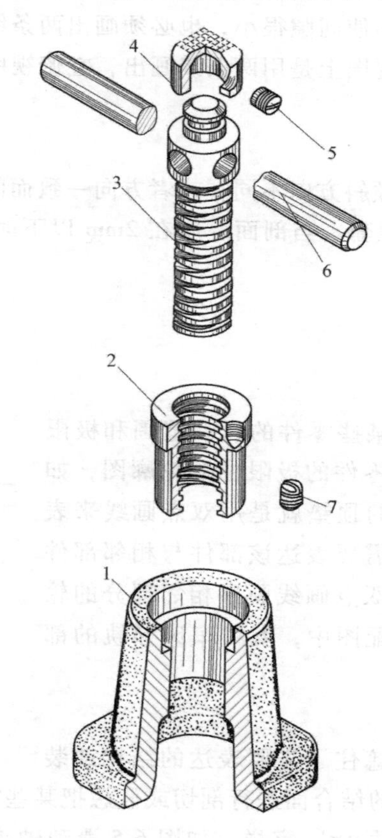

图 6-2 螺旋千斤顶分解立体图

1—底座 2—螺套 3—螺杆 4—顶垫 5、7—螺钉 6—铰杠

第二节 装配图的表达方法

零件图中所用的一切表达方法都适用于装配图，由于装配图表达的是机器或部件的整体结构而不只是单个零件的形状，所以在装配图中还有一些规定画法和特殊表达方法。作为机械工人必须了解这些规定画法和特殊表达方法，才能看懂装配图。

一、装配图中的规定画法

1. 剖视图中紧固件和实心件的画法

对于紧固件（如螺栓、螺钉、螺母、垫圈等）和实心件（如轴、手柄、连杆、键、销等），当剖切平面通过其基本轴线或对称面时，这些零件均按不剖画出，如图 6-1 中的螺杆、铰杠、螺钉等。当需要表达这些零件上的局部结构时，可采用局部剖视的方法，如图 6-1 中螺杆上的矩形螺纹。

2. 接触表面和非接触表面的画法

凡是有配合要求的两零件的接触表面，在接触处只画一条线，如图 6-1 中 ϕ65H9/h8 的配合表面（即螺套的外圆柱表面和底座的内圆孔表面）是用一条线来表示的。而没有配合要求的相邻两零件表面之间，即使间隙很小，也必须画出两条线，如图 6-1 螺套上端的螺孔与螺杆退刀槽处的外圆，在主视图上是用两条线画出，在俯视图中画成两个粗实线圆表示其间隙。

3. 装配图中剖面线的画法

在装配图中是用剖面线的倾斜方向不同，或者方向一致而间隔不同来区分相邻两个不同零件的，如图 6-1 中的底座和螺套。当剖面厚度在 2mm 以下时，图形允许用涂黑来代替剖面符号，如图 6-3 中的垫片。

二、装配图的特殊表达方法

1. 假想画法

在装配图中，当需要表示某些零件的运动范围和极限位置时，可用双点画线画出该零件的极限位置轮廓图，如图 6-1 中螺杆升到最高位置时的顶垫就是用双点画线来表达的。在部件的装配图中，当需要表达该部件与相邻部件或零件的装配关系时，也可用双点画线画出相邻部分的轮廓线，如图 6-4 所示限位器装配图中，就将车床导轨的部分形状用双点画线画出。

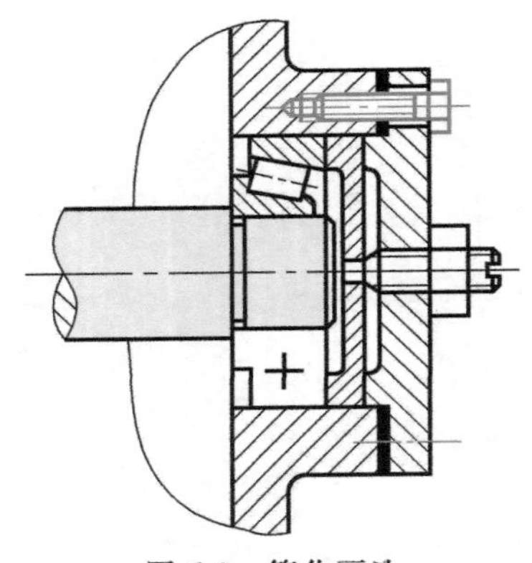

图 6-3 简化画法

2. 拆卸画法

在装配图中，当某些零件遮住了需要表达的结构或装配关系时，可假想沿某些零件的结合面进行剖切或假想把某些零件拆卸后绘制。采用这种画法时，应在图形上方注明“拆去××”字样，如图 6-5 滑动轴承装配图中的俯视图就采用了这种画法。

3. 零件的单独表示法

在装配图中，可以用视图、剖视图或断面图等单独表达某个零件的结构形状，但必须在图形的上方标注相应的说明，如图 6-1 中的“件 3*B*—*B*”断面图和“件 4*C* 向”局部视图。

4. 夸大画法

在装配图中，当图形中孔的直径或薄片的厚度等于或小于 2mm，或者需要表达的间隙、斜度和锥度较小时，允许将这些形状不按比例而夸大画出，如图 6-3 中的垫片就是按夸大的厚度画出，并做了涂黑处理。

5. 简化画法

1）装配图中对于若干个相同的零件组，如螺栓、螺钉联接等，允许只画出一组，其余的用点画线表示其装配位置即可，如图 6-3 中的螺钉联接，下面一组就采用了简化画法。

2）对于装配图中的滚动轴承，允许一半按剖视绘制，另一半用交叉细实线简化画出，如图 6-3 中所示。

3）在装配图中，当剖切平面通过某些标准组合件（如油杯、油标、管接头等）的轴线时，可以只画外形，如图 6-5 中的油杯。

4）装配图中零件上的某些工艺结构，如退刀槽、倒角、圆角等允许省略不画，如图 6-3 中的螺钉、螺母的倒角以及由倒角而产生的曲线均被省略。

第三节　装配图的识读

通过识读装配图能够使我们了解到机器或部件的名称、规格、性能、功用和工作原理，了解零件的相互位置关系、装配关系及传动路线，了解使用方法、装拆顺序以及每个零件的作用和主要零件的结构形状等。因此，掌握识读装配图的方法并提高识读装配图的能力是非常重要的。

一、识读装配图的方法和步骤

由于装配图比零件图复杂得多，所以识读装配图是一个由浅入深、由表及里、由此及彼的分析过程。下面以图 6-4 所示限位器装配图为例来说明识读装配图的方法和步骤。

1. 概括了解

从标题栏和明细栏中可以了解机器或部件的名称、功用；了解每种零件的名称、材料和数量及其在装配图上的位置等。

图 6-4 限位器装配图表达的是一个安装在车床导轨上限制刀架位置移动的专用部件，名称为限位器。该部件由 6 种共 8 个零件组成。

2. 分析视图

搞清楚装配图用了哪些视图，采用了什么表达方法，并分析各视图之间的投影关系，明确每个视图的表达重点以及零件之间的装配关系和联接方式等。

因为主视图是表达机器或部件装配关系和工作原理较多的一个视图，所以在分析视图时，应以主视图为主，再对照其他视图进行。

分析限位器装配图可知，该装配图由主视图、俯视图和左视图三个基本视图组成，在主视图和左视图中分别作了局部剖视。通过投影关系分析和剖面线方向的判别，可看清主要零件的结构形状。主视图主要表达螺杆（件 1）、螺母（件 2）和压板（件 3）之间的联接关系。左视图主要表达压板（件 3）、螺钉（件 4）、底板（件 5）和垫圈（件 6）之间的联接关系。俯视图主要表达组成限位器各零件之间的前、后和左、右的相对位置关系。另外，由主、左视图中的双点画线可知，车床导轨是夹在限位器的压板（件 3）和底板（件 5）之间，并由螺钉（件 4）固定。

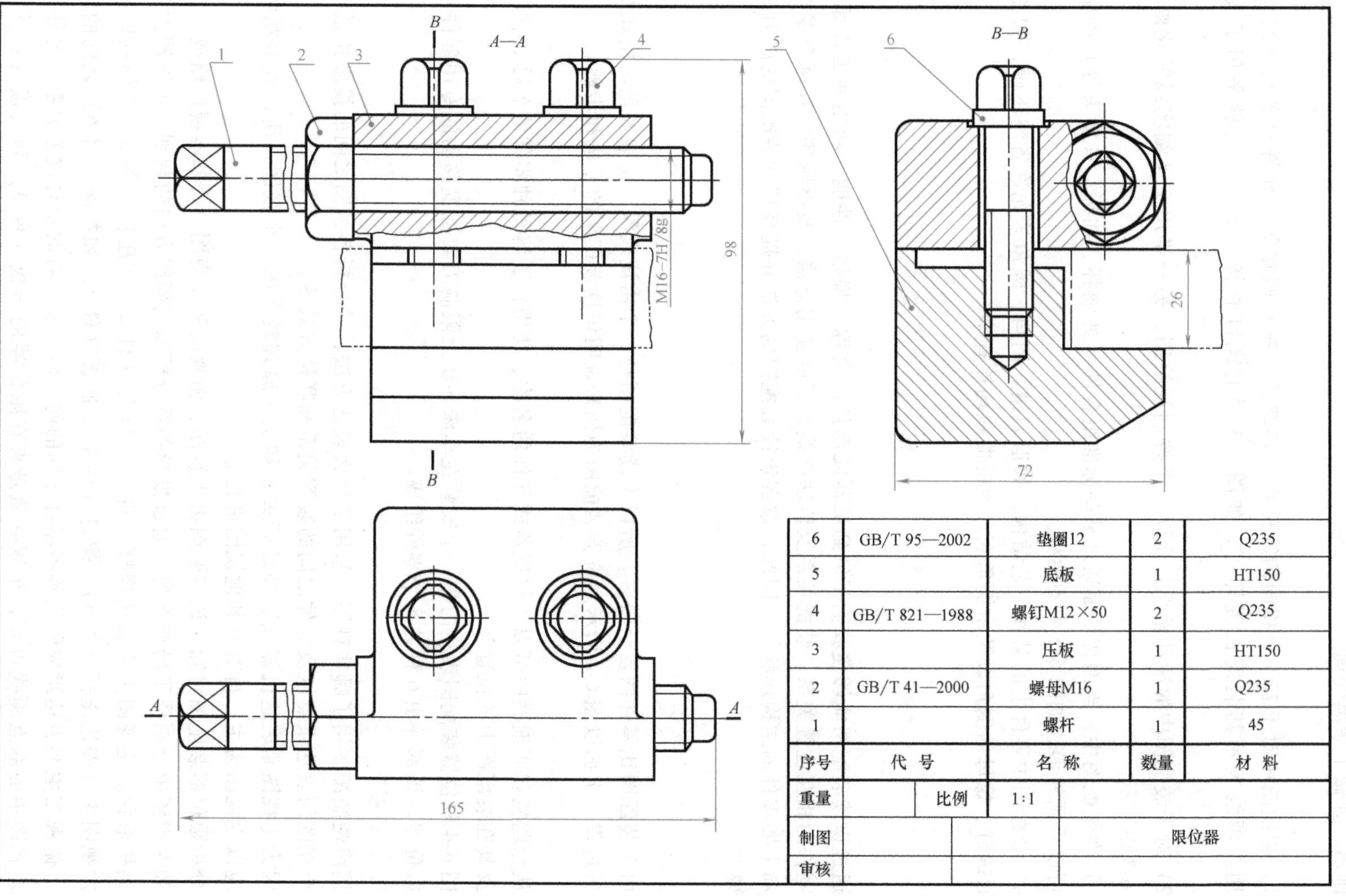

6	GB/T 95—2002	垫圈12	2	Q235
5		底板	1	HT150
4	GB/T 821—1988	螺钉M12×50	2	Q235
3		压板	1	HT150
2	GB/T 41—2000	螺母M16	1	Q235
1		螺杆	1	45
序号	代　号	名　称	数量	材　料
重量	比例	1:1		
制图		限位器		
审核				

图 6-4　限位器装配图

3. 分析尺寸

分析装配图中每个尺寸的作用，哪些是规格（性能）尺寸，哪些是装配尺寸，哪些是安装尺寸，哪些是外形尺寸等。对于配合尺寸还应进一步搞清楚是哪两个零件之间的配合、配合性质及精度要求等。

如限位器装配图中，26是规格尺寸，说明该限位器可安装在导轨厚度为26mm的车床上。M16-7H/8g是配合尺寸，说明压板（件3）上的螺纹孔与螺杆（件1）上的外螺纹的配合要求。165、72、98是限位器的外形尺寸，为运输、包装提供了参考数据。

4. 分析工作原理

在视图和尺寸分析的基础上，从主视图着手逐步搞清楚每个零件的主要作用和基本形状，是运动件还是固定件。对固定件还应搞清楚它们的联接固定方式及是否能拆卸；对运动件还应搞清楚运动方式及运动传递路线。由于大多数运动件还需要润滑，为此应了解采用什么润滑方式、储油装置和密封装置等。综合以上分析，就可知道该机器或部件的工作原理和使用方法。

通过分析限位器的工作原理可知，在使用时，应先把限位器的底板（件5）和压板（件3）与车床导轨表面接触，通过拧紧两个螺钉（件4），使底板（件5）和压板（件3）夹紧导轨来固定其位置。然后通过调节螺杆（件1）的伸出长度来确定刀架移动的位置。在调整螺杆（件1）时，应先松开螺母（件2），旋转螺杆（件1）使其轴向移动至所需的位置后，再拧紧螺母（件2）固定。

5. 分析装拆顺序

在分析工作原理后，还要进一步搞清楚其装拆方法和顺序。在拆卸时要注意，对不可拆和过盈配合的零件应尽量不拆，以免影响机器或部件的性能和精度。

限位器的组装顺序为：首先用螺钉（件4）、垫圈（件6）将底板（件5）和压板（件3）联接在一起。然后将螺母（件2）旋套在螺杆（件1）上，再将螺杆（件1）旋入压板（件3）的螺孔中，至此组装完毕。

限位器的拆卸顺序与组装顺序正好相反。

6. 读技术要求

了解对装配方法和装配质量的要求，对检验、调试中的特殊要求以及安装、使用中的注意事项等。

在限位器装配图中没有注写技术要求，说明限位器在装配、检验、调试和使用中没有特殊的要求。

二、识读滑动轴承装配图

1. 概括了解

装配图（见图6-5）的名称叫滑动轴承，滑动轴承是一种支承旋转轴的标准部件。从图中可知，滑动轴承由9种共14个零件组成。

2. 分析视图

滑动轴承装配图由两个图形组成，一个是作了半剖视的主视图，一个是采用了拆卸画法的俯视图。从主视图中可知，在轴承座（件1）与轴承盖（件2）之间装有上轴衬（件4）和下轴衬（件3），并由螺栓（件7）、螺母（件8）和垫圈（件9）将轴承盖（件2）与轴

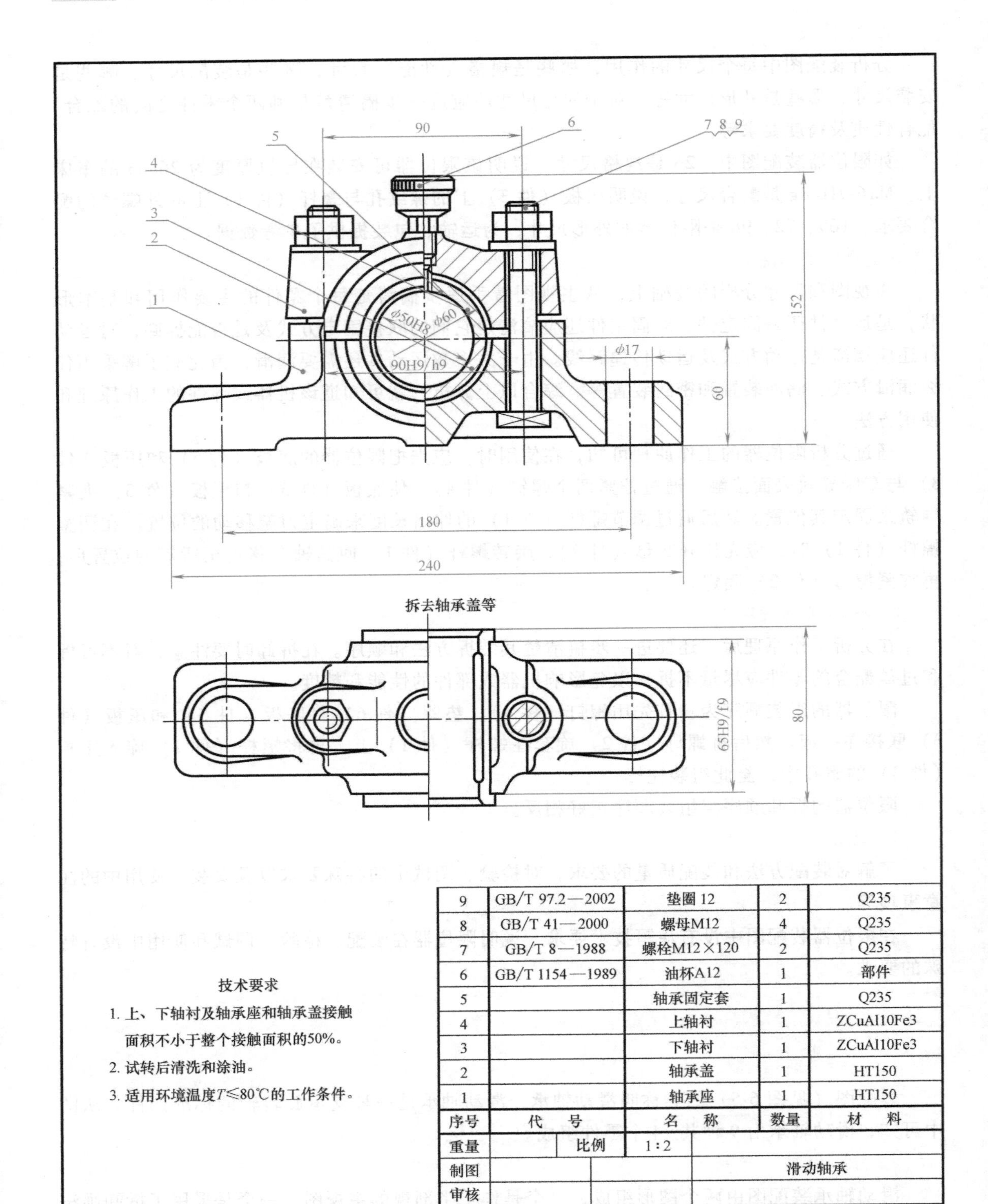

序号	代号	名称	数量	材料
9	GB/T 97.2—2002	垫圈 12	2	Q235
8	GB/T 41—2000	螺母M12	4	Q235
7	GB/T 8—1988	螺栓M12×120	2	Q235
6	GB/T 1154—1989	油杯A12	1	部件
5		轴承固定套	1	Q235
4		上轴衬	1	ZCuAl10Fe3
3		下轴衬	1	ZCuAl10Fe3
2		轴承盖	1	HT150
1		轴承座	1	HT150

重量		比例	1:2	
制图				滑动轴承
审核				

图 6-5 滑动轴承装配图

承座（件1）联接并紧固。在上轴衬（件4）与轴承盖（件2）之间有一轴承固定套（件5），用于联接固定，在轴承盖（件2）的上方装有油杯（件6）。

3. 分析尺寸

图中 ϕ50H8、60为规格尺寸，表明该轴承只能用来支承轴颈基本尺寸为 ϕ50mm 的轴，且轴线到安装面的高度为60mm。90H9/h9、65H9/f9为装配尺寸。90H9/h9表明轴承座（件1）与轴承盖（件2）之间在左、右方向上的配合要求。65H9/f9表明轴承座（件1）与下轴衬（件3）、轴承盖（件2）与上轴衬（件4）之间在前、后方向上的配合要求。90为两螺栓（件7）之间的相对位置尺寸。180、ϕ17为安装尺寸。240、80、152为外形尺寸。

4. 分析工作原理

滑动轴承在支承旋转轴工作时，被支承轴的轴颈与滑动轴承的上、下轴衬之间存在滑动摩擦力。为减小摩擦力，在滑动轴承顶部装有油杯，可供油进行润滑。当上轴衬或下轴衬因磨损而影响工作时，可拆卸进行更换。

滑动轴承采用了两副螺栓联接将轴承座和轴承盖紧固在一起，并紧紧包住了上、下轴衬。为使上、下轴衬在工作时不产生轴向移动，在组装时，必须使上、下轴衬两端的凸边，卡在轴承座和轴承盖的半圆槽上。为使上、下轴衬在工作时不随旋转轴产生旋转，在轴承盖与上轴衬之间装有一个轴承固定套（件5）。

由于采取了以上一些措施，就能保证滑动轴承对旋转轴在正常工作时的支承作用。

5. 分析装拆顺序

滑动轴承的组装顺序如下：

1）把轴承座平放，将下轴衬装在轴承座内。

2）将上轴衬装在轴承盖内，并把轴承固定套插入轴承盖与上轴衬已对齐的小圆孔中。

3）把上面已装好的两部分合起来，然后用两副螺栓紧固件将它们联接并旋紧。

4）最后，在轴承盖顶部装上油杯，至此组装完毕。

滑动轴承的拆卸顺序与组装顺序基本上是一个相反的过程，读者可自行分析。

6. 读技术要求

装配图中有三条技术要求，在组装、调试和使用中应严格遵守。

对上述限位器和滑动轴承两个装配图的分析，仅为识读装配图提供了一些基本方法。在实际看图时，并非一定要按照上述顺序进行，因为看图的过程往往是一个综合思维的过程，读者可根据装配图的内容和特点，灵活运用。特别是在了解各种机器或部件的工作原理时，往往要涉及其他专业知识。所以，在识读装配图的过程中，应多参阅一些有关资料、说明书等，以获得更好的读图效果。

复习思考题

1. 一张完整的装配图应包括哪几方面的内容？
2. 装配图中有哪些特殊表达方法？
3. 装配图中有哪些规定画法？
4. 简述识读装配图的方法和步骤。
5. 识读千斤顶的装配图并回答问题（见图6-6）。

(1) 千斤顶装配图中共用了______个图形来表达，其中主视图采用了______剖切方法，得到的是______剖视图。主视图上方画出的双点画线表示______________________。

(2) 螺钉（件 2）在千斤顶中的作用是______________，螺母（件 3）在千斤顶中的作用是__________。

(3) $\phi16H8/f8$ 是______尺寸，其公称尺寸为______，孔的公差带代号为______，轴的公差带代号为______，孔与轴之间采用的是基______制______配合。

(4) 千斤顶的外形尺寸是____________。

(5) 写出千斤顶的组装顺序______________________。

6. 识读旋塞阀的装配图并回答问题（见图 6-7）。

(1) 旋塞阀装配图中共有______个视图，主视图中采用了______剖视和______剖视，左视图中采用了______剖视和______画法。

(2) 旋塞阀由______种共______个零件组成，其中标准件有______件。

(3) 在主视图中，旋塞（件 1）圆锥体的锥度为____________，旋塞上作局部剖视图是为了表达______。

(4) 阀体（件 2）与压盖（件 5）之间采用的是______制的______配合。压盖（件 5）是通过零件__________紧固在阀体上。

(5) 旋塞（件 1）与阀体（件 2）之间的密封是通过零件______来实现的。

(6) 试述旋塞阀的组装顺序______________________。

7. 识读钻模的装配图并回答问题（见图 6-8）。

(1) 钻模装配图共用了______个视图来表达装配关系。主视图中采用了______剖视和______剖视，左视图中采用了______剖视，俯视图中采用了______画法。在主、左视图中的双点画线是一种______画法，表示____________。

(2) 钻模由______种共______个零件组成。

(3) 钻模的外形尺寸是____________。

(4) 序号 5 的零件名称是______，它的作用是______________。

(5) 钻套（件 3）与钻模板（件 2）的配合尺寸是______，属于______配合。轴（件 4）与衬套（件 7）的配合尺寸是______，属于______配合。衬套（件 7）与钻模板（件 2）的配合尺寸是______，属于______配合。

(6) 在钻模中取下工件时应先旋松序号为______的零件，再取下序号为______的零件，然后卸下钻模板（件 2），即可取出被加工的零件。

(7) 装夹在钻模中的被加工零件共要钻______个孔。

(8) 钻模与被加工零件之间采用______定位，并用______紧固。

8. 识读铣刀头的装配图并回答问题（见图 6-9）。

(1) 铣刀头的主视图采用了______剖视，并有______处作了______剖视。右端铣刀采用的是______画法。

(2) 左视图采用了______画法和______剖视。

(3) 端盖（件 11）上相同的沉孔有______个。毡圈（件 12）起______作用，它的材料是______。销（件 3）的作用是________。

(4) 滚动轴承（件 6）采用的是______画法，代号 30307 表示是__________轴承，内孔直径为______。

(5) 图中 115 为______尺寸，155 和 150 为______尺寸。

(6) $\phi28H8/k7$ 为______尺寸，它属于______制的______配合。

(7) 更换铣刀应拆去零件____________。

(8) 欲拆下零件 5，必须按顺序拆去__________。

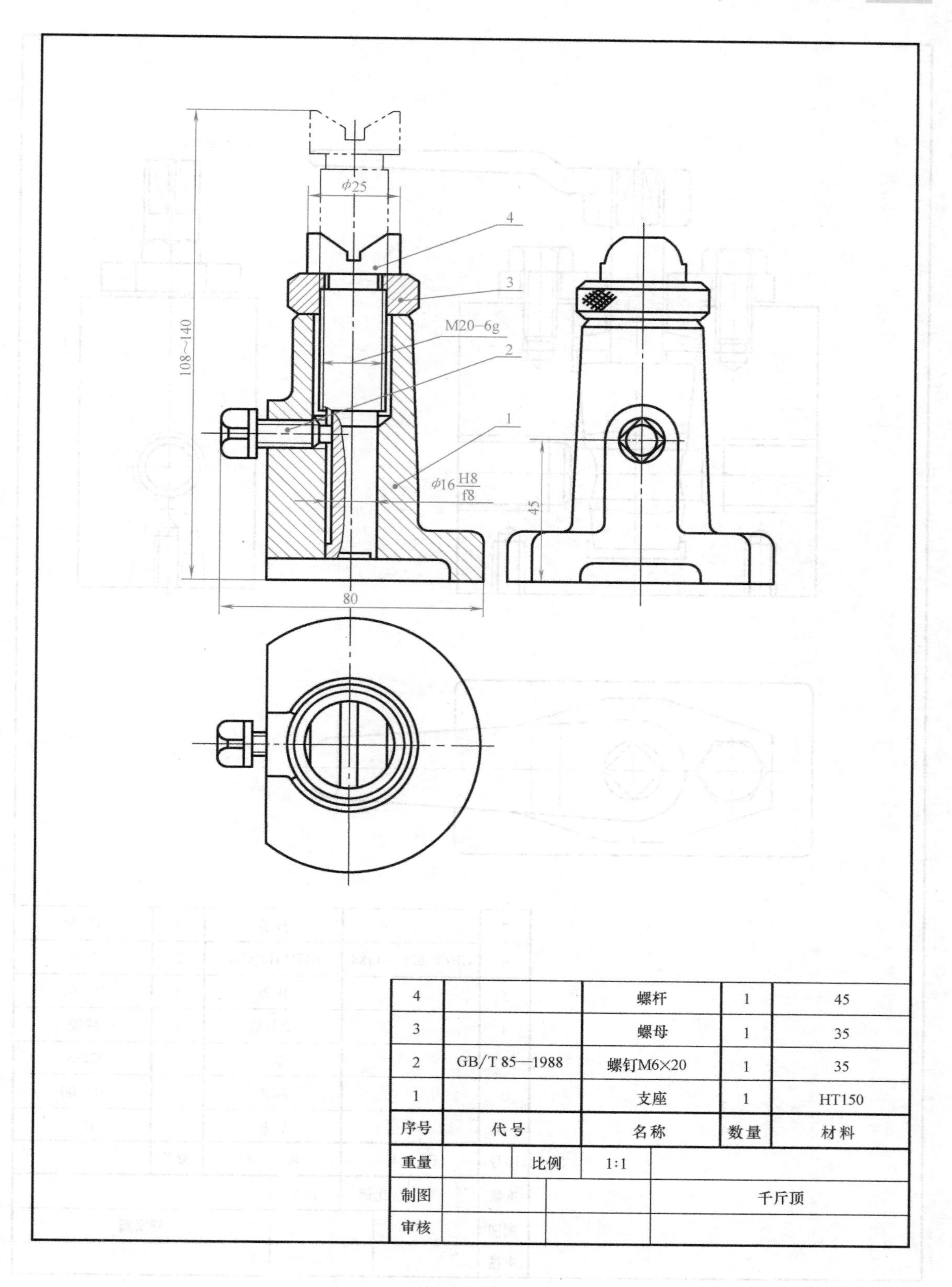

4		螺杆	1	45
3		螺母	1	35
2	GB/T 85—1988	螺钉M6×20	1	35
1		支座	1	HT150
序号	代号	名称	数量	材料

重量		比例	1:1	
制图				千斤顶
审核				

图 6-6

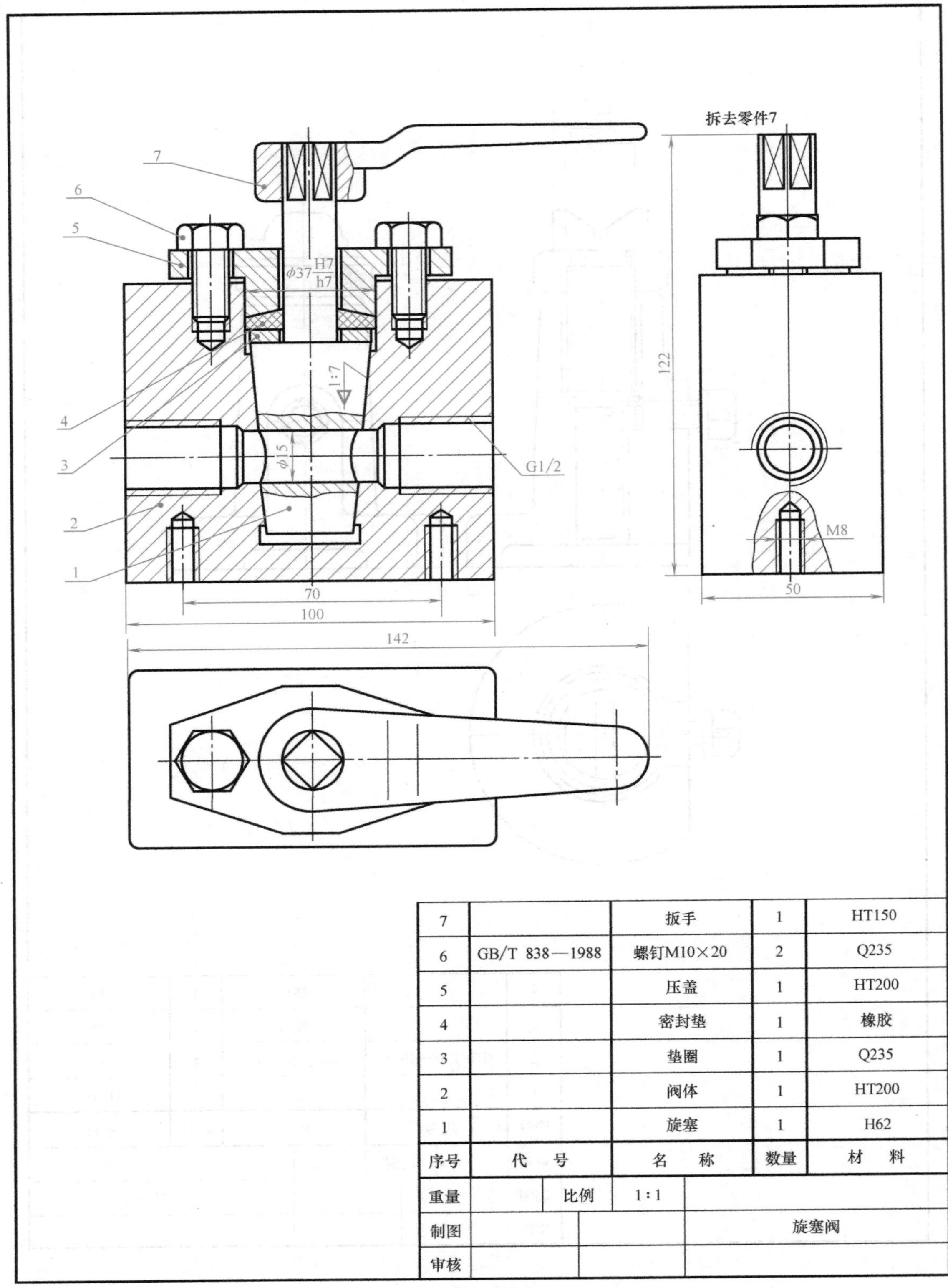

7		扳手	1	HT150
6	GB/T 838—1988	螺钉M10×20	2	Q235
5		压盖	1	HT200
4		密封垫	1	橡胶
3		垫圈	1	Q235
2		阀体	1	HT200
1		旋塞	1	H62
序号	代　号	名　称	数量	材　料
重量	比例	1:1		
制图			旋塞阀	
审核				

图 6-7

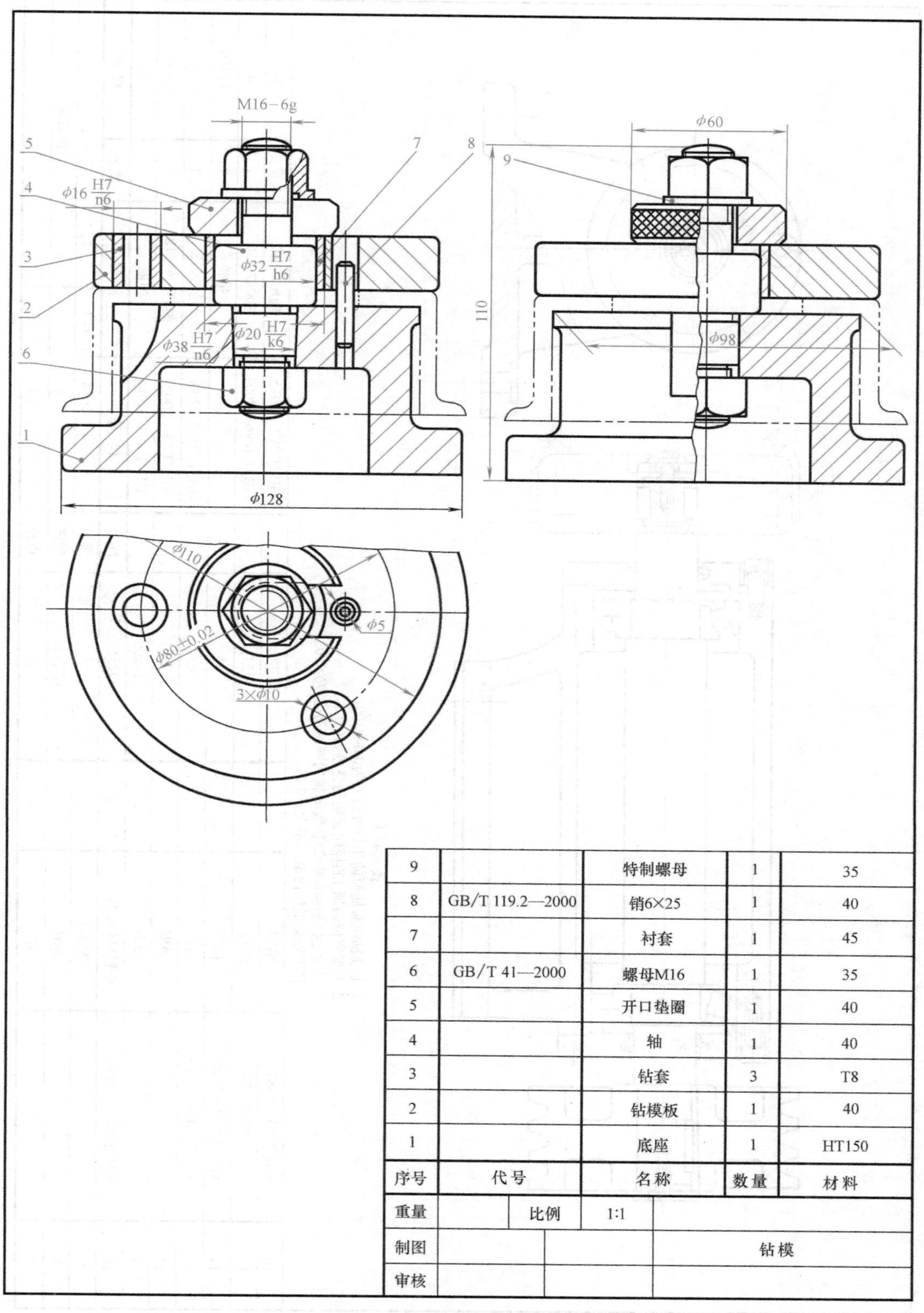

序号	代号	名称	数量	材料
9		特制螺母	1	35
8	GB/T 119.2—2000	销6×25	1	40
7		衬套	1	45
6	GB/T 41—2000	螺母M16	1	35
5		开口垫圈	1	40
4		轴	1	40
3		钻套	3	T8
2		钻模板	1	40
1		底座	1	HT150

重量		比例	1:1	
制图				钻模
审核				

图 6-8

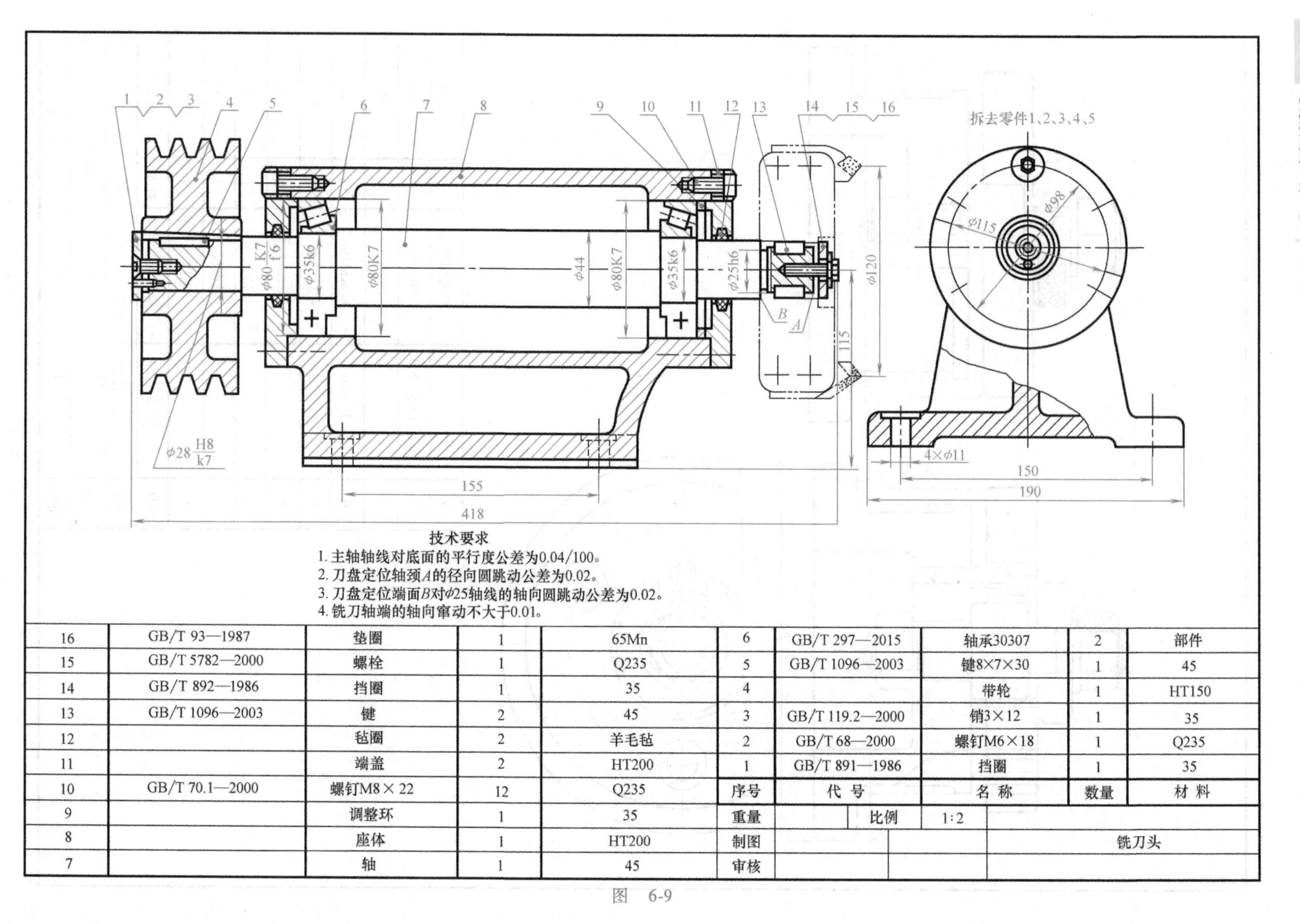

技术要求

1. 主轴轴线对底面的平行度公差为0.04/100。
2. 刀盘定位轴颈A的径向圆跳动公差为0.02。
3. 刀盘定位端面B对φ25轴线的轴向圆跳动公差为0.02。
4. 铣刀轴端的轴向窜动不大于0.01。

序号	代号	名称	数量	材料
16	GB/T 93—1987	垫圈	1	65Mn
15	GB/T 5782—2000	螺栓	1	Q235
14	GB/T 892—1986	挡圈	1	35
13	GB/T 1096—2003	键	2	45
12		毡圈	2	羊毛毡
11		端盖	2	HT200
10	GB/T 70.1—2000	螺钉M8×22	12	Q235
9		调整环	1	35
8		座体	1	HT200
7		轴	1	45
6	GB/T 297—2015	轴承30307	2	部件
5	GB/T 1096—2003	键8×7×30	1	45
4		带轮	1	HT150
3	GB/T 119.2—2000	销3×12	1	35
2	GB/T 68—2000	螺钉M6×18	1	Q235
1	GB/T 891—1986	挡圈	1	35

重量		比例	1:2	铣刀头
制图				
审核				

图 6-9